« Somewhere Beyond The Sea » Les îles bretonnes (France): perspectives archéologiques, géographiques et historiques

« Somewhere Beyond The Sea » The islands of Brittany (France): an archaeological, geographical and historical point of view

Actes du Séminaire Archéologique de l'Ouest, 1er avril 2014, Rennes
Acts of the Seminar on the Archaeology of Western France, 1st April 2014, Rennes

Édité par

Lorena Audouard
Benjamin Gehres

BAR International Series 2705
2015

Published in 2016 by
BAR Publishing, Oxford

BAR International Series 2705

« Somewhere Beyond The Sea » Les îles bretonnes (France) /
« Somewhere Beyond The Sea » The islands of Brittany (France)

ISBN 978 1 4073 1356 6

BAR Publishing is the trading name of British Archaeological Reports (Oxford) Ltd. British Archaeological Reports was first incorporated in 1974 to publish the BAR Series, International and British. In 1992 Hadrian Books Ltd became part of the BAR group. This volume was originally published by Archaeopress in conjunction with British Archaeological Reports (Oxford) Ltd / Hadrian Books Ltd, the Series principal publisher, in 2015. This present volume is published by BAR Publishing, 2016.

Printed in England

BAR
PUBLISHING

BAR titles are available from:

BAR Publishing
122 Banbury Rd, Oxford, OX2 7BP, UK
EMAIL info@barpublishing.com
PHONE +44 (0)1865 310431
FAX +44 (0)1865 316916
www.barpublishing.com

SÉMINAIRE ARCHÉOLOGIQUE DE L'OUEST

« SOMEWHERE BEYOND THE SEA » LES ÎLES BRETONNES : PERSPECTIVES ARCHÉOLOGIQUES, GÉOGRAPHIQUES ET HISTORIQUES

-

1 avril 2014, RENNES

sous la direction de
Lorena AUDOUARD & Benjamin GEHRES

Introduction

Cadre du séminaire

Ce Séminaire Archéologique de l'Ouest consacré aux îles bretonnes s'est déroulé le 1er avril 2014 à l'Université de Rennes 1.

La volonté d'organiser ce séminaire est né spontanément du dynamisme qui agite actuellement la recherche archéologique sur les domaines insulaires de la façade ouest de la France (Daire, 2009). En effet, ce séminaire prend place dans une période charnière de la recherche archéologique sur les îles. Les fouilles conduites de longue date sur Ouessant (sous la direction de Jean-Paul Le Bihan), l'archipel de Molène (le Programme Archéologique Molénais, sous la direction d'Yvan Pailler), l'île d'Hoedic (sous la direction de Jean-Marc Large et Marie-Yvane Daire), l'archipel des Glénan et l'île aux Moutons (sous la direction de Marie-Yvane Daire et Gwenaëlle Hamon) sont soit publiées soit en cours de publication (Le Bihan et Villard, 2001 ; Le Bihan *et al.*, 2010 ; Large, 2014 ; Daire *et al.*, 2006 ; Daire et Hamon, 2013). De plus, plusieurs doctorats en cours ou récemment soutenus abordent le thème de l'insularité, que ce soit dans le cadre des îles bretonnes, anglo-normandes ou encore britanniques (B. Gehres, en préparation ; A. Baudouin en préparation ; H. Pioffet en préparation ; Audouard, 2014). De nouvelles problématiques émergent, dont la publication de ce séminaire se veut être le porte-parole.

Une approche pluri-disciplinaire de l'insularité

Une approche pluri-disciplinaire sur la question de l'insularité nous est apparue essentielle, au vu des nombreuses recherches d'ores et déjà menées sur ce thème dans une perspective historique, ethnographique, géographique (Auphan, 1999 ; Brigand, 2002 ; Salomé, 2003 ; Darcques-Tassin, 2005...). Dans cette optique, une analyse comparée des sociétés insulaires préhistoriques et récentes nous semble avoir à terme un véritable potentiel de recherche (comprendre de manière diachronique l'organisation entre les îles, les relations entre les grandes et les petites îles, la dynamique d'exploitation des ressources et le degré de dépendance par rapport au continent...). Les comparaisons avec d'autres systèmes insulaires, nous semblent également particulièrement riches et pertinentes à mener afin d'affiner notre approche de la problématique de l'insularité.

Cette publication réunit donc différents acteurs des recherches sur les îles, qu'ils soient archéologues, archéomètre, archéomalacologue, géographe, historien...

Problématiques

Le cadre principal du séminaire est la question de l'insularité et de sa perception au travers des documents archéologiques de terrain, des ressources historiques, de l'approche géographique...
Les axes de réflexion sont pluriels :

- Les ressources des îles, à la fois limitées (surface exploitable réduite, gestion cynégétique complexe) et diversifiées (ressources terrestres et maritimes) ont-elles entraînées une adaptation des modes de vie ? Les populations ont-elles subies leur environnement ou ont-elles dépassées les contraintes grâce à un dynamisme de contacts et d'échanges ?
- Y-a-t-il continuité ou discontinuité dans l'occupation/exploitation des îles ?
- Les domaines insulaires sont-ils des vecteurs de diffusion ou des « cul de sac » de circulation de biens ?
- Peut-on percevoir une construction culturelle propre au milieu insulaire, et si oui quels en sont les manifestations identifiables au fil du temps ?

Insularité et nissologie : une présentation

L'approche menée dans le cadre de ce séminaire s'inscrit dans celle plus large de la science dédiée à l'étude des îles : la nissologie. Ce néologisme a été inventé en 1982 par le sociologue Abraham Moles à partir du grec nissos (île) pour qualifier ses travaux sur les domaines insulaires. Considérer l'île comme un objet d'étude à part entière permet selon A. Moles de mettre en perspective différentes situations d'insularité grâce à des grilles de lectures et des indices hiérarchisés (Moles, 1982). L'essor d'une telle approche est nettement perceptible aujourd'hui, notamment au fil de publications réalisées au sein de revues spécialisées comme Islands Studies Journal ou encore la revue en ligne SHIMA : the International Journal of Research into Islands Studies. Ces travaux mettent en lumière la nécessité de définir plusieurs notions dès lors que l'on désire mener un travail de recherche sur les domaines insulaires.

Si la spécificité géographique de l'île (spécificité liée à une discontinuité géographique entre terre et mer) est aisément reconnue par tous, les manifestations engendrées par cette situation sont indiscutablement plus complexes à saisir.
La principale notion que nous allons aborder ici est celle de l'insularité.

L'insularité est définie par le Dictionnaire de l'Académie Française comme étant la « configuration d'un territoire constitué d'une ou de plusieurs îles ; ensembles de caractères propres à un tel territoire, à sa population». Il s'agit d'un concept multidimensionnel utilisé en géographie mais également par d'autres disciplines (biologie, économie, archéologie...). En géographie, les chercheurs peuvent considérer l'île comme un espace semblable aux autres (montagne, plaine...), un simple objet disciplinaire. Mais d'autres appréhendent l'insularité comme l'élément clé de la problématique touchant les îles et placent son étude au centre de leurs interrogations scientifiques (Brigand, 2002). L'île se transforme en « laboratoire d'étude ». Dans cette thématique, la notion de frontière permet la réflexion géopolitique.

L'insularité sociale ou anthropologique apparaît encore plus pertinente à examiner ici. Ainsi, pour Philippe Pelletier, l'insularité est la relation dynamique qui se construit entre un espace insulaire et la société qui y vit, la question de la taille de l'île étant à son avis moins importante que celle de l'occupation humaine (Pelletier, 2005). Nous touchons là au cœur de notre sujet.

« SOMEWHERE BEYOND THE SEA »
THE ISLANDS OF BRITTANY:
AN ARCHAEOLOGICAL, GEOGRAPHICAL AND HISTORICAL POINT OF VIEW

-

1 avril 2014, RENNES

under the supervision of
Lorena AUDOUARD & Benjamin GEHRES

Introduction

Framework of the seminar

This Seminar on the Archaeology of Western France, which focused on the islands of Brittany, was held on 1 April 2014 at the University of Rennes 1.

The desire to organize this seminar arose spontaneously from the dynamism which currently animates archaeological research on island spaces of the western seaboard of France (Daire, 2009). Indeed, this seminar is taking place during a pivotal period of archaeological research covering these islands. The results of long-continued excavations on Ushant (under the direction of Jean-Paul Le Bihan), the archipelago of Molène (the Molène Archaeological Programme, under the direction of Yvan Pailler), the island of Hoedic (under the direction of Jean-Marc Large and Marie-Yvane Daire), the archipelago of Glénan and the Île aux Moutons (under the direction of Marie-Yvane Daire and Gwenaëlle Hamon) are either published or in the course of publication (Le Bihan and Villard, 2001; Le Bihan and al, 2010; Large, 2014; Daire and al, 2006; Daire and Hamon, 2013). Moreover, several doctoral theses in preparation or recently produced address the topic of insularity within the framework of the islands of Brittany, the Channel Islands as well as other islands off the British coast (B. Gehres, in preparation; A. Baudouin in preparation; H. Pioffet in preparation; Audouard, 2014). New problems are emerging, which will be highlighted by the publication of this seminar.

A multidisciplinary approach to insularity

A multidisciplinary approach to the question of insularity appears essential, in view of the large amount of research currently undertaken on this topic from the historical, ethnographic and geographical points of view (Auphan, 1999; Brigand, 2002; Salome, 2003; Darcques-Tassin, 2005, etc.). Accordingly, a comparative analysis of prehistoric and recent island societies would seem to have a true long-term potential for research (to understand in a diachronic way the organization between islands, the relations between large and small islands, the dynamics of exploitation of resources and the degree of dependence with respect to the continent, etc.). Comparisons with other island systems would also offer a particularly rich and relevant approach to refine our study of the problems of insularity.

This publication brings together various actors of research on islands, including archeologists, archeometrists, archeomalacologists, geographers, historians, etc.

Problems

The main framework of the seminar concerns the question of insularity and its perception based on studies of the archaeological record and historical resources, as well through the geographical approach, etc.

Various different lines of thought are developed:

- While the resources of islands are both limited (small cultivable area, complex hunting management) and diversified (terrestrial and maritime resources), could this lead to an adaptation of the ways of life? Are populations simply subject to their environment or do they overcome the constraints by using the dynamism of contacts and exchanges?
- Is there a continuity or discontinuity in the occupation/exploitation of islands?
- Are island spaces vectors of diffusion or « culs-de-sac » in the traffic of goods?
- Can we perceive a cultural construction specific to the island environment itself, and, if so, what are the identifiable expressions developed through the course of time?

Insularity and nissology: a presentation

The approach adopted in the framework of this seminar comes under the broader scope of nissology, the science dedicated to the study of islands. This neologism was coined in 1982 by the sociologist Abraham Moles, based on the Greek nissos (island), to describe his work on island spaces. According to A. Moles, considering the island as an object of study in its own right allows us to place various situations of insularity into perspective using frameworks of interpretation and hierarchical indices (Moles et Rohmer, 1982). The increased interest in such an approach is clearly evident today, in particular through articles published in specialized journals such as the Island Studies Journal or the online journal SHIMA: the International Journal of Research into Island Studies. These studies throw light on the need to define several concepts when wishing to undertake research on island spaces.

While the geographical specificity of an island (related to the geographical discontinuity between land and sea) is easily recognized by everyone, the expression of this state or condition is indisputably more complex to grasp.
The main concept addressed here is that of insularity.

Insularity is defined by the Dictionary of the French Academy as being the « configuration of a territory made up of one or more islands; the sets of characters specific to such a territory, its population ». *[Translator's note: in English dictionaries, insularity is defined as: state or condition of being an island, or lacking contact]*. It is a multidimensional concept used in geography, but also in other disciplines (biology, economics, archeology, etc.). In geography, researchers can regard the island as a space in the same way as any other (mountain, plain, etc.), representing a simple object of study. But other workers understand insularity as the key element of issues affecting islands, and place its study at the very heart of their scientific questioning (Brigand, 2002). The island thus becomes a « laboratory for studies ». In this thematic area, the concept of boundary leads to a geopolitical analysis.

Social or anthropological insularity appears even more relevant to examine here. Thus, for Philippe Pelletier, insularity is the dynamic relationship built up between an island space and the community which lives there; this author considers the question of size of the island as being less important than human occupation (Pelletier, 2005). This brings us here to the heart of our subject.

Bibliographie / References

AUDOUARD L. (2014) - *Les économies préhistoriques dans les domaines insulaires de la façade Manche-Atlantique de la France, de la fin du Mésolithique au début de l'âge du Bronze*, thèse de Doctorat, Université de Rennes 1, 404p.

AUPHAN E. (1999) - *Les îles de la mer d'Ouest : approche historique des sociétés insulaires de l'Armor d'après les témoignages de la littérature régionale*, Villeneuve d'Ascq, Presses Universitaires du Septentrion, 721p.

BAUDOUIN A. (en préparation) - *Ruralité et insularité aux marges de l'Europe du Nord: les îles Shetland au 18e siècle*, thèse de Doctorat, Université de Rennes 2 et Norwegian University and Science and Technology.

BRIGAND L. (2002) - *Les îles du Ponant. Histoires et géographie des îles et archipels de la Manche et de l'Atlantique*, Plomelin, Palantines, 479p.

DAIRE M.-Y. (2009) - Islands and archaeological research in Western France. Summary of a very long story of romance... Shima, *The International Journal of Research into Island Cultures*. Vol. 3, 2, p. 52-69.

DAIRE M.Y., BAUDRY A., QUESNEL L. (2006) - Le site gaulois de Port-Blanc à Hoedic (Morbihan). La campagne de fouille de 2005, premiers résultats, *Bulletin de l'Association Manche Atlantique pour la Recherche Archéologique dans les Îles*, 19, p. 69-86.

DAIRE M.-Y. et HAMON G. (dir.) (2013) - *L'île aux Moutons (Fouesnant, Finistère) : Étude pluridisciplinaire d'un établissement insulaire de l'Âge du Fer*, Saint-Malo, Les Dossiers du Centre Régional d'Archéologie d'Alet, 234p.

DARCQUE-TASSIN M. (2005) - *Un bout de vie sur l'île de Quéménès*, Bouhet, La Recouvrance, 100p.

GEHRES B. (en préparation) - *Le littoral breton, centre ou périphérie ? Approches archéométriques des sociétés insulaires armoricaines par le mobilier céramique, du Néolithique à l'époque romaine*, thèse de Doctorat, Université de Rennes 2.

LARGE J.-M. (dir.) (2014) - *La file de pierres dressées du Douet (Morbihan)*, Melvan, La Revue des deux Îles, 240p.

LE BIHAN J.-P. et VILLARD J.-P. (2001) - *Ouessant, archéologie d'une île à la pointe de l'Europe, Tome 1*, Quimper-Rennes, Centre de Recherche Archéologique du Finistère et Revue Archéologique de l'Ouest, 351p.

LE BIHAN J.-P., ROUSSOT-LAROQUE J. et VILLARD J.-F. (2010) - *Ouessant, archéologie d'une île à la pointe de l'Europe, Tome 2,* Quimper, Centre de Recherche Archéologique du Finistère, 588p.

MOLES A. et ROHMER E. (1982) - *Labyrinthes du vécu*, Paris, Librairie des Méridiens, 183p.

PIOFFET H. (en préparation) - *Sociétés et Identités du Premier Néolithique de Grande Bretagne et d'Irlande dans leur contexte ouest européen: caractérisation et analyses comparatives des productions céramiques entre Manche, Mer d'Irlande et Mer du Nord*, thèse de Doctorat, Université de Rennes 1 et Durham University.

PELLETIER P. (2005) - *L'île, un bon objet géographique, in* N. Bernardie et F. Taglioni (dir.) : Les dynamiques contemporaines des petits espaces insulaires, Paris, Karthala, p. 7-17.

SALOME K. (2003) - *Les îles bretonnes, Une image en construction (1750-1914)*, Rennes, Presses Universitaire de Rennes, 462p.

Remerciements

Les organisateurs de ce séminaire tiennent à remercier l'école doctorale SHS (ED 507) de l'Université de Rennes 2 et l'Observatoire des Sciences de l'Univers de Rennes (OSUR) pour leur soutien financier, ainsi que le laboratoire Archéosciences CReAAH (UMR 6566) pour son soutien logistique.

Acknowledgments

The organizers of this seminar would like to thank the Graduate School SHS (ED 507) from the University of Rennes 2 and the Observatoire des Sciences de l'Univers de Rennes (OSUR) for their financial support, as well as Laboratory Archéosciences CReAAH (UMR 6566) for logistical support.

TABLE DES MATIÈRES / TABLE OF CONTENTS

POUR UNE ANALYSE DIACHRONIQUE DES DYNAMIQUES INSULAIRES (CULTURE, ENVIRONNEMENT ET ÉCONOMIE) : L'ÎLE DE GROIX (MORBIHAN) COMME ÉTUDE DE CAS

DAIRE Marie-Yvane[1], AUDOUARD Lorena[5], DUTOUQUET Louis[2], GEHRES Benjamin[7], GUYODO Jean-Noël[8], LANGOUËT Loïc[3], LÓPEZ ROMERO Elias[4], MARCHAND Grégor[1], MOLINES Nathalie[5], RAVON Anne-Lyse[5], ROUVIÈRE Clément[6] et avec la collaboration de LE GUEN Alain et BIHAN Serj

1- CNRS, UMR 6566 CReAAH (Centre de Recherche en Archéologie, Archéosciences, Histoire), Laboratoire Archéosciences, Rennes, email : marie-yvane.daire@univ-rennes1.fr / gregor.marchand@univ-rennes1.fr

2 - Université de Nantes, email : dutouquet@netcourrier.com

3 - Université de Rennes 1 et AMARAI (Association Manche Atlantique pour la Recherche Archéologique dans les Îles), Rennes, email : langouet.loic@wanadoo.fr

4 - Durham University, Dept of Archaeology, South Road, Durham (UK), email : elias.lopez-romero@durham.ac.uk

5 - Université de Rennes 1, UMR 6566 CReAAH (Centre de Recherche en Archéologie, Archéosciences, Histoire), Laboratoire Archéosciences, Rennes, email : lorena-aud@wanadoo.fr / nathalie.molines@univ-rennes1.fr / al.ravon@hotmail.fr

6 - Service départemental d'Archéologie du Morbihan, Vannes, email : clement.rouviere@cg56.fr

7 - Université de Rennes 2, UMR 6566 CReAAH (Centre de Recherche en Archéologie, Archéosciences, Histoire), LAHM, Rennes, email : benjamin.gehres@gmail.com

8 - Université de Nantes, UMR 6566 CReAAH (Centre de Recherche en Archéologie, Archéosciences, Histoire), Laboratoire LARA, Nantes, email : jean-noel.guyodo@univ-nantes.fr

Résumé

Cet article vise à préciser la contribution de l'archéologie à l'étude des dynamiques insulaires, sur la base de l'analyse de l'évolution culturelle et du peuplement (insularité vs contacts) combinée à des approches environnementales de l'évolution des paysages côtiers. D'un point de vue méthodologique, un tel processus est basé sur une approche interdisciplinaire couvrant plusieurs domaines tels que les campagnes de terrain (fouilles archéologiques et prospections systématiques), des études historiques pour les périodes plus récentes (textes), mais aussi, pour une part, le recours à la biologie et aux sciences de la terre. À titre d'illustration des questions développées dans le cadre géographique de la façade atlantique de l'Europe, les auteurs présentent les principaux résultats des enquêtes archéologiques de longue haleine menées sur l'île de Groix (Morbihan). Mettant l'accent sur l'une des plus grandes îles de l'Ouest de la France, aujourd'hui localisée à 5,5 km des côtes les plus proches, est peuplée depuis le début Préhistoire et les chercheurs peuvent y documenter l'évolution de la relation entre l'homme et l'environnement maritime (de l'exploitation des ressources à la navigation ...) à différentes échelles de temps, du début du Paléolithique jusqu'à l'époque Moderne.

Mots-Clés :

Île de Groix, dynamique insulaire, environnement, culture, archéologie.

Abstract:

This paper aims to discuss the contribution of archaeology to ancient island dynamics; this includes studying the cultural evolution and development of settlement ('islandness' vs. contacts), combined with environmental approaches dealing with coastal landscape changes. From a methodological point of view, such an archaeological process is based on an interdisciplinary approach covering several research fields such as prehistory and archaeology (excavations and systematic surveys), historical studies (texts), biology and the earth sciences.

As an illustration of the issues developed in the geographical context of the European Atlantic Arc, the authors present the main results of long-continued investigations on Groix Island (Brittany, France). Groix Island, which is situated 5.5 km from the nearest coast, is among the larger islands of Western France (1520 ha/15 km²) and has been populated since early Prehistory. Therefore, this island documents the evolution of the relationship between human groups and the maritime environment (resource exploitation, navigation, etc.) on various timescales from the early Palaeolithic up until to the Middle Ages.

Key-words:

Groix island, island dynamics, environment, culture, archaeology.

Introduction

Depuis 2009, les dynamiques insulaires constituent un objet d'étude en soi, grâce à la création du consortium Island Dynamics qui aborde très largement les problématiques économiques, politiques et culturelles propres aux îles et ce, à l'échelle planétaire (*http://www.islanddynamics.org/about.html*). La discipline archéologique fut représentée, pour la première fois, au colloque de Malte en 2011 dans une session très restreinte. Ce fut néanmoins le point de départ de l'étude présentée ici.

Il est en effet apparu que, en prenant en compte un pas de temps aussi long que possible, une analyse de l'évolution du peuplement et du paysage insulaire pouvait être tentée : dans le cas de ces territoires à la surface et aux ressourcées réputées « limitées », la question récurrente est en effet celle du poids du déterminisme insulaire sur la vie et l'organisation des populations, sur leur mode d'exploitation des ressources et sur leur(s) lien(s) avec les autres communautés, insulaires et continentales. Cette problématique est désormais abordée selon des démarches complémentaires, qui sont soit thématiques (projet « Céram'îles » ; Daire *et al.*, 2012 ; Gehres, thèse en préparation), soit diachroniques et relatives à une entité géographique, par exemple Ouessant (Le Bihan et Villard, ce volume) ou à un ensemble régional (Audouard, ce volume).

Par son caractère insulaire, sa superficie relativement grande et la diversité de son patrimoine archéologique, Groix apparaît aujourd'hui comme un territoire autorisant une approche diachronique d'un type nouveau dans la région, à savoir une analyse des dynamiques insulaires sur le très long terme, soit plusieurs dizaines de millénaires.

Cette approche sera menée selon trois orientations principales :

- la caractérisation et l'identification des restes archéologiques, incontournable catalogue des données disponibles, soulignera les points forts et les lacunes de nos sources documentaires en ce qu'elles conditionnent la réflexion menée en aval ;
- ensuite l'évolution des relations entre les humains et leur environnement devra être analysée, en particulier les modifications du trait de côte, mais aussi de l'accès aux ressources…
- enfin, une discussion sur le degré « d'insularité » de ce territoire et de ses occupants en référence à ce qui se passe sur le continent, nous conduira à envisager la question de l'insularité, soit en tant que constante déterminante du point de vue géographique, soit comme un facteur évolutif et une variable dans sa perception interne et externe.

1. Les occupations humaines successives : culture(s) et environnement(s)

1.1. Brève présentation du contexte géographique…

Avec ses 1520 hectares, L'île de Groix fait partie des grandes îles habitées du Ponant (Brigand, 2002), longue de 8 km et d'une largeur variant entre 3 et 4 km. Localisée à environ 11 km du continent le plus proche, elle se présente selon un schéma bipartite : un plateau occupe les 2/3 ouest de l'île, limité par des falaises abruptes surplombant la mer de 30 à 40 m, entaillées de vallons escarpés tandis que le tiers restant de l'île est beaucoup plus diversifié : versants doux, vallons, petites falaises basses, s'affaissant dans un mouvement général de pente vers le sud-est, la baie de Locmaria pour s'achever en un large platier rocheux faiblement immergé dont nous verrons *infra* qu'il occupe une place importante (fig.1).

Du point de vue géologique, outre le fait que Groix est connue dans le monde entier pour ses minéraux et ses roches, le substrat schisteux de l'île a favorisé des phénomènes d'érosion augmentés par l'absence de plateforme littorale sur la côté ouest (Robert et Ballèvre, 2014).

L'accès à l'île se fait sans encombre via un bras de mer de trois milles nautiques de large, dont la profondeur atteint aujourd'hui 30 m. Mais les marins qui abordent l'île doivent redouter quelques têtes de roches affleurantes aux abords de Port-Tudy, l'abri le plus important de l'île, et près du chenal d'accès de Port-Lay ; le marin doit également se méfier des côtes très escarpées de la côte sud (dépourvues de possibilité d'abri) mais aussi du platier rocheux localisé en avant de la pointe des Chats.

1.2. et historiographique

D'un point de vue méthodologique, nous nous basons sur des programmes de recherche successifs menés sur Groix (fouilles archéologiques et prospections, systématiques ou non) mais aussi études historiques ou encore géologiques. Il n'est cependant pas inutile de rappeler l'historique des recherches de terrain dont le caractère discontinu soulignera la complexité de l'île, en tant qu'objet archéologique, à Groix comme ailleurs.

Parmi les pionniers, peu nombreux, qui se sont intéressés à Groix, Louis Le Pontois (1838-1919) conduisit des fouilles sur plusieurs monuments mégalithiques : le « tumulus » de Pen Men, le dolmen de Mez Vagouer Huen, les dolmens de Butten-er-Hac'h, le dolmen de Men Yann (Cayot-Delandre 1847, Fouquet 1853, Le Rouzic publié en1965, Langouët *et al.*, 2007).

C'est en 1906 que, en compagnie de P. Du Chatellier, il voulut fouiller le tumulus de Cruguel, pensant qu'il datait de l'âge du Bronze ; la suite des événements révèlera en fait une sépulture à barque attribuable au rituel viking (Langouët, 2006).

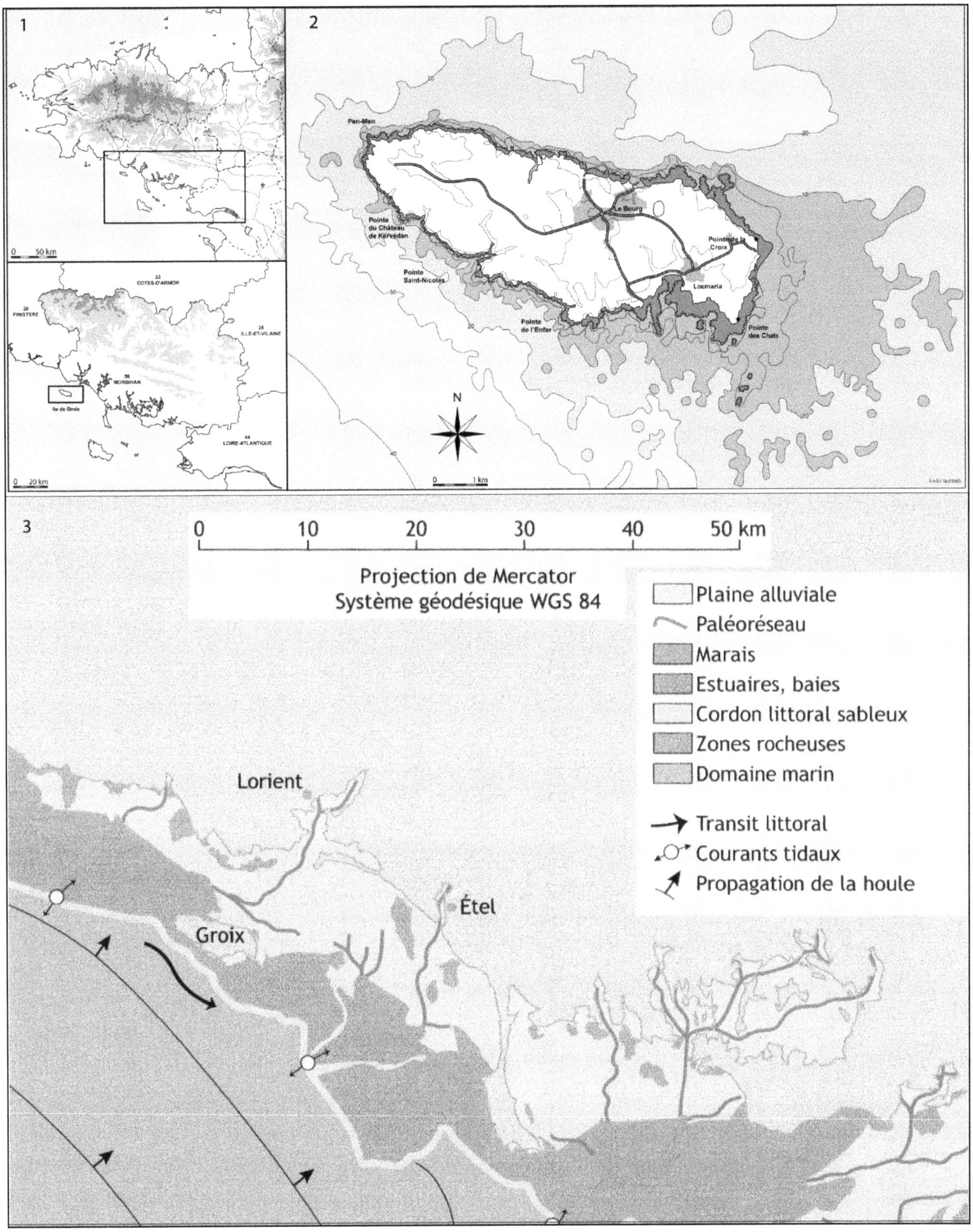

Figure 1 : L'île de Groix : 1 et 2. Localisation et environnement maritime immédiat et actuel (DAO L. Quesnel). 3. Représentation du paysage (supposé) il y environ 9000 ans (niveau -30 m.) (d'après Menier et al., 2014, p. 53).

À l'aube de la Seconde Guerre mondiale, et dans la mouvance de R.E.M. Wheeler s'intéressant aux « *hillforts* » continentaux, une archéologue britannique, L.M. Threipland effectua une série de sondages sur l'éperon barré de Kervédan (Threipland, 1941).

Dans les années 1970, la découverte fortuite d'une autre sépulture, protohistorique cette fois, amena C.T. Le Roux à fouiller la tombe de Port-Mélitte (Le Roux, 1979).

Puis, à la suite de la création de l'AMARAI (Association Manche Atlantique pour la Recherche Archéologique dans les Îles) en 1988, un programme de prospection systématique fut mené sur Groix en 1989 et 1990, dirigé par F. Goupil (Goupil, 1989) :

- à l'origine du travail documentaire (mené au début de cette opération), 35 sites étaient connus sur l'île, essentiellement des monuments mégalithiques. À la suite des deux campagnes d'été d'un mois chacune (menées par une équipe de trois à sept personnes), 150 sites archéologiques ou gisements étaient inventoriés.

Les principales avancées de ce premier programme concernent le domaine de la préhistoire ancienne, d'une part, et de l'époque gallo-romaine, d'autre part.

Puis quatre campagnes de terrain ont été menées à Groix, sous la direction de N. Molines, entre 2004 et 2008, qui ont permis d'engager des recherches plus approfondies (sondages et fouilles) sur plusieurs sites menacés de destruction (Molines *et al.*, 2004 et 2006) ; il s'agissait notamment des gisements paléolithiques de la pointe des Chats et, plus largement, des arrières de la baie de Locmaria (Molines *et al.*, 2004), des ateliers protohistoriques de bouilleurs de sel de la pointe des Chats et des Saisies (Daire *et al.*, 2007), et des installations de pêcheries (Langouët *et al.*, 2008).

Faisant suite à un inventaire des sites paléolithiques morbihannais (Rouvière, 2013), C. Rouvière avec le soutien du Service Départemental d'Archéologie du Morbihan a engagé en 2013 un nouveau programme visant à clarifier l'occupation paléolithique de l'île (Rouvière dir., 2014).

Parallèlement à ces diverses opérations, il faut signaler le rôle prépondérant, car continu depuis plusieurs décennies, joué par les infatigables prospecteurs bénévoles locaux que sont Serj Bihan, Alain Le Guen et Jo Le Port, car on leur doit la découverte de nombreux sites et gisements. Ces derniers sont bien sûr intégrés dans les inventaires mentionnés *supra* mais il convient de rendre hommage, nommément, aux inventeurs de ces vestiges.

Ces données de terrain ont été compilées dans des travaux de synthèse (Leroy, 2001), ou intégrés dans des corpus parmi lesquels nous mentionnerons des travaux sur le mégalithisme morbihannais (Gouézin, 2007 ; López-Romero, 2008a et b), ou encore sur les installations de pêcheries (Daire et Langouët, 2008 et 2010).

1.3. Les premiers peuplements de Groix

La question de l'occupation paléolithique de Groix concerne principalement la côte sud de l'île, mais également l'intérieur des terres, notamment les zones correspondant aux paléo-vallées. Les travaux réalisés jusqu'en 2008 et les premiers résultats du travail de synthèse entrepris en 2013 et 2014 (Rouvière 2013, Dutouquet 2014, Rouvière *et al.* 2014) nous permettent de proposer trois sites avérés : Mez Kerpatte, Mez Tromor et Mez Port Pornen, et quatre indices de site : Mez Kerlard, Mez Quehello, Tal Hent Locqueltas et la Pointe des Chats.

Ces sites, connus par le biais des prospections d'A. Le Guen et S. Bihan font actuellement l'objet d'un programme de prospections thématiques (Rouvière *et al.*, 2014). Celles-ci ont pour but l'étude et l'inventaire du matériel collecté, le relevé micro-topographique des sites paléolithiques ainsi que le relevé et l'étude des coupes en falaise bordant l'île.

Concernant la géomorphologie, les premières observations réalisées par M. Laforge (*ibidem*) semblent indiquer que les successions de dépôts pléistocènes du littoral de Groix montrent les bilans sédimentaires des trois derniers cycles interglaciaire-glaciaire. Des observations complémentaires sur le terrain, ainsi que des analyses granulométriques en laboratoire, permettront d'affiner ces premiers éléments chronostratigraphiques et de fournir ainsi un cadre chronologique aux occupations paléolithiques de l'île de Groix.

L'industrie lithique provenant des différents sites du Paléolithique inférieur de l'île est relativement homogène. Les séries issues des divers ramassages de surface peuvent être attribuées au faciès régional du « Colombanien » (Monnier, 1996). Ce faciès du Paléolithique inférieur, en cours d'étude (Ravon, en préparation), est contemporain de l'Acheuléen *sensu stricto* mais s'en distingue typologiquement, notamment par une quasi-absence de biface. La composante majeure de l'outillage est essentiellement constituée de choppers et chopping-tools, principalement aménagés sur galets de quartzite. L'étude de ces séries est à mettre en relation avec les analyses sédimentologiques et les relevés topographiques, afin de mieux comprendre la gestion de ce vaste territoire chez les populations pré-néandertaliennes, ainsi que leur lien avec le Colombanien du littoral sud armoricain.

1.4. Le Mésolithique de l'île de Groix

Le Mésolithique de l'île de Groix est connu grâce à des travaux de prospections pédestres menées par A. Le Guen, S. Bihan, G. Marchand et O. Kayser, dont les résultats ont été publiés dans des revues régionales (Marchand, 1992 ; Le Guen, 2007). Quatre sites sont désormais connus, tous en bordure de falaise et découvert en surface en raison de l'érosion pédestre et marine. Il en résulte une pauvre information spatiale et un fort état de délabrement (piétinements) des vestiges afférents. Il s'agit des sites de Er-Fons / Bileric, du Gorzed, du Trou de l'Enfer et de Quéhello. Le premier est entre deux vallons encaissés, face au continent, les deux autres sont en sommet de falaise sur la côte « sauvage ». Cinq autres indices sont signalés, que nous n'avons pu vérifier : Karnouir, Ker Sauce site n°1, Ker Sauce site n°3, Le Storang et La côte de Kerlard. La modestie de ces vestiges lithiques est contrebalancée par l'importance de la problématique, en raison de l'insularité de ce territoire : la connaissance archéologique des chasseurs-collecteurs marins est encore embryonnaire en Europe atlantique, notamment la gestion des espaces insulaires et les rythmes de la mobilité par le truchement des embarcations (Marchand, 2013, 2014).

Nous sommes donc conduits à distinguer deux périodes au cours du Mésolithique, avant et après la séparation probable de l'île du continent. La carte des fonds marins révèle sans ambigüité qu'avec un niveau marin inférieur à 20 m sous l'actuel (niveau marin, l'île est encore rattachée au continent par sa partie nord-est. Avec nos connaissances encore bien partielles des rythmes de remontée de la mer, cela laisse penser à une séparation vers la fin du 8e millénaire av. n.è., voire au 7e millénaire. Er-Fons / Biléric et le Trou de l'Enfer sont attribués au premier Mésolithique et ces stations furent occupées alors que Groix était une simple bordure littorale continentale ; du bord de ce vaste plateau, les hommes et les femmes du territoire dominaient alors des plaines littorales assez étroites vers le sud, plus large vers le nord.

La station du Gorzed est plus ou moins contemporaine de celles de Téviec (Saint-Pierre-Quiberon, Morbihan) et de Port-Neuf (Hoedic, Morbihan), sièges d'habitats-nécropoles fouillés par M. et S.-J. Péquart, et datés du 6e millénaire av. n.è. Dans ce cas, nous avons affaire à une occupation véritablement insulaire, de même que pour Quehello. Quel était le statut de ces habitats ? L'île disposait-elle d'une occupation humaine pérenne ou bien était-elle l'objet d'expéditions régulières depuis le continent ? Tout dépend finalement de la gestion des espèces mammaliennes par les chasseurs. La faible superficie de cette île permettait de fait l'existence de sangliers et de chevreuils, celle des cerfs est plus délicate à apprécier car ces animaux réclament un large espace pour prospérer ; mais en cas de chasse intensive, cet écosystème fragile ne devait pas se renouveler. Quant aux ressources marines, dont on sait qu'elles furent exploitées à l'envi par les peuples mésolithiques dans le sud de la Bretagne, nous n'avons pas de témoignages directs de leur collecte (dépôt coquillier ou autres restes fauniques), mais cela est évidemment fort probable. L'occupation holocène de l'île de Groix par des peuples de chasseurs-cueilleurs, avant et après la séparation du continent est une certitude ; sa nature et le fonctionnement de ce territoire sont l'objet de moult conjectures.

1.5. Monuments et occupations néolithiques

De nombreux monuments mégalithiques ont été très tôt repérés et fouilles sur l'île de Groix (cf. *supra*). Au total, une dizaine de dolmens et autant de menhirs, isolés ou alignés, attestent d'une occupation assez importante de l'île par les populations néolithiques (5000 – 2000 av. J.-C.) (Gouézin, 2007 ; López-Romero, 2008b).

Selon P. Gouézin, l'isolement géographique de l'île aurait peut-être favorisé la concentration de dolmens à couloir dans un espace restreint comme celui de Butten er Hac'h, le site ayant livré une succession de tombes, les unes ayant entraîné la condamnation des autres au sein d'un même cairn. Toujours est-il que l'île recèle une variété intéressante de sépultures mégalithiques de types divers (Gouézin, 2007, p. 8).

Les sites d'habitat ne sont pas en reste puisqu'une vingtaine de gisements de surface ont été recensés (Goupil, 1989). Parmi ces gisements, ceux qui attirent le plus l'attention sont les ensembles les plus homogènes en rapport avec le Néolithique récent et final, dont l'habitat de Pen Men.

La relation entre sites funéraires et sites d'habitat au Néolithique, souvent si difficile à appréhender, pourrait être établie à Groix entre certaines occupations du site de Pen Men et certains mégalithes de l'ile. En effet, la présence de céramiques de type Conguel dans les couloirs des dolmens B et C ainsi que dans la chambre du dolmen H du Butten er Hac'h plaide pour une utilisation de l'espace funéraire du monument par les populations installées sur l'ile au Néolithique Récent.

Connu depuis le début du XXe siècle, les sondages menés sur le site de Pen Men un siècle plus tard ont permis de déterminer l'existence de deux ensembles distincts (Guyodo *in* Molines *et al.*, 2007) : d'une part un tumulus exploré anciennement et, d'autre part, un talus ceinturant l'éperon établi sur un promontoire de micaschiste surplombant la mer d'une trentaine de mètres et définissant un espace interne de 1,5 ha. Coupé par deux entrées, l'architecture de ce talus révèle deux accès aux deux extrémités, et une armature constituée de deux murets parallèles entrecoupés de murets transversaux formant des sortes de caissons. Malgré la rareté du mobilier, des comparaisons architecturales ont été proposées avec le site de Groh-Colé à Saint-Pierre-Quiberon (Morbihan) qui situent chronologiquement les deux établissements au Néolithique récent (entre 3800 et 3300 av. J.-C.) (Guyodo in Molines *et al.*, 2007). D'autres gisements, vraisemblablement de la même période, sont soupçonnés sur l'île de Groix, à Porh Morvil, Créhal ou encore Kermoel.

1.6. Un âge du Bronze indigent

Notre connaissance de la Protohistoire récente de l'île souffre de lacunes, qui, selon un schéma assez classique dans plusieurs secteurs de la région, nous prive des structures d'habitat, pour l'âge du Bronze. Sur l'île, l'âge du Bronze se traduit par la présence de tumulus, de sépultures en coffre, de cercles de pierre, de dépôts de haches en bronze et d'épées dites « en langue de carpe ». Entre 1952 et 1955, les dunes du secteur de Port Mélitte, au nord de l'île avaient livré à plusieurs reprises des squelettes humains, à la faveur des extractions de sable ; ceux-ci étaient rarement accompagnés de mobiliers archéologiques et les structures étaient absentes. Jusqu'à la découverte fortuite, en 1969, d'une tombe, alors fouillée par C.T. Le Roux, et qui contenait le squelette d'une femme âgée d'une trentaine d'années position fœtale dans une sépulture à coffre (Le Roux, 1971a et 1971b).

En dépit de certaines perturbations anatomiques, son excellent état de conservation a permis de nouvelles analyses du squelette par le radiocarbone, plus précises, et les résultats indiquent une tranche chronologique de datation, fiable à 95,8 %, comprise entre 1940 et 1740 av. J.-C. Au titre des mobiliers remarquables, une perle en « faïence bleue » segmentée est apparue comme le témoignage de rapports à plus ou moins longue distance, soit avec le monde méditerranéen, soit avec les îles britanniques. Nous verrons *infra* que d'autres vestiges archéologiques de ce site sont attribuables à l'âge du Fer. Un autre petit monument funéraire, découvert à la pointe des Chats sous la forme d'une tombe en coffre, remonte vraisemblablement lui aussi à l'âge du Bronze.

Des monuments funéraires « protohistoriques », sous la forme de tumulus, ont également été signalés en d'autres points de l'île (Kermario, Kermunition), tandis que dépôts métalliques ont été découverts à Men Stang-Roh ou encore au Trou de l'Enfer.

1.7. L'âge du Fer

Si l'on excepte les structures funéraires évoquées *supra* et dont la datation demeure toujours un peu floue (entre l'âge du Bronze er le premier âge du Fer, au moins), l'occupation humaine de l'île de Groix, pendant l'Âge du Fer, ne semble caractérisée que par deux types de vestiges, relevant de la sphère domestique (habitat, soit fortifié, soit ouvert) et artisanale (ateliers de bouilleurs de sel).

1.7.1 Les formes de l'habitat

Le « camp » de Kervédan, appelé « camp des romains » ou « camp des gaulois », est un éperon barré de l'âge du Fer. Ce promontoire naturel aux hautes falaises de micaschiste abruptes, a été doté d'un réseau (*vallum*) composé de quatre remparts et de cinq fossés parallèles, dont un ensemble monumental, qui en contrôlent l'accès. Les sondages réalisés par L. Threipland en 1939 (Threipland, 1945), à travers le système de rempart et dans l'enceinte, révèlent que cette installation, établie sur un point stratégique ouvert sur un large panorama maritime, probablement choisi pour le contrôle de routes maritimes, remonte au Ier siècle av. J.-C.

Malgré l'absence de fouille archéologique approfondie, le site de Port-Mélitte livre régulièrement un mobilier archéologique traduisant l'existence d'un probable habitat, vraisemblablement ouvert, si l'on en croit sa position topographique au débouché d'un petit vallon. Des céramiques, datées de la fin du second âge du Fer, dont certaines complètes, ont été collectées au hasard du recul de la falaise dans ce secteur. Ces découvertes sont à rapprocher de la mention d'un « Vieux Château de Port Mélite », mentionné sur les cartes du XVIIIe siècle.

1.7.2 La production de sel

À la fin de l'Âge du Fer, la côte sud de l'île, en particulier sur le pourtour de la baie de Locmaria, était le siège d'une activité artisanale importante, avec des gisements de briquetages installés en bord de mer et mentionnés à la Pointe des Saisies, à Port Roed et à la pointe des Chats-Port Morvil. Alors que, jusqu'en 2003, ces sites sauniers de l'île de Groix n'avaient été abordés que par des prospections, des sondages furent réalisés pour répondre en partie au problème de l'érosion et du risque de disparition de ces vestiges. Trop tard, malheureusement, dans le cas de la Pointe des Chats, détruit à 95 %.

À la Pointe des Saisies, en revanche, les sondages ont permis la découverte de structures (four à sel, fosse, murets de bâtiment) et niveaux en place (Daire *et al.*, 2007, très abîmés cependant par l'érosion de cette pointe déchiquetée et perturbés par l'établissement d'une batterie à l'époque moderne. La technologie mise en œuvre dans cet atelier fait intervenir des moules à sel en forme d'augets parallélépipédiques et une grille complexe supportée par des voûtains, selon une technologie bien identifiée sur les rivages continentaux du Morbihan actuel. Mais cette fouille a également livré des éléments techniques relevant d'une technologie différente, plus classiquement connue sur la côte nord de la Bretagne, ce qui révèle une évolution de la production qui reste encore à clarifier dans la région (Daire, 2003).

Les mobiliers domestiques présents sur le site renseignent à la fois la chronologie de l'occupation (IIe-Ier siècles av. J.-C.), et les contacts à longue distance ou avec des négociants, notamment par la présence d'amphores vinaires Dressel 1.

1.8 Groix pendant l'antiquité

L'occupation antique de l'île est longtemps restée sous-évaluée, cette méconnaissance est probablement due à la rareté des tuiles de toiture qui constituent les indices habituels de détection. Découverts plus ou moins récemment, un certain nombre de gisements de mobiliers gallo-romain ont révélé, pour cette période, une occupation relativement dense de la partie orientale de Groix, mais vraisemblablement fondée sur une architecture différente, ne faisant pas intervenir de tuiles pour les couvertures (mais des plaques de schiste ou encore des toitures entièrement végétales). Un habitat matérialisé par des murs et du mobilier gallo-romain a cependant été signalé dans le secteur de Port-Tudy.

La baie de Locmaria a très certainement offert une possibilité de port d'échouage et on peut supposer que les populations étaient impliquées, sinon dans un commerce établi, du moins dans des échanges plus ou moins réguliers par voie maritime.

1.9. Le Moyen-Âge

Apparemment ignoré de l'Itinéraire Maritime d'Antonin, le nom de Groix apparait pour la première fois au IXe siècle (*Groe*). Le Moyen-Âge est documenté par différentes sortes de vestiges religieux (églises et chapelles…), tandis que des habitats relativement discrets sont soupçonnés suite à des découvertes de gisements de céramiques dans les zones encore cultivées de nos jours. Rien n'interdit de penser que, dans divers secteurs de l'île (notamment dans le sud-ouest), certaines reliques d'un parcellaire médiéval ont pu subsister. Des « villages médiévaux » désertés sont également mentionnés dans les archives des XIIIe et XIVe siècles, mais la découverte archéologique la plus inattendue reste la sépulture viking à barque du Cruguel à Locmaria, une découverte exceptionnelle pour le territoire français.

C'est un tumulus de 17 m de diamètre que L. Le Pontois et P. Du Chatellier entreprirent de fouiller en 1906, persuadés à l'origine d'être en présence d'une tombe préhistorique. La sépulture, qui contenait les restes de deux personnes, correspond à un rituel scandinave mettant en œuvre une barque en bois longue de plus de 10 m et un riche mobilier (armes dont une grande quantité d'*umbos* de boucliers, outils, ustensiles de navigation et objets de parure) qui permet de d'attribuer sa datation au milieu du XXe siècle (Langouët, 2006 ; Delahaye, 2011).

Mais c'est bien entendu l'histoire religieuse de l'île qui marque davantage son histoire médiévale. La fondation du prieuré de Saint-Gunthiern remonte au haut Moyen-Âge, à la suite de quoi il aurait été agrandi au IXe siècle par décision du roi Nominoë, puis ravagé lors de raids Normands vers 900 et reconstruit au XIe siècle grâce à une donation d'Huelin d'Hennebont.

Au XIIe siècle, l'île semble donc avoir été subdivisée en deux entités, avec une paroisse et un prieuré (celui de Saint-Gunthiern), peuplés de 2000 « paroissiens » répartis en trente villages (Bernier, 2001).

Vendu à la révolution, ce monastère n'a laissé que peu de traces archéologiques mais on sait du moins qu'à la fin de XVIIIe siècle, il comprenait une chapelle, une maison, un jardin et des annexes. L'importance locale de cette implantation monastique transparait dans la dénomination de l'anse de Locmaria « *Port au Manec* » (le port des Moines) sur la carte des Ingénieurs Géographes militaires de 1771-1776, et dans le nom d'une pêcherie (*mein ar venech*) à Porh Morvil, reliée au prieuré par un ancien chemin.

1.9.1. La question des pêcheries

Deux installations de barrages de pêcheries ont été identifiées et étudiées sur la côte méridionale de l'île de Groix (Daire et Langouët, 2010, p. 148).

Le premier piège se trouve dans l'anse de Porh Morvil, à 700 m au sud-est du bourg de Locmaria ; d'une longueur globale de 40 m, il est constitué de deux segments complémentaires prenant appui sur des émergences schisteuses. D'après la toponymie (*Mein er Venech*) et la tradition orale, cette pêcherie aurait appartenu à des moines, que l'on est tenté de localiser au monastère de Saint-Gunthiern, près de Kerhoret et à un peu plus d'un kilomètre à vol d'oiseau du barrage (cf. *supra*). En effet, plusieurs cartes anciennes (XVIIIe siècle) de même que le cadastre napoléonien figure un chemin reliant directement le prieuré et l'anse de Porh Morvil. La datation proposée pour la construction de cette installation de pêcherie couvre la période XIe-XIIIe siècles.

Une seconde installation dénommée « *Perzigou* » (ancien parc ?) se situe à 450 m au nord-ouest du précédent, dont elle se différencie sur le plan architectural : large de 2,50 m (pour une longueur initiale inconnue), le barrage est constitué de dalles de schiste, presque toutes percées d'un trou, disposées transversalement (par rapport à l'axe du barrage) et de chant. On retrouve les mêmes dalles de schiste percées, provenant éventuellement de la destruction partielle de la pêcherie « Perzigou », dans une ancienne cale à Kersauzon, dans le port de Locmaria.

1.10. Et après…

Les aménagements d'époque moderne sont liés :

- à la sécurité du territoire, notamment celle du port de Lorient et des vaisseaux de la compagnie des Indes qu'il abrite, avec la construction de fortifications à partir de 1744 et batteries,
- à la vie maritime, notamment avec la construction du phare de Pen Men (de 1835 à 1939) sur les ruines d'un plus ancien et des pavillons à signaux (San Quirce, 2001)
- ou encore à l'économie et la vie agricole locales avec, notamment, sept moulins répertoriés en 1840.

Mais si on considère les périodes plus récentes, l'île de Groix fut le premier port de France pour la pêche au thon à la fin du XIXe siècle et jusqu'à la Première Guerre mondiale, avec une flotte de 300 bateaux et une capacité de cinq conserveries construites alors sur l'île ; l'activité de pêche a décliné au cours du XXe siècle et aujourd'hui, la première ressource économique de l'île est le tourisme.

2. Les dynamiques environnementales et culturelles

Le témoignage archéologique, considéré sur le long terme, fournit des éléments de réflexion sur la relation Homme / milieu dans les contextes insulaires, mais aussi sur l'adaptation et l'évolution du type de peuplement sur des territoires réputés aux ressources limitées.

2.1. La question des ressources, locales ou exogènes ?

Pendant la Préhistoire ancienne, l'utilisation de matière première locale telle que les galets de quartzite pour en enlever quelques éclats et les transformer en chopper ou *chopping-tools*, dans une zone dépourvue en silex, apparaît comme une adaptation aux conditions locales (Molines *et al.*, 2004). L'étude menée en 2014 sur 1016 artefacts provenant de ramassages de surface ou de sondages (A.-L. Ravon, *in* Rouvière dir., 2014) montre que les matières premières les plus mises en œuvre pour la confection des galets aménagés sont le quartzite (74 %) et le quartz (18 %). Concernant les choppers, outils les plus fréquents parmi la composante lourde de l'assemblage (63 %), 77 % d'entre eux sont façonnés sur du quartzite alors que 15 % sont élaborés sur du quartz. De la même manière, les chopping-tools, soit 25 % des galets aménagés, sont majoritairement façonnés sur du quartzite (71 %).

Sur cette île où le silex est totalement absent, l'homme du Paléolithique cherche des roches de substitution. Hormis le quartzite et le quartz (86 %), il exploite des galets de silex côtier (6 %) et a parfois recours au grès (4 %) et au microgranite (2 %). Enfin, il choisit plus rarement le glaucophanite ou autres schistes (1,1 %), roches naturellement foliées et se prêtant mal à la taille, mais utilisées comme matériel de percussion, aussi bien comme enclumes que comme percuteurs. Ainsi, au Paléolithique inférieur, l'utilisation de diverses matières premières locales apparaît comme une adaptation au manque de silex et à des ressources limitées. L'utilisation majoritaire de galets de quartzite ou de quartz présents dans les cordons littoraux reflète à la fois une adaptation au contexte local et une sélection préalable des matériaux selon les objectifs de taille.

Les petites dimensions des galets de silex ramassés exclusivement sur les plages étaient nettement plus adaptées aux projets de débitage des tailleurs du Mésolithique. Les outils composites de l'époque, qui associaient petits éléments de pierre et manches en bois, n'imposaient pas l'extraction de grandes lames ou d'éclats, tandis que les méthodes de débitage trouvaient sans peine à s'exercer sur ces petits volumes. Aucune importation de roches bretonnes autochtones, comme l'ultramylonite du sud de la région, n'a atteint les côtes groisillonnes. L'usage du quartz est cependant attesté, pour l'obtention de quelques éclats, mais il s'agit à l'évidence d'une production expédiente. Il n'y a pas sur de spécificité typologique ou technique insulaire en Bretagne, ni à Groix, ni à Belle-Île, ni à Hoëdic, ce qui laisse penser à une navigation fréquente pour des groupes humains très inféodés au littoral (Marchand, 2014).

Les industries lithiques néolithiques découvertes sur Groix sont mal connues et de nouvelles études seraient bienvenues pour palier à ce manque. D'après ce qui a pu être observé de manière informelle lors de prospections, les galets de silex côtiers semblent avoir été préférentiellement exploités, mais nous manquons de données fiables pour pouvoir réellement discuter des dynamiques d'approvisionnement en matières premières.

Lors de la fouille du complexe mégalithique de Butten Er Hah à Groix (Le Pontois, 1928), neuf anneaux en pierre ont été découverts au sein de la couche de remplissage perturbée (des vestiges de l'époque gallo-romaine y figurent aussi) du dolmen à couloir « B2 ». Y. Pailler souligne que cela révèle la présence d'un niveau antérieur, attribuable au Néolithique ancien, et ayant fait l'objet de remaniements (Herbaut et Pailler, 2000). Les anneaux en pierre témoignent de différents stades de fabrication. Seul un anneau possède un polissage final et peut-être considéré comme un produit fini. À quelques mètres du site, un anneau en pierre également doté d'un polissage complet a été découvert au lieu-dit Moustéro (Le Guen, 1996). Les anneaux en pierre de Groix sont réalisés d'après une roche verte compacte et rugueuse, où des grenats octaédriques de fer sont repérables (Herbault et Pailler, 2000). Des affleurements de roches schisteuses à grenat sont connus en divers points de l'île, y compris dans le secteur où se trouvait le site de Butten Er Hah. Nous avons probablement affaire ici à un atelier de confection d'anneaux en pierre à partir d'une roche présente au sein du substrat de l'île. Les anneaux en pierre sont souvent interprétés comme des marqueurs culturels d'une présence VSG (Pailler *et al.*, 2008), bien qu'il ne soit pas impossible que ces parures aient perduré au début du Néolithique moyen (Fromont, 2013). La technique de fabrication de ces anneaux a été mise en œuvre sur une roche locale, mais nous ignorons la diffusion de ces produits. La découverte d'une autre pièce sur l'île atteste d'une diffusion à l'échelle locale mais aucune exportation de ces produits depuis Groix n'a été reconnue, à l'heure actuelle, mais elle n'est pas impossible (Boujot et Cassen 1992, Cassen *et al.* 1998).

Nous pouvons signaler également les quatre lames en silex du turonien inférieur de la vallée du Cher récoltées dans la nécropole de Butten er Hah à Groix. Ces quatre lames ont fait l'objet d'une étude par E. Ihuel dans le cadre de sa thèse (Ihuel, 2009). La localisation de ces pièces dans la nécropole n'est pas précisée. Ces lames sont interprétées comme étant issues des ateliers de productions de la vallée du Cher, dont la période de fonctionnement est à ce jour encore mal calée (Ihuel, 2009). Cependant, E. Ihuel souligne que les lames en silex de la vallée du Cher sont principalement identifiées au sein de dolmens à couloir et sont absentes des allées couvertes et sépultures à entrées latérales. Ces informations nous poussent à attribuer ces lames, découvertes à Groix, au Néolithique moyen 2, sans être catégorique toutefois. Les lames remarquées au sein de la nécropole de Butten Er Hah à Groix, bien qu'issues d'un contexte imprécis, témoignent de l'insertion de cette île au sein d'un réseau d'échanges et de circulation de matières premières, ces pièces provenant d'ateliers situés à plus de 400 km de là. De plus et cette fois-ci pour le Néolithique final, trois pièces en silex du Grand Pressigny sont connues à Groix (deux ont été retrouvées au sein de la nécropole de Butten Er Hah, et une troisième au sein de la sépulture en V de Men Yann) (Ihuel, 2009), ces pièces sont rattachées par E. Ihuel à la phase de diffusion maximale des productions pressigniennes (2800-2400 av. n.è.). Au sein du site de Butten Er Hah a également été reconnu un poignard en silex barémo-bédoulien des ateliers de Vassieux-en-Vercors (identification de C. Riche ; Ihuel, 2009), dont une phase de production est contemporaine de la phase classique des productions pressigniennes (Pelegrin *et al.*, 1999). Il n'est pas inutile de souligner ici que Vassieux-en-Vercors est localisé à 750 km de Groix, à vol d'oiseau.

Les céramiques de l'atelier de bouilleur de sel de la Pointe des Saisies au sud de l'île ont fait l'objet d'une expertise pétrographique. Les échantillons étudiés sont composés de cinq lames minces de céramiques du second âge du Fer et d'une lame mince provenant de briquetage. L'étude pétrographique a permis de distinguer quatre types de pâtes.

Le premier groupe semble issu de l'altération de roche métamorphique de type micaschisteuse et est composé par trois céramiques dont un vase globuleux et une jatte à profil en « S ». Ce type de roche correspond à la principale formation géologique de l'île. Le second groupe comprend un seul vase, les inclusions présentes dans la pâte sont triées et émoussées et pourraient provenir d'une altération d'un quartzite ou d'un grès, ayant été lessivée ou transportée par l'eau, cette céramique pourrait donc également être locale. Le troisième type a été observé dans une base de récipient, il s'agit d'inclusions qui semblent avoir été triées, composées principalement par des grains d'amphibole, de quartz et de pyroxène. Cet assemblage semble indiquer une altération des amphibolites présentes sur l'île. Enfin l'observation microscopique de la pâte ayant servi à la confection du briquetage nous permet d'avoir un référentiel local des terres utilisées. La pâte de ce briquetage correspond parfaitement à la géologie de Groix à savoir une argile provenant des glaucophanites de l'île. En effet il est possible de voir des grains de glaucophane ainsi que des fragments de roche métamorphique dans cet élément.

Cette analyse nous fournit donc un aperçu des types de production faite sur l'île de Groix au second âge du Fer. Nous pouvons voir qu'il s'agit de céramiques faites localement, à l'aide des produits d'altérations des roches de l'île, mais également qu'il s'agit d'un approvisionnement réalisé à différents endroits reflétant ainsi les différents faciès géologiques de l'île.

2.2. Distribution du peuplement et des sites

En comparant les cartes des établissements sur l'île de Groix à différentes époques, on constate des variations assez significatives, tant en terme de densité qu'en terme de distribution spatiale (fig. 2).

Ainsi, pendant les époques préhistoriques et en se limitant à celles où Groix était déjà une île, le Mésolithique et le Néolithique), les groupes humains ont préféré les points topographiquement plus élevés du paysage. La cartographie des monuments mégalithiques de Groix (fig. 2) montre qu'ils ont été préférentiellement érigés sur des sites choisis pour être vus (ou visibles) de moyennes ou longues distances. De telles distributions spatiales sont connues ailleurs en Europe et sont interprétées comme une volonté de signalétique et de communication visuelle pendant le Néolithique et l'âge du Bronze. Les modalités d'implantation dans le paysage présentent cependant des différences importantes entre ces deux périodes. Par exemple, tandis que les monuments du Néolithique gardent souvent des relations visuelles entre eux, les tumulus de l'âge du Bronze semblent privilégier des localisations qui dominent de vastes territoires (López-Romero, 2008a ; Fily, 2008).

La distribution des sites de l'âge du Fer et des époques suivantes montre que les parties les plus basses de la partie orientale de l'île semblent avoir été privilégiées. Si cette dichotomie dans la distribution des sites présente une forte corrélation avec celle de la carte géologique, cette évolution dans la répartition des sites semble devoir trouver une autre origine. En effet, la partie est de l'île est celle qui dispose des principaux points d'accès (baies propices à l'atterrage ou à l'échouage et anses abritées) : Locmaria, Port-Mélitte et Port-Tudy. Ce décalage s'est accentué à partir du XIXe siècle, avec le développement de l'industrie thonière puis au XXe siècle avec l'essor du tourisme.

La faible quantité de pêcheries sur l'île peut s'expliquer en partie par la nature des côtes, à hautes falaises au nord, exposées, au sud, aux fortes houles et par le peu d'estrans favorables. De plus, les habitants devaient préférer la pêche en haute mer à une pêche « sédentaire » ; ce constat, valable pour d'autres îles de haute mer telles Ouessant et Belle-île, souligne le caractère marin des iliens, navigateurs obligés, ne serait-ce que pour garder un contact avec le continent. Les moines du prieuré de Saint Gunthiern trouvèrent pour leur convenance deux sites propices à des pêcheries fixes à proximité de leur établissement.

2.3. Formes et rythmes des contacts et des échanges

L'analyse des contacts et échanges entre l'île de Groix et d'autres territoires, pierre angulaire de l'appréciation du degré d'isolement / insularité ne saurait, à notre sens, se limiter aux seuls objets et matériaux exportés ou importés. En effet, les formes de communication entre groupes humains, loin de se limiter aux seuls échanges mercantiles

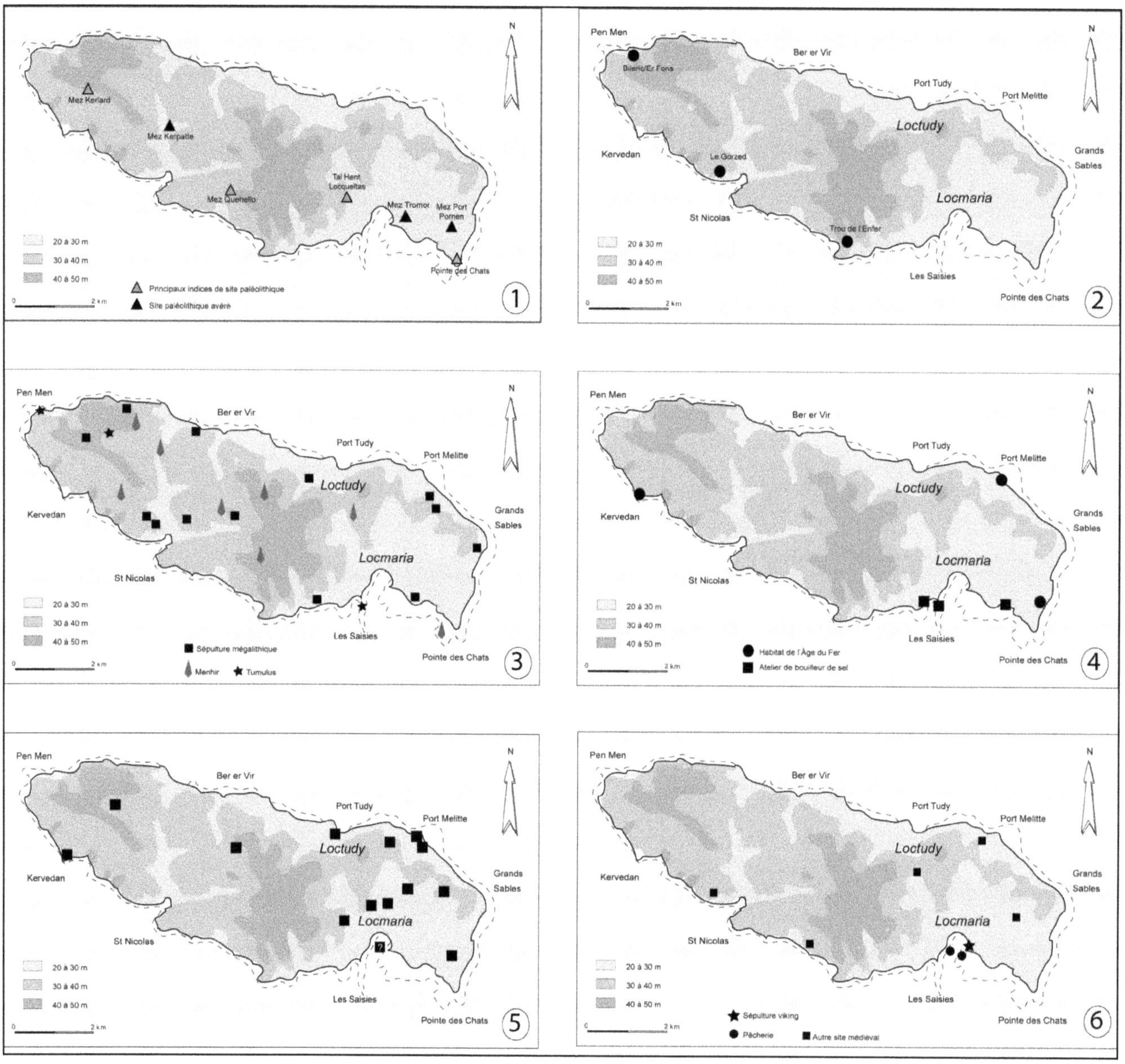

Figure 2 : Cartes des sites de l'île de Groix par période. 1. Paléolithique, 2. Mésolithique, 3. Néolithique et âge du Bronze, 4. Âge du Fer, 5. Antiquité, 6. Moyen-Âge (DAO M.-Y. Daire).

doivent être considérées sous des formes diverses, recouvrant un champ très large de possibles et des formes matérielles autant qu'immatérielles. Ceci revient donc à relativiser l'importance d'une « nécessité » qui serait générée par le caractère limité des ressources locales.

Pour le Néolithique, l'architecture et les vestiges archéologiques du site de Pen Men démontrent des liens culturels avec des groupes continentaux notamment celui de Groh Collé à Saint-Pierre- Quiberon). Une analyse spatiale des monuments mégalithiques de la région sud Bretagne (López-Romero 2008a et 2008b) a pris en compte la visibilité de ces monuments depuis la mer et donc du point de vue des navigateurs. L'hypothèse a été proposée que certains monuments de la région aient même pu jouer un rôle important dans la signalétique de navigation dès la Préhistoire. À Groix, une utilisation récente des mégalithes à cette fin est documentée sur le site de Mez Vagouer Huen, où un mur en maçonnerie a été construit sur le monument pour qu'il puisse servir d'amer. Des textes, des cartes anciennes et des récits oraux nous parlent également d'une utilisation similaire du menhir de Derlhue-Kermario et du monument de Butten er Hac'h (Bouquet De La Grye, 1869 ; San Quirce, 2001).

La proximité géographique, la nature des occupations et les rapports de visibilité entre la localisation des monuments du nord de l'ile et les cotes sud du continent (avec inter visibilité potentielle vers d'autres monuments en absence de végétation), plaident pour le maintien volontaire d'une relation étroite des groupes insulaires avec les autres groupes humains continentaux.

Peut-on dire que le Néolithique est globalement une période où les populations insulaires ont en contact constant (culturel, visuel et physique) à la fois avec les populations continentales culturellement proches, mais aussi une forme d'ouverture sur un inconnu représenté par les navigateurs plus ou moins lointains ? L'adoption d'une tradition technique VSG telle que les anneaux en pierres pour le Néolithique ancien, puis les importations de matières premières constatées au Néolithique moyen 2 et au Néolithique final, sont des éléments qui vont dans le sens d'une île ouverte aux influx extérieurs et en contact régulier avec d'autres communautés. Le constat de la coexistence, au sein du mégalithisme européen, d'une logique « atlantique » (discours funéraire et symbolisme, critères de localisation dans le territoire...) et des traits régionaux, voir locaux, bien identifiables (particularités architecturales, traits culturels...) semblerait venir appuyer également cette idée.

Même si l'île semble assez peu densément occupée durant l'âge du Fer et l'époque romaine en comparaison avec les périodes antérieures, certains types de vestiges, notamment les céramiques montrent que des relations étroites existent entre les populations insulaires et continentales.

La présence d'amphores vinaires venant d'Italie illustre des échanges à plus ou moins longue distance avec l'aire méditerranéenne ; le sel produit dans les ateliers de la périphérie de Locmaria a probablement été intégré dans ces circuits commerciaux.

La présence à l'âge du Fer de mobiliers importés (amphores vinaires) nous rappelle que l'on a affaire ici à un territoire insulaire à cette époque, dont la position géographique pourrait avoir induit un rôle fondamental dans les circuits d'échanges par voie maritime, échanges impliquant, selon toute vraisemblance, le sel produit dans les ateliers sauniers de l'île. Les « îles du large » apparaissent en effet, à cette époque, comme autant de jalons et d'escales possibles dans des itinéraires maritimes contournant la péninsule armoricaine pour relier le domaine méditerranéen à la sphère nord-Atlantique/Manche/Mer du Nord.

3. Le « fait insulaire » au fil des millénaires

Au vu des données archéologiques, peut-on dire que les vestiges de ces anciens peuplements traduisent une occupation insulaire se différenciant de celles du continent, ce qui revient à poser la question du poids du déterminisme géographique sur les anciens peuplements ?

Peu d'indices vont dans ce sens. La densité des monuments mégalithiques, supérieure à celle de certaines zones continentales, nous paraît relever davantage des conditions taphonomiques, avec, sur l'île, une pression anthropique (agricole, urbanistique et touristique) moindre qui a probablement davantage respecté ces éléments du patrimoine par comparaison avec le continent.

Un point mérite cependant d'être souligné : il s'agit de l'originalité architecturale dont semblent faire preuve, pendant l'antiquité, les communautés qui n'adoptent pas les toitures en tuiles pourtant si répandues à travers l'empire romain y compris dans les campagnes et rivages de l'Armorique. Ce constat pourrait traduire une phase de repli culturel des populations sur elles-mêmes.

Si la situation d'une île telle que Groix peut évoluer dans le temps en termes d'« isolement » et d' « insularité », avec des périodes de repli relatif et de fonctionnement autarcique, les périodes d'ouverture aux contacts plus importants semblent reposer sur des échanges polymorphes et fondés sur des processus très différents.

Ainsi, on peut proposer l'hypothèse selon laquelle, durant le Néolithique, les liens avec les groupes continentaux impliquent de fortes relations culturelles tandis que deux millénaires plus tard, pendant l'âge du Fer et l'époque gallo-romaine, les contacts à plus ou moins longue distance s'établissement d'avantage sur des bases économiques liées à la démographie, commerciales (sel, vin) ou stratégiques (coalitions militaires).

Il faut donc s'interroger sur une supposée « fatalité insulaire » et sur le poids d'un déterminisme géographique ; cette présentation voulait montrer qu'en termes de dynamiques insulaires, la situation est extrêmement complexe, il faut y réfléchir ...

Bibliographie

BERNIER G. (2001) - Toponymie de Groix, *Les Cahiers de l'île de Groix*, « Aux origines du paysage : une autre découverte de l'île de Groix », n° spécial, p. 21-33.

BOUQUET DE LA GRYE, A. (1869) - *Pilote des côtes ouest de France, Tome premier : partie comprise entre Penmarc'h et la Loire*, T. I. Adolphe Laîné, Paris.

BOUJOT C., CASSEN S. (1992) - Le Développement des premières architectures funéraires monumentales en France occidentale, *in XVII*[e] *colloque interrégional sur le Néolithique* : Vannes 1990, actes, Rennes, Revue Archéologique de l'Ouest, suppl. n° 5, p. 195-211.

CAYOT-DELANDRE M. (1847) - *Le Morbihan, son histoire et ses monuments*, Éd. Cauderan, Vannes-Paris, 560 p.

DAIRE M.-Y. (2003) - *Le sel gaulois*, Éd. Errance, Paris, 152 p.

DAIRE M.-Y., BAUDRY A., LEVILLAYER A., QUESNEL L. (2007) - Du sel gaulois sur l'île de Groix, Bilan des sondages à Locmaria, Pointe des Saisies (2003-2006), *Bulletin de l'Association Manche Atlantique pour la Recherche Archéologique dans les Îles*, 20, p. 47-66.

DAIRE M.-Y., DUTOUQUET L., GEHRES B., QUERRE G. (2012) - Des céramiques et des îles ; approche pluridisciplinaire de quelques séries protohistoriques inédites, *Bulletin de l'Association Manche Atlantique pour la Recherche Archéologique dans les Îles,* 25, p. 21-44.

DAIRE M.-Y., LANGOUËT L. (2010) - *Les anciens pièges à poissons des côtes de Bretagne, un patrimoine au rythme des marées*, Coédition CeRAA-AMARAI, Les Dossiers du Centre Régional d'Archéologie d'Alet, AG, 165 p.

DELAHAYE G.-R. (2011) - La sépulture scandinave à barque de l'île de Groix dans les papiers de Louis Le Pontois, *Antiquités Nationales*, 42, p. 111-132.

DUTOUQUET L. (2014) - *L'occupation paléolithique de l'île de Groix, programme de recherche coordonné par C. Rouvière (SDAM)*, rapport de stage universitaire, Master 2 pro Métiers de l'archéologie, Université de Nantes, 109 p.

FILY, M. (2008) - *Les monuments funéraires et les dépôts métalliques dans le paysage rituel de l'Age du Bronze : l'exemple du centre-ouest de la Bretagne et du Finistère littoral*, thèse de Doctorat, Université de Rennes 1, 621 p.

FOUQUET A. (1853) - *Des monuments celtiques et des ruines romaines dans le Morbihan*, Vannes, 117 p.

FROMONT N. (2013) - *Anneaux et cultures du Néolithique ancien, Production, circulation et utilisation entre massifs ardennais et armoricain,* Oxford, British Archaeological Reports, BAR Publishing, International Series 2499, 682 p.

GEHRES B. (en préparation) - *Le littoral breton, centre ou périphérie ? Approches archéométriques des sociétés insulaires armoricaines par le mobilier céramique, du Néolithique à l'époque romaine*, thèse de Doctorat, Université Rennes 2.

GOUEZIN P. (2007) - Groix, *in Les mégalithes du Morbihan Littoral*, Coll. Patrimoine Archéologique de Bretagne, Éd. Institut Culturel de Bretagne et Centre Régional d'Archéologie d'Alet, p. 50-62.

GOUPIL F. (1989) - Prospection-inventaire archéologique sur l'île de Groix (Morbihan). *Bulletin de l'Association Manche Atlantique pour la Recherche Archéologique dans les Îles*, 2, p. 11-20.

HERBAUT F., PAILLER Y. (2000) - Les anneaux en pierre dans le massif armoricain, *in* S. Cassen (dir.) *Éléments d'architecture, Exploration d'un tertre funéraire à Lannec er Gadouer (Erdeven, Morbihan)*, Chauvigny, Association des Presses Chauvinoises, Mémoire XIX, p. 353-385.

IHUEL E. (2009) - *De la circulation des lames à la circulation des poignards. Mutation des productions lithiques spécialisées dans l'Ouest de la France du V*[e] *au III*[e] *millénaire*, thèse de Doctorat, Université de Paris X - Nanterre, 601 p.

LANGOUËT L. (2006) - La sépulture viking à barque de l'île de Groix (Morbihan), *Bulletin de l'Association Manche Atlantique pour la Recherche Archéologique dans les Îles*, 19, p. 87-108.

LANGOUËT L., BIHAN S., GOUEZIN P., LOPEZ-ROMERO E. (2007) - Louis Le Pontois et les monuments mégalithiques de l'île de Groix (Morbihan), *Bulletin de l'Association Manche Atlantique pour la Recherche Archéologique dans les Îles*, 20, p. 5-31.

LANGOUËT L., DAIRE M.Y., QUESNEL L. (2008) - Les pêcheries maritimes et estuariennes du Morbihan : première approche interdisciplinaire, *in* M.-Y. Daire, L. Langouët, (dir.), *Les pêcheries de Bretagne, Archéologie et Histoire des pêcheries d'estran*, Coédition CeRAA-AMARAI, Les Dossiers du Centre Régional d'Archéologie d'Alet, p. 123-143.

LE GUEN A. (2007) - Le Gorzed - Une Station du Mésolithique moyen sur l'Ile de Groix, *Bulletin de la Société d'Archéologie et d'Histoire du Pays de Lorient,* 35, p. 27-38.

LE PONTOIS L. (1928) - Fouille du tumulus dit de Butten-Er-Hah, dans l'île de Groix (Morbihan), *Bulletin de la Société Polymatique du Morbihan*, 67, p. 26-103.

LE ROUX C.-T. (1971a) - Une nouvelle perle segmentée en faïence découverte en Bretagne, B*ulletin de la Société Préhistorique Française*, 68, 1, p. 26-32.

LE ROUX C.-T. (1971b). - Informations archéologiques, *Gallia Préhistoire*, XIV, 2, p. 354-355.

LE ROUZIC Z. (1965) - Inventaire des monuments mégalithiques de la région de Carnac, L'arrondissement de Lorient, *Bulletin de la Société polymathique du Morbihan*, 92, Vannes, p. 3-88.

LEROY D. (2001) - Aperçu sur le patrimoine archéologique de l'île de Groix, *Les Cahiers de l'île de Groix, « Aux origines du paysage : une autre découverte de l'île de Groix »*, n° sp., p. 3-8.

LÓPEZ-ROMERO E. (2008a) - Characterizing the evolution of visual landscapes in the Late Prehistory of Southwest Morbihan (Brittany, France), *Oxford Journal of Archaeology*, 27, 3, p. 217-239.

LÓPEZ-ROMERO E. (2008b) - Monuments néolithiques de la région de Lorient (Morbihan, Bretagne) : à propos des modes d'organisation des territoires, *L'Anthropologie*, 112, p. 572-597.

MARCHAND, G. (1992) - Le Mésolithique ancien / moyen de l'Ile de Groix dans son contexte régional, *Cahiers de l'Ile de Groix*, 1, p. 38-47.

MARCHAND, G. (2013) - Le Mésolithique insulaire atlantique : systèmes techniques et mobilité humaine à l'épreuve des bras de mer, *in* M.-Y. Daire, C. Dupont, A. Baudry, C. Billard, J.-M. Large, L. Lespez, E. Normand et C. Scarre (dir.), Actes du colloque HOMER 2011, *« Anciens peuplements littoraux et relations homme/milieu sur les côtes de l'Europe atlantique »*, Oxford, British Archaeological Reports, BAR Publishing, International Series 2570, p. 359-369.

MARCHAND G. (2014) - *Préhistoire atlantique. Fonctionnement des sociétés du Paléolithique au Néolithique*, Arles, Éd. Errance, 520 p.

MENIER D., AUGRIS C. BRIEND C. (2014) - *Les réseaux fluviatiles anciens du plateau continental de Bretagne Sud*, Éd. Quae, 104 p.

MOLINES N., DAIRE M.-Y., GUYODO J.-N. (2004) - Les premiers peuplements de l'île de Groix. *Penn ar Bed*, n° sp., Histoire Naturelle de l'île de Groix, 190-191, déc. 2004, p. 39-45.

MOLINES N., DAIRE M.-Y., GUYODO J.-N., LANGOUËT L., LE MEUR N., LEMOULAND Q., MARCHAND G. (2006) - *Programme de Recherche diachronique sur l'île de Groix (Morbihan). Campagne de fouille 2005 et prospectives 2006,* Rapport reprographié, UMR 6566, Rennes.

MONNIER J.-L. (1996) - Acheuléen et industries archaïques dans le Nord-Ouest de la France, *in* A. Tuffreau (dir.), *L'Acheuléen dans l'Ouest de l'Europe*, Actes du colloque (Saint-Riquier, 6-10 juin 1989), Villeneuve-d'Asq, Centre d'études et de recherches préhistoriques de l'université des sciences et technologies de Lille (Publications du CERP, 4), p. 145-153.

PAILLER Y., MARCHAND G., BLANCHET S., GUYODO J.-N. et HAMON G. (2008a) - La place du Villeneuve-Saint-Germain dans la néolithisation de la péninsule armoricaine : les débuts d'une enquête, *in* L. Burnez-Lamotte, M. Ilett, et P. Allard (dir.) : *Fin des traditions danubiennes dans le Néolithique du Bassin Parisien et de la Belgique (5100-4700 av. J.-C.) Autour des recherches de Claude Constantin,* Presses universitaires de Namur, Mémoire de la Société Préhistorique Française, XLIV, Namur, p. 91-111.

PELEGRIN J., RICHE C. et MALENFANT M. (1999) - Un projet collectif de recherche sur les ateliers néolithique du Vercors : premiers résultats *in* A. Beeching et J. Vital (dir.) : *Préhistoire de l'espace habité en France du sud. Actualités de la recherche,* Actes des Premières Rencontres Méridionales de Préhistoire Récente, Valence, 3-4 juin 1994, Travaux du Centre d'Archéologie Préhistorique de Valence, 1, p. 151-158.

RAVON A.-L. (en préparation) - *Originalité et développement du Paléolithique inférieur à l'extrémité occidentale de l'Eurasie : le « Colombanien » de Menez-Dregan (Plouhinec, Finistère)*, thèse de Doctorat, Université Rennes 1.

ROUVIÈRE C. (2013) - *Le Paléolithique entre la Laïta et la Vilaine, Inventaire des sites du Paléolithique en Morbihan*, mémoire de Master 2, Université de Rennes 1.

ROUVIÈRE C. (dir.) - (2014), *L'occupation paléolithique de l'île de Groix (56), Rapport de prospection thématique*, Rennes, Service Régional d'Archéologie de Bretagne.

ROBERT C., BALLEVRE M. (2014) - *Géologie de l'île de Groix*, Guide des Réserves Naturelles de France, Éd. Bretagne Vivante, 26 p.

SAN QUIRCE S. (2001) - Cartographie et histoire du paysage, *Les Cahiers de l'île de Groix, « Aux origines du paysage : une autre découverte de l'île de Groix »*, n° sp., p. 35-47 (2e Éd. du vol. paru en 1994).

THREIPLAND L.-M. (1945) - Excavations in Brittany, Spring 1939, *Archaeological Journal*, vol. C, p. 127-138.

ANTHROPISATION ANCIENNE ET IMPACTS DIFFÉRENCIÉS SUR LE LITTORAL D'OUESSANT (AGE DU FER-ÉPOQUE MÉDIÉVALE) : QUELQUES PREMIÈRES DONNÉES

REGNAULD Hervé[1], ABD EL HAMID Atef[2], DAIRE Marie-Yvane[3], LE BIHAN Jean-Paul[4], GUÉRIN-CHAPEL Anaïs[1], MAHMOUD Haya[1] et MASTRONUZZI Giuseppe[5]

1- Université Rennes 2,
email : herve.regnauld@uhb.fr, anais.guerinchapel@gmail.com, haya.mahamoud@etudiant.uhb.fr
2- Univeristé du Caire,
email : atefoov@gmail.com
3- CNRS, UMR 6566 CReAAH (Centre de Recherche en Archéologie, Archéosciences, Histoire),
Laboratoire Archéosciences, Rennes,
email : marie-yvane.daire@univ-rennes1.fr / gregor.marchand@univ-rennes1.fr
4- Centre de recherche archéologique du Finistère, UMR 6566 CReAAH,
email : crafarkeo29@laposte.net
5- Univeristé de Bari,
email : gimastronuzzi@libero.it

RÉSUMÉ :
L'île d'Ouessant est fréquentée depuis 8000 BP et habitée depuis environ 600 BC. Les populations y ont installé peu d'équipements littoraux (une seule pêcherie) mais ont intensément fait usage des ressources marines pour leur nourriture et probablement leurs activités cultuelles. Pour déterminer leur impact sur le littoral on a comparé les taux d'accumulation des unités les plus superficielles des sédiments littoraux visibles en coupe en différents sites, connus pour être très anthropisés ou peu fréquentés. Les taux varient de un à dix suivant les sites. Plusieurs éléments d'explication (exposition, recul par tempêtes) sont étudiés et l'hypothèse la plus probable est que ces différences viennent d'une érosion du sol différentielle suivant que les sites sont plus ou moins piétinés. Les impacts de l'anthropisation de l'île sont donc visibles dès l'âge du Fer et sont également important durant la période médiévale. Il est difficile d'évaluer ceux qui correspondent à la période plus récente.

MOTS-CLÉS :
Ouessant, érosion des sols, évolution des côtes, îles, Bretagne

ABSTRACT:
Ushant Island has been visited since 8000 BP, and has had a settled population since 600 BP. Although there is only one large coastal site (a V-shaped fish trap), the local people have long been intensely using the coast for shell harvesting, fishing and navigation. To assess the impact of these activities on coastal evolution, deposition rates are compared in coastal cross-sections close to and far away from harvesting sites. This rate varies over ten orders of magnitude. Many possible explanations are considered (storms, shelter from the wind or exposure to winds), and the most convincing one is that soil erosion is far more important around shell harvesting sites and fisheries than on other less frequented sites. These impacts of human activities have made some parts of the coastline less resilient to storm than others.

KEYWORDS:
Ushant, soil erosion, coastal evolution, island, Brittany

INTRODUCTION

L'île d'Ouessant (fig. 1) est considérée comme un site touristique particulièrement bien « préservé » le long du littoral breton. La dimension « naturelle » du paysage est un argument de marketing territorial utilisé par l'Office du Tourisme local pour la promotion de l'île. Cependant le site web signale aussi que, présent depuis le néolithique, l'homme a fortement marqué le milieu. L'île est donc à la fois un milieu préservé et un milieu très anciennement anthropisé ce qui en fait un site-laboratoire particulièrement intéressant pour étudier les interactions société-environnement sur le long terme. La problématique de cet article est donc de tenter d'estimer quel impact les sociétés ouessantines ont eu sur le littoral depuis le néolithique.

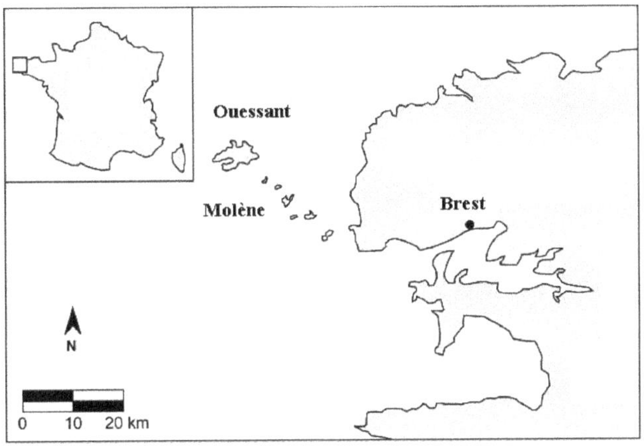

Figure 1 : Localisation de l'île d'Ouessant.

L'île est principalement composée de granites (et de schistes). Dans des alvéoles évidées en creux s'installent des marécages qui sont les principaux réservoirs d'eau douce. Sur les sommets ou les plateaux les formes dominantes sont des tors dont l'âge fait débat. Ils sont parfois considérés comme des écueils témoignant d'une submersion par une mer tertiaire (Hallégouet *in* Bioret et Quenot, 2012). Des datations récentes sur les tors du Dartmoor prouvent au contraire que, en Cornouaille britannique ce sont des formes récentes (fini Pleistocène) et qu'à Ouessant il en est probablement de même (Gunnell *et al.*, 2013). Les versants sont le plus souvent recouverts par des dépôts périglaciaires hérités, des heads et des loess comme c'est trés fréquent en Bretagne nord et en Manche (Clet 1988, Keen *et al.* 1996, Loyer *et al.* 1995, Monnier 1979, Morzadec-Kerfourn 1995, Monnier et Morzadec Kerfourn 1982) puis par des paléo sols. Le littoral se présente presque partout comme un système de « versant falaise » qui articule un platier à écueil, une partie basse en falaise rocheuse puis un sommet de falaise taillé dans les matériaux périglaciaires. Ponctuellement dans de rares baies abritées (fig. 2) se logent des cordons de galets (Porz Coret) ou de petites plages sableuses (Yusin).

L'île est fréquentée au moins depuis le Mesolithique avec un site (Le Stiff) daté à 8000 BP (Le Bihan et Villard, 2001 ; Bioret et Quenot, 2012). Le niveau marin était environ 8 m plus bas que l'actuel. Ouessant était donc déjà une île mais beaucoup plus vaste qu'aujourd'hui. Cependant avant le Néolithique final, soit 2500 BC il ne semble pas exister de site témoignant à coup sur d'une occupation durable de l'île, saisonnière ou non. Au XIXe siècle différents visiteurs de l'île signalèrent de nombreux sites mégalithiques mais la plupart d'entre eux ont été détruits (Robic dir., 1992). On peut cependant supposer que la monumentale enceinte mégalithique de Penn Arlan était fréquentée de manière régulière, ne serait-ce que par les occupants des sites de Cosquer, Gouiziou, Parluchen, etc qui ont laissé d'abondants restes de débitage (Robic dir., 1992). Le premier site correspondant à une installation permanente en un même lieu (de 600 BC à 500 AD, avec une population estimée à 250-400 personnes) était un énorme village couplé à un sanctuaire, implanté au centre de l'île, à Mez Notariou et abandonné pour une raison non connue. Sur ce site d'énormes amas coquillers (patelles en particulier) peuvent être interprétés comme des objets

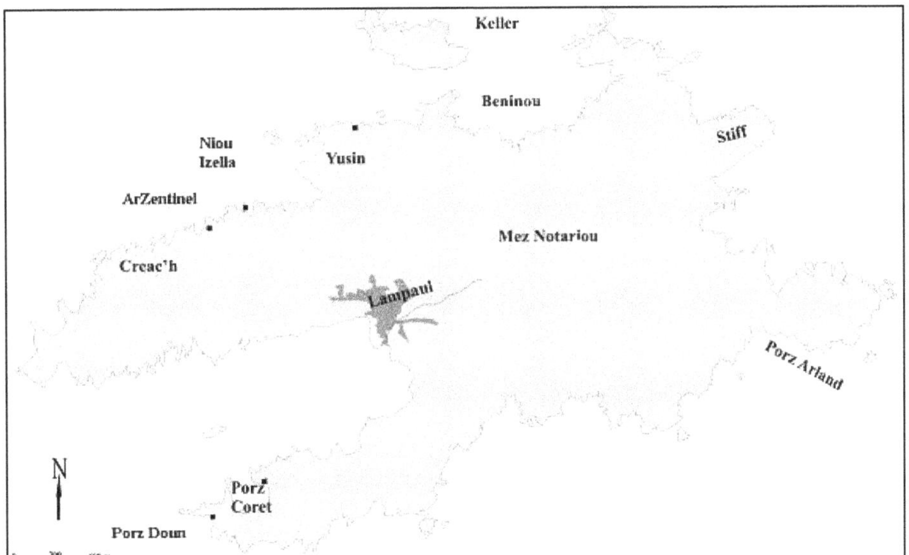

Figure 2 : Principaux sites mentionnés dans le texte. Les points représentent la localisation des échantillons datés de la figure 7. Le site de Yusin n'est pas sur la plage mais 300m au NE en face de l'île Keller.

alimentaires à dimension cultuelle. Pendant le Moyen-Âge, l'île est probablement assez régulièrement occupée, si l'on en croit les nombreux points de découvertes (croix, fortification de terre du château de Rieux à la pointe d'Arlan, cachette de Kergoff, traces de champs anciens, céramiques onctueuses... sans que l'on puisse cependant affiner la chronologie de ces vestiges (Robic dir., 2002, p. 32). À partir de 1300 la présence d'une population résidente est confirmée, qui atteint 3000 personnes au milieu du XXe siècle.

Les recherches archéologiques sur Ouessant (Le Bihan et Villard, 2001) n'ont identifié que très peu de sites littoraux, les occupations semblant plus densément localisées vers l'intérieur de l'île (voir Robic, 2002, fig. 17 p. 25). Tout au plus peut-on mentionner un site de l'âge du Fer encore non fouillé à proximité de Creac'h, et une pêcherie non datée pour ce qui est de son origine mais qui fonctionnait encore au début du XIIIe siècle (Robic dir., 2002, p. 32) à Porz Coret. Porz Arlan était un probablement un port d'échouage durant la période romaine, si l'on en croit les vestiges découverts sur l'éperon dominant la baie ainsi que le Stiff et la baie de Lampaul.

Il n'est qu'en apparence étonnant que les sites littoraux soient si rares. La configuration de l'île fait clairement ressortir que la majorité du linéaire côtier n'est pas propice à l'installation d'un port. De toute évidence les rares anses (Porz Coret, Porz Arlan) les baies (Béninou, Le Stiff et Lampaul) relativement abritées et les rares plages (Yusin) suffisent largement pour l'ensemble des bateaux de l'île. Sur ces sites on peut s'attendre à trouver les impacts classiques de l'anthropisation. Pour autant le reste du littoral n'est pas un espace délaissé. Il est parcouru et utilisé pour la récolte de coquillages et pour la pêche. Il subit donc l'impact d'une fréquentation qui ne vient pas de la mer par bateau mais à pied par le haut, c'est-à-dire par sa partie la moins résistante : le haut de falaise et sa couverture périglaciaire héritée. Cette dichotomie entre les sites littoraux atteints par la mer et les sites atteints par la terre est classique et a déjà été étudiée (Regnauld *et al.*, 1995) sur le continent en particulier autour des dépôts coquillers pré romains. L'impact du piétinement par les pécheurs sur les sommets de versants est beaucoup plus marqué que l'impact des échouages et des mêmes pécheurs sur les estrans. Le littoral est donc fragilisé par en haut et recule davantage en sommet de versant falaise qu'à sa base. Sur une île aussi petite que Ouessant on peut supposer que cet impact par le haut soit significativement important dans le recul du littoral.

Nous avons donc systématiquement comparé l'environnement des sites littoraux accessibles par la mer (pêcherie et port d'échouage à Porz Coret) avec celui des sites littoraux sans port mais avec un estran intéressant pour la pêche (Porz Doun) ou avec des sites peu attractifs à cet égard (Creac'h/Niou Isella, Yusin et Arzentinel) et accessibles par la terre. La méthodologie est classique, inspirée des travaux pionniers de Morzadec Kerfourn, 1995, déjà repris dans Regnauld *et al.*, 2003. Les faciès sédimentaires visibles dans les coupes sont interprétés en fonction des dynamiques morphoclimatiques actuelles et les décalages en latitude sont comparés aux données paléoclimatiques : si un faciès sédimentaire ouessantin ancien ressemble à un faciès sédimentaire islandais actuel, existeil un indice paleo climatique qui permet de penser que le climat d'Ouessant à cette époque correspondait au climat islandais actuel et que les processus morphodynamiques en cause sont similaires ?

Nous présentons d'abord les principaux sites en opposant le plus anthropisé (Coret) à celui qui l'est le moins (Ar Zentinel) afin d'exposer le contexte général de l'évolution du littoral depuis environ 120 ky. Dans un deuxième temps nous analysons en détail la séquence holocène des coupes afin de préciser les effets différentiels de l'anthropisation.

1. Evolution du littoral l'île depuis +/- 120 ky

Le site de Porz Coret (fig. 3) est un alvéole granitique en creux qui localise une pêcherie en V (Daire et Langouet, 2011 ; Daire *et al.*, 2011).

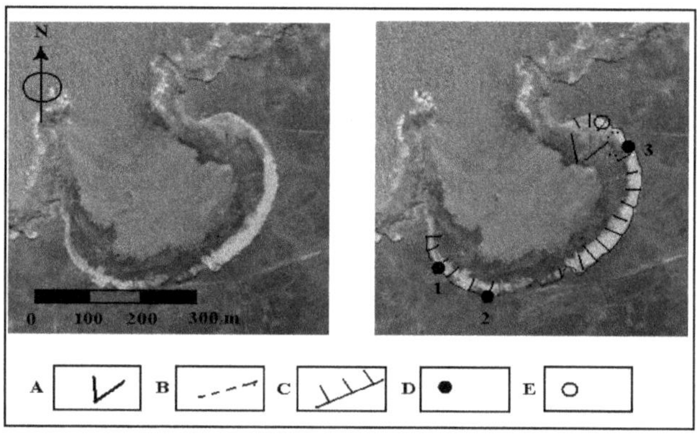

Figure 3 : Localisation des coupes et des prélèvements à Porz Coret. A : pêcherie ; B : mur autour du port d'échouage ; C : coupes à l'affleurement ; D : localisation des coupes de la figure 4 ; E : Localisation de la coupe et des prélèvements de la figure 7.

À Porz Coret cette séquence peut être observée tout le long de la baie (fig. 3). Elle débute le plus souvent avec des galets bien arrondis dont le grand axe atteint 15 cm. L'épaisseur globale peut atteindre 0,9 m (a et a1 sur la figure). Au dessus on trouve des sables fins (b), éoliens avec parfois des intercalations plus grossières. Vient ensuite une strate avec des blocs anguleux (jusqu'à 40 cm de long) qui porte parfois des traces de cryoturbation (c sur la figure), puis du head (d). Par dessus s'étendent des loess (e), contenant parfois des intercalations organiques. Des sols (f) reposent enfin par dessus.

Vers Creac'h il n'y a pas de coupe continue mais de nombreuses petites coupes, chacune cantonnée à une baie étroite (de 10 à 20m de large). Malgré leur faible étendue elles ne sont pas totalement homogènes latéralement. Leurs hauteurs varient entre 4 et 6 mètres.

Ces coupes sont taillées dans des dépôts qui peuvent reculer de plusieurs centimètres durant une année à fortes tempêtes comme en 2008 et 2014. Dans l'ensemble elles ressemblent à celles de Porz Coret. Elles commencent avec des galets arrondis (a sur la fig. 6) et des sables. Il n'y a pas de traces de cryoturbations (et pas de c dans la légende) mais le head (d sur la fig. 6) est divisé en sous-unités dont un paleo sol (d4). La base du loess contient des sables (e1 et e2) et les unités g sont beaucoup plus épaisses qu'à Porz Coret.

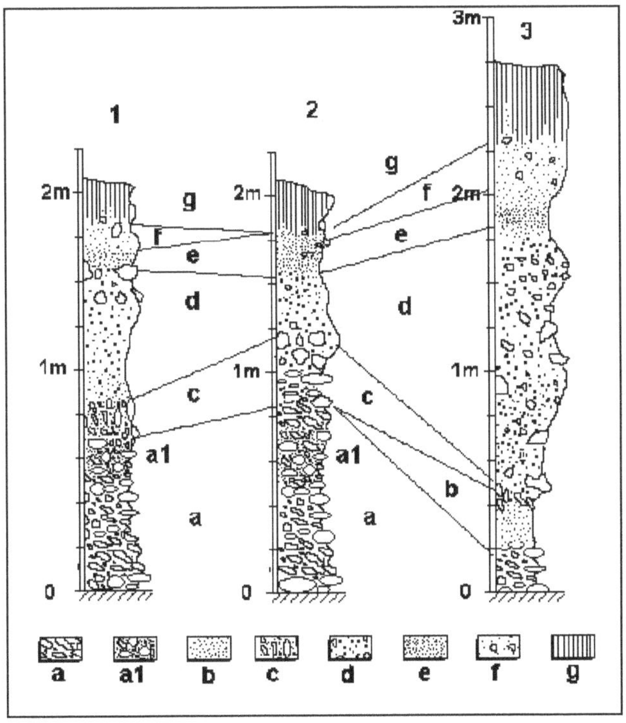

Figure 4 : Coupes à Porz Coret, localisation sur la fig. 3. a : galets arrondis de 8 à 15 cm sur l'axe long; a1 : idem avec matrice sableuse ; b; sable très fin, éolien ; c: galets et blocs cryoturbés ; d : head ; e : loess ; f : sable avec matière organique ; g : sols.

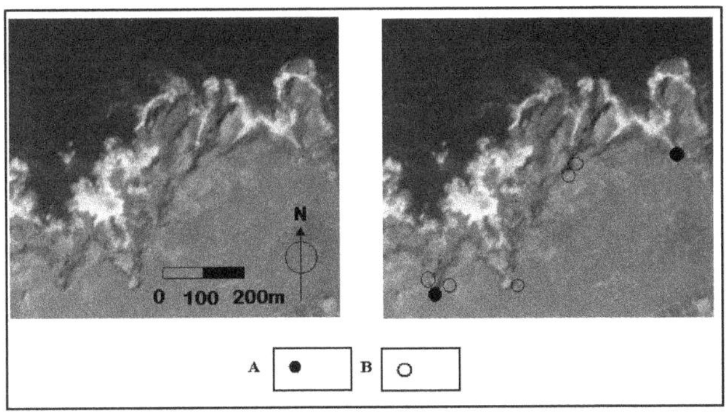

Figure 5 : Localisation des coupes et des prélèvements à Creac'h Niou Izella à l'ouest et ArZentinel à l'est; A : coupes de la figure 6 ; B : Localisation des profils et des prélèvements de la figure 7.

Toutes ces coupes sont relativement semblables à celles que l'on trouve habituellement en Manche. La plus récente synthèse sur l'évolution de ce littoral (Costa *et al.*, 2013) permet de les interpréter « schématiquement » comme suit. Les galets à la base sont les restes des plages éemiennes lorsque le niveau marin était plus haut que l'actuel (1 à 5 m vers environ 125 ky). Les cryoturbations et les heads sont dus aux étapes de la longue période de refroidissement entre 120 ky et 25 ky. Les loess (e sur les fig. 4 et 6) sont les marqueurs du maximum glaciaire (de 25 à 20 ky). Durant l'Holocène le réchauffement se voit dans les strates qui contiennent de plus en plus de matière organique (f et g). Le niveau marin était à environ - 4m vers 6000 BP, - 2 m vers 4000 BP. Le niveau actuel aurait été atteint vers 1500 BP. Cependant avec un marnage de plusieurs mètres « possiblement variable dans le temps » toutes ces valeurs sont à manier avec précaution.

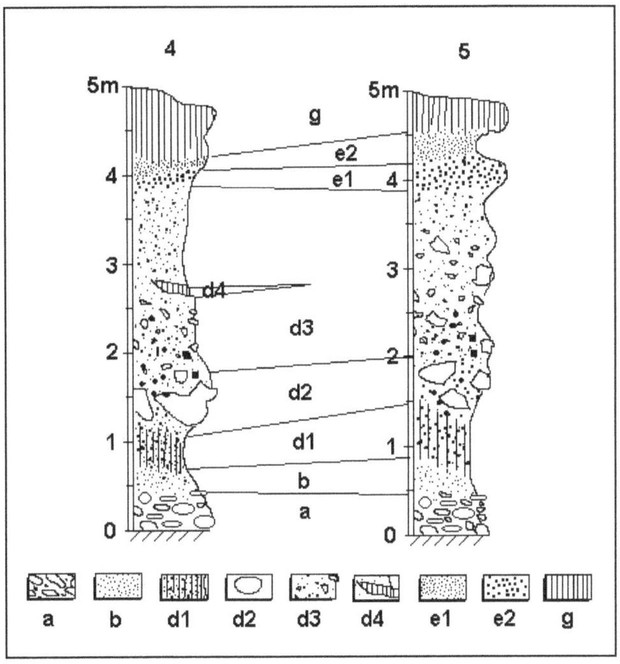

Figure 6 : Coupes à Creach (4) et ArZentinel (5), localisation sur la figure 5. a : galets arrondis de 8 à 15 cm sur l'axe long; a1 : idem avec matrice sableuse ; b; sable très fin, éolien ; d : head avec d1 head et matériel organique, d2 head avec blocs (0.6 m de long), d3 head avec petits blocs (0.1 à 0.4 m de long), d4 paleo sol ; e : loess avec e1 loess et sables, e2 loess sans sable ; g : sols.

2. LES IMPACTS VARIABLES DE L'ANTHROPISATION DU LITTORAL :

Les sites échantillonnés dans cette partie sont à proximité des coupes précédentes mais en diffèrent un peu. Les unités de la base (Eémien) ne sont pas forcément présentes mais les unités post loess, donc probablement Holocène, sont mieux développées.

À Porz Coret la coupe est immédiatement au-dessus de la pêcherie et ressemble beaucoup aux autres. À Porz Doun la coupe est dans la partie centrale de l'Anse. À Niou Izella, ArZentinel et Yusin elles sont sur les versants des micro-baies et pas dans le fond.

Les dates C14 varient entre 24920 +/- 120 et 108 +/- 0,3 BP. La plus ancienne correspond au début du maximum glaciaire. Le niveau marin était une centaine de mètres plus bas que l'actuel et le littoral était environ 120 km plus à

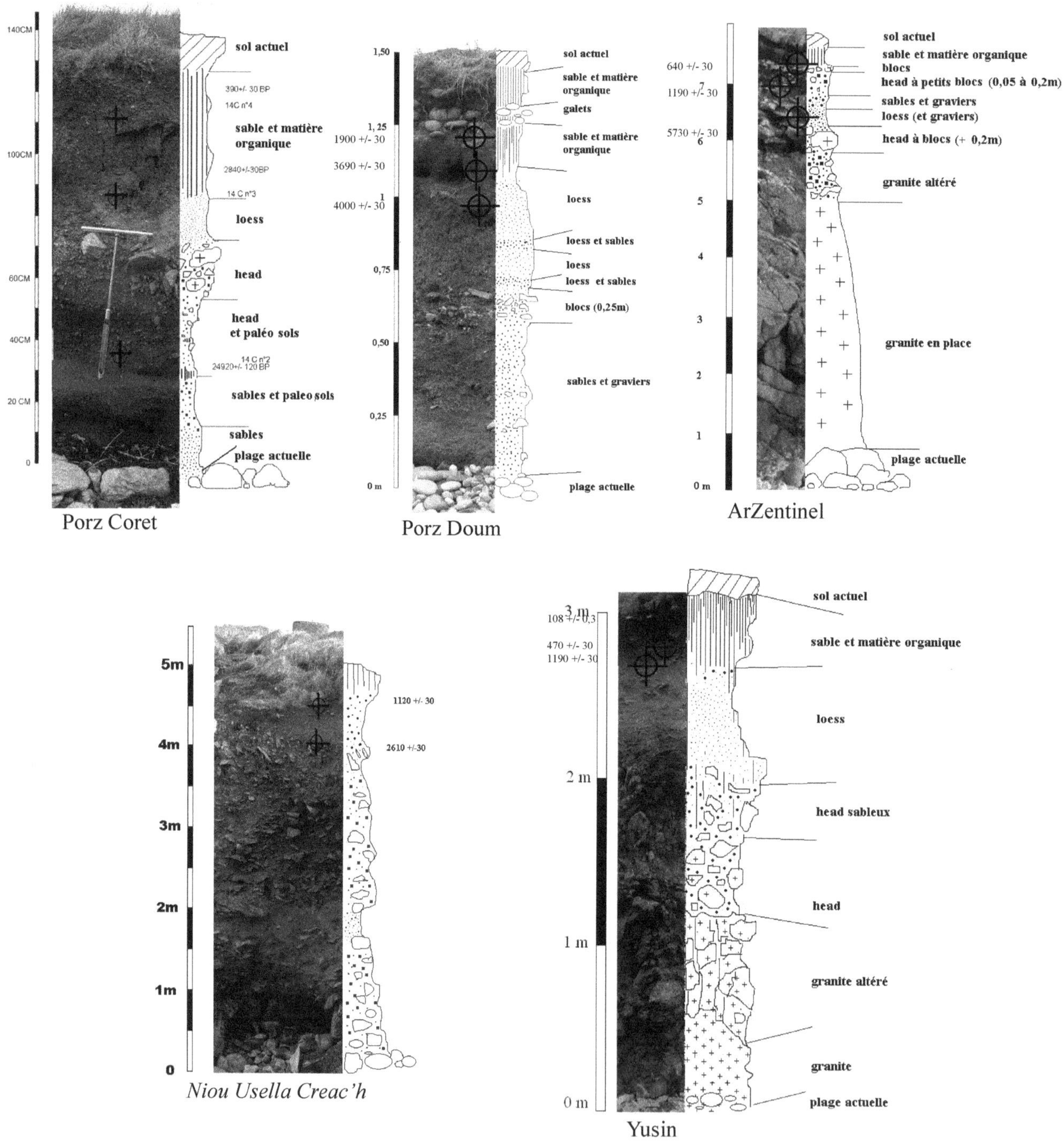

Figure 7 : Coupes à Porz Coret, Porz Doun, Niou Usella, Ar Zentinel et Yusin.

l'Ouest. Ouessant n'était pas une île mais un point haut isolé sur le continent. Aucun site archéologique n'est associé à cette période. Les dates plus récentes, elles, peuvent être interprétées en relation avec les données archéologiques.

Site	Type de matériel	Profondeur sous l'actuelle surface	C14 âge conventionnel	Taux de «dépôt» cm/an
Porz Coret 1	Sable et matière organique	- 1 m	24920 +/- 120	0,004
Porz Coret 2	Sable et matière organique	- 0,55 m	2840 +/- 30	0,01
Porz Coret 3	Paleo sol	- 0,25 m	400 +/- 30	0,06
ArZentinel 1	Sable et matière organique	- 0,6 m	640 +/- 30	0,09
ArZentinel 2	Paleo sol	- 1,1 m	1190 +/- 30	0,09
ArZentinel 3	Paleo sol	- 1,5 m	5730 +/- 30	0,02
Creac'h Niou Izella 1	Sable et matière organique	- 0,6 m	1120 +/- 30	0,05
Creac'h Niou Izella 2	Sable et matière organique	- 1,4 m	2610 +/- 30	0,05
Porz Doun 1	Sable et matière organique	- 0,3 m	1900 +/- 30	0,01
Porz Doun 2	Sable et matière organique	- 0,45 m	3690 +/- 30	0,01
Porz Doun 3	Paleo sol	- 0,65 m	4000 +/- 30	0,01
Yusin 1	Sable et matière organique	- 0,5 m	108 +/- 0,3 pMC	0,46
Yusin 2	Sable et matière organique	- 0,6 m	470 +/- 30	0,12
Yusin 3	Sable et matière organique	- 0,8 m	1190 +/- 30	0,06

Tableau 1 : Datations C14, profondeur de l'échantillon et taux de « dépôt » en cm/an. Le terme « dépôt » est schématique car il inclut la construction in situ de sols, des apports depuis le haut du versant et parfois des apports éoliens.

Le tableau qui présente les dates et les taux de dépôt doit être lu avec précautions. En premier lieu le terme « dépôt » est très schématique. Il désigne principalement un sol qui se construit localement mais il peut y avoir des apports par glissement latéral et des enlèvements par étrépage. Il y a aussi d'autres apports : à Porz Doun par exemple, au dessus des échantillons datés il y a un dépôt de galets / blocs récents dû à la construction d'un chemin au cours de la Seconde Guerre mondiale. À Yusin l'échantillon le plus ancien est partiellement recouvert par un petit dépôt grossier (type dépôt de tempête ?) mais on ne voit rien d'équivalent pour les deux autres. Par « dépôt » il faut donc entendre tout ce qui est au-dessus de l'échantillon quelle que soit sa provenance.

L'information intéressante est que sur certains sites les taux sont relativement constants dans le temps tandis que d'autres sites marquent des ruptures notables. Le cas de Porz Coret est clair : la date de 24 920 ky correspond à un contexte morpho climatique totalement différent de l'actuel et ne peut absolument être comparée avec des valeurs plus récentes. La comparaison est cependant possible pour les dates qui correspondent aux deux derniers millénaires. On peut postuler un niveau marin assez stable et un climat relativement peu changeant, ou du moins dont les changements sont d'ampleur plus faible qu'entre le maximum glaciaire et l'optimum Atlantique.

Avec ces limites on peut opposer d'une part Yusin et ArZentinel qui connaissent des taux proches de 0,1 pour le dernier millénaire et Porz Doun et Porz Coret d'autre part dont les taux sont dix fois inférieurs. Creac'h Niou Izella a des valeurs intermédiaires. Ces différences ne peuvent s'expliquer par l'exposition aux tempêtes (dont les impacts ralentiraient la croissance de la végétation) puisque ce sont les sites les plus exposés qui ont les valeurs les plus fortes et le site le plus protégé (Porz Coret) les plus faibles. Il n'est pas impossible d'imputer ces différences à des facteurs topo climatiques puisque Porz Doun et Porz Coret sont exposés au sud tandis que les autres sites sont exposés au nord. Cependant les travaux de Bioret et Quenot (2012) indiquent que tous ces sites ont, aujourd'hui, exactement le même potentiel théorique de végétation, la même dynamique végétale et le même degré de « naturalité ». On peut raisonnablement penser qu'il en a été de même au cours des deux derniers millénaires et que la végétation aurait dû être similaire sur tous les sites. En conséquence il est intéressant d'aventurer l'hypothèse selon laquelle les différences observées sont imputables à des degrés différents d'anthropisation ancienne, et particulièrement à d'anciens impacts par piétinement, étrépage… ou surpâturage de la végétation et des sols. Dans cette hypothèse on constaterait que les sites les plus impactés sont ceux qui sont les plus proches des ports / pêcheries alors que les sites mieux préservés sont ceux où les activités maritimes sont les moins attestées. Le point important est que cet impact implique des taux de « dépôt » variant de 1 à 10 dès l'Age du fer et la période médiévale ce qui est considérable.

De façon plus précise la disposition des sites impactés / moins impactés sur l'île est très différenciée spatialement et relativement cohérente avec ce que l'on peut supposer des usages du littoral. Les impacts les plus forts sont d'une part près de la pêcherie dont on peut en conséquence supposer qu'elle est assez ancienne (âge du Fer ?) et d'autre part aux alentours de la pêcherie le long des platiers rocheux bas mais accidentés, largement découverts à marée basse, certes impropres à l'échouage mais propices à la récolte de coquillages. À ce propos, il faut rappeler l'existence d'énormes amas coquilliers (notamment patelles) sur le site de Mez Notariou (âge du Bronze et âge du Fer), qu'il fallait bien approvisionner… À l'inverse les versants falaises exposés aux tempêtes dominantes, précédés de platiers réduits, localisant de micro plages de poche, sont des sites moins fréquentés. L'impact anthropique est donc lié à la quête de ressources alimentaires et ou cultuelles qui est elle même dépendante de la morpho-dynamique du site et de son accessibilité. La notion d'anthropisation du littoral, si on l'étudie en tant qu'elle impacte un fonctionnement morpho sédimentaire est donc hautement locale et ne se prête pas, dans un tel environnement insulaire, à la généralisation.

Une comparaison avec les piétinements actuels, imputés à la surfréquentation touristique peut être intéressante. Les travaux déjà anciens sur l'évolution « actuelle » des dunes littorales montrent que des sites non piétinés, protégés par des ganivelles accumulent 3 à 4 fois plus de sable que des sites parcourus, principalement pour des usages touristiques (Regnauld et Kuzucuoglu, 1992). De plus les sites intensément parcourus s'érodent et perdent du matériel. Les travaux sur l'évolution de la végétation des landes basses (Hardegen et Bioret 2000) signalent aussi les impacts actuels des parcours non encadrés sur les sites touristiques. La question est de savoir si ces impacts, imputés à une mauvaise gestion des flux de touristes actuels ne sont pas exactement les mêmes que ceux que les habitants d'Ouessant infligeaient à leur littoral dès l'âge du Fer. L'anthropisation du littoral pourrait donc être un forçage morpho-sédimentaire important (voire plus actif que les processus naturels) depuis deux millénaires, y compris sur des sites peu peuplés et aujourd'hui assez protégés pour être revenus à un degré de naturalité élevé. Il faut cependant garder à l'esprit que cette anthropisation impactante ancienne n'est pas totalement comparable à l'actuelle parce que les usages sont différents. Porz Coret ne fonctionne plus comme pêcherie, ni comme port (sauf occasionnellement) tandis que la côte entre Créac'h et Yusin est assez fréquentée par des randonneurs et est davantage marquée, au point qu'en certains endroits (dans l'est de la baie de Beninou) le chemin côtier est tout simplement interdit et détourné vers l'intérieur. Enfin il reste sur Ouessant un aspect mal connu qui est l'impact du tsunami de 1755 (Regnauld *et al.*, 2010) et des éléments non étudiés comme l'impact des activités militaires du XIXe siècle, et celui des pratiques d'étrépage « récentes » (Gourmelon *et al.*, 2006) pour lesquelles les dates C14 sont peu utilisables (à Yusin par exemple).

Conclusion

Le littoral de l'île d'Ouessant porte les traces d'un anthropisation ancienne (remontant au moins à l'âge du Fer) dont les impacts sont spatialement différenciés. D'un site à l'autre les taux de « dépôt » qui dépendent des usages du littoral varient d'un facteur 10. Cette valeur n'est pas absolue tant le détail des sites est encore peu connu. C'est cependant un ordre de grandeur qui doit inciter à réfléchir à l'ancienneté des impacts anthropiques sur le littoral et à leur non-correspondance avec les impacts des pratiques actuelles. D'autres études sont indispensables et sont actuellement en cours.

Ce travail a été rendu possible par les financements de la Maison des Sciences de l'Homme en Bretagne (projet « Géographie et Archéologie du Littoral Atlantique ») et du programme franco-égyptien Imothep.

Bibliographie :

BIORET F, QUENOT F. (2012) - Ouessant, Atlas environnemental, *Les Cahiers du Cemo,* 4, p. 1-128.

CLET M. (1988) - Étude de séquences marines interglaciaires en Normandie, corrélables aux stades isotopiques 5 et 7, *Institut Français de Pondichéry, Sciences et Techniques*, 25, p. 151-168.

COSTA S., SUANEZ S., ANTHONY E., HEQUETTE A. J., GOSLIN C., MORHANGE C., REGNAULD H., RUZ M.-H., SABATIER F., STEPHAN P. (2013) - Les littoraux et l'élévation du niveau des mers, *in* Mercier D. F., *Géomorphologie de la France*, Éd. Dunod, p. 143-156.

DAIRE M.-Y., LANGOUET L. (2011) - Dater les anciennes pêcheries par les niveaux marins, approches méthodologiques et perspectives archéologiques : le Bas Léon, Nord Finistère, Bretagne, *Norois*, 220, p. 69-93.

DAIRE M.-Y., MARGUERIE D., FILY M., BAUDRY A., QUESNEL L., ARBOUSSE-BASTIDE T. (2011) - Le plateau littoral du bas Léon (nord Finistère, Bretagne) au Ier millénaire av. n.è. : perspective pour une lecture croisée sur les dynamiques du peuplement et du paysage, *Norois*, 220, p. 95-120.

GOURMELON F., BIORET F., CHLOUS-DUCHARME F., ROUAN M., KERBIRIOU F., LEVREL H., GUERMEUR Y., ETIENNE M. (2006) - Modélisation Nature-Société, approche pluridisciplinaire dans une réserve de biosphère insulaire, UMR 6554 CNRS - LETG. *Interfaces Nature-Société : analyses et modèles*, La Baule, France, UMR 6554 CNRS - LETG, Actes du colloque international « Interfaces Nature-Société : analyses et modèles », 5 p.

GUNNELL Y., JARMAN D., BRAUCHER R., CALVET M., DELMAS M., LEANNI L., BOURLES D., ARNOLD M., AUMAITRE G., KEDDAOUCHE K. (2013) - The granite tors of Dartmoor, Southwest England : rapid and recent emergence revealed by Late Pleistocene cosmogenic apparent exposure ages, *Quaternary Science Reviews*, 61, p. 62-76.

HARDEGEN M., BIORET F. (2000) - Contribution à l'étude phyto sociologique des landes littorales du Finistère (Bretagne France) : le cap de la Chevre (Crozon) et l'île d'Ouessant. Colloques phyto sociologiques XXVI « *les données de la phytosociologie sigmatiste. Structure, gestion, utilisation* » Éd Bailleul, p. 155-167.

KEEN D.-H., VAN VLIET-LANOE B., LAUTRIDOU J.-P. (1996) - Two long sedimentary records from Jersey, Channel Islands : stratigraphic and pedological evidences for environmental change during the last 200Ky, *Quaternaire*, 7, p. 3-13.

LE BIHAN J.P. (dir.), VILLARD J.-F. (2001) - *Archéologie d'une île à la pointe de l'Europe -1- Le site de Mez-Notariou et le village du premier âge du Fer*, Quimper, Éd. Centre de recherche archéologique du Finistère et Revue Archéologique de l'Ouest, 350 p.

LOYER S.,VAN VLIET-LANOË B., MONNIER J.-L., HALLEGOUET B., MERCIER N. (1995) - La coupe de Nantois (baie de Saint-Brieuc, France) : datations par thermoluminescence et données paléo environnementales nouvelles pour le Pléistocène de Bretagne, *Quaternaire*, 6, p. 21-34.

MONNIER J.-L. (1979) - Le Pléistocène de la côte nord de la Bretagne ; essai de synthèse lithostratigraphique et chronostratigraphique, *Bulletin de l'Association française pour l'étude du Quaternaire*, 3, p. 147-156.

MONNIER J.-L, MORZADEC-KERFOURN M.-T. (1982) - Formations périglaciaires et formations marines, Stratigraphie des sols, Biostratigraphie et Industries du Pléistocène du littoral breton, *Bulletin de L'Association française pour l'étude du Quaternaire*, 4, p. 185-194.

MORZADEC-KERFOURN M.-T. (1995) - Coastline changes in the Armorican Massif (France) During the Holocene, *Jour. Coast. Res.*, Spec. Issue, 17, Holocene Cycles : Climate, Sea Levels, and Sedimentation, p. 197-203

REGNAULD H, OSZWALD J., PLANCHON O., PIGNATELLI C., PISCITELLI A., MASTRONUZZI G., AUDEVARD A. (2010) - Polygenic (tsunami and storm) deposits ? A case study in Ushant island, western France, *Zeitschrift für Geomorphologie,* 54, p. 197-217.

REGNAULD H., MAUZ B., MORZADEC-KERFOURN M.-T. (2003) - Shorelines of the last interglacial in western France : some preliminary results with OSL datings, *Marine Geology,* 194, 1-2, p. 65-77.

REGNAULD H., COCAIGN J.-Y., SALIEGES J.-F., FOURNIER J. (1995) - Mise en évidence d'une continuité temporelle dans la constitution de massif dunaires du Sub Boréal (3600 BP) à l'Actuel sur le littoral septentrional de la Bretagne, Un exemple dans l'Anse du Verger (Ille-et-Vilaine), *C.R.A.S.*, 321, IIa, 4, p. 303-310.

REGNAULD H., KUZUCUOGLU C. (1992) - Rebuilding of a dune field landscape after a catastrophic storm : beaches of Ille et Vilaine, Brittany, France, *in* R.W.G. Carter, T.G.S. Curtis, Sheedy - M.J. Skeffington (dir.) : *Coastal Dunes, geomorphology, ecology and management for conservation, Balkema*, Rotterdam, p. 379-387.

ROBIC J.-Y. (dir.) (1992) - *L'île d'Ouessant depuis la préhistoire : apports de la prospection*, Collection Patrimoine Archéologique de Bretagne, Institut Culturel de Bretagne et Centre Régional d'Archéolgie d'Alet, 91 p.

COMME UNE BERNIQUE SUR SON ROCHER : LES COQUILLAGES MARINS REFLÈTENT-ILS L'ADAPTATION DES POPULATIONS HUMAINES AU MILIEU INSULAIRE DU MÉSOLITHIQUE À L'ÂGE DU FER ?

DUPONT Catherine[1], MOUGNE Caroline[2]

1 - CNRS UMR 6566 CReAAH « Centre de Recherche en Archéologie, Archéosciences, Histoire » Université de Rennes 1, email : catherine.dupont@univ-rennes1.fr
2 - Université de Rennes 1, UMR 6566 CReAAH « Centre de Recherche en Archéologie, Archéosciences, Histoire », email : caroline.mougne@free.fr

Résumé :
La découverte de sites archéologiques ayant livré des ressources marines en milieu insulaire est en grande partie liée aux facteurs d'érosion naturelle. De plus, l'absence de la pression immobilière associée à des couvertures dunaires imposantes et l'absence de liaisons régulières par bateaux a permis, sur certains îlots, de préserver le patrimoine archéologique.

L'ancienneté de ces assemblages est similaire à celle des dépotoirs coquilliers qui sont trouvés côté continent. Ainsi, il faut attendre la fin du Mésolithique pour observer des dépotoirs alimentaires anthropiques. Il ne faut cependant pas pour autant en déduire que la consommation de ces fruits de mer a été boudée par leurs prédécesseurs. En effet, si les fluctuations du niveau marin ont accéléré la découverte de certains sites archéologiques, elles ont en parallèle participé à leur destruction, à leur ensevelissement sous les eaux ou le sable. Ces derniers phénomènes se vérifient d'autant plus pour les sites du Paléolithique.

Malgré un nombre de sites mésolithiques côtiers réduit témoignant de l'exploitation d'invertébrés marins, les comportements côté îles ne semblent pas se différencier du littoral continental. Ce constat ne semble pas se vérifier pour les périodes qui suivront. Au Néolithique, si les populations installées sur les îles consomment toujours des coquillages et crustacés marins, celles du continent semblent quant à elles tournées le dos à la mer. Au fil de la chronologie, certaines activités basées sur l'exploitation de la coquille (façonnage de perles) ou du coquillage (extraction de colorant) vont se spécialiser. L'investissement technique devient tel que les produits finis apparaissent être à haute valeur ajoutée. La présence de telles activités en milieu insulaire est-elle simplement liée à l'accessibilité de la ressource ou témoigne-t-elle d'une volonté de contrôler l'exportation du produit fini ?

Les populations insulaires ont su tirer parti et s'adapter à toute la diversité des environnements et des ressources proposées par les estrans. Ainsi, la multiplicité des activités liées aux mollusques marins se dessine tout au long de la chronologie. Qu'ils soient aliments du quotidien, repas exceptionnels, éléments de teinture, ornements corporels, matériaux de construction ou outils, les coquilles et coquillages semblent avoir été exploités sous toutes leurs formes en milieu insulaire.

Mots-clés :
Préhistoire, Protohistoire, coquillages, île, alimentation, parure, teinture

Abstract:
The discovery of archeological sites showing marine resources in an island context is largely connected to factors of natural erosion. Furthermore, on certain islands, the absence of real estate pressure associated with the occurrence of extensive dunes and the lack of regular connections by boat has allowed protection of the archaeological heritage.

These assemblages yield ages similar to those of shell-middens found on the continent. Thus, oldest anthropological shell-middens on islands are not recorded before the end of the Mesolithic. However, it cannot be assumed that consumption of these seafoods by islanders did not occur in earlier times.

Indeed, while fluctuations in sea level have accelerated the discovery of some archeological sites, these changes have also contributed, in parallel, to the destruction of other sites by submergence or burial under sand. These latter phenomena are all the more relevant in the case of Palaeolithic sites.

Despite the small number of coastal Mesolithic sites, the behaviour related to the exploitation of marine invertebrates on islands does not appear to differ from that on the mainland coast. This observation does not seem to be valid for later periods. During the Neolithic, the settled populations on islands continue to consume shellfish and crustaceans, while groups on the continent seem to turn their back on the sea. In the course of time, certain activities based on the exploitation of sea shells and shellfish (manufacture of beads, extraction of dye) become more specialized. The technical investment is such that the finished products appear to represent a high added value. Is the presence of such activities in an island environment simply connected to the accessibility of the resource or does it reflect the wish to control the export of the finished product?

The island populations knew how to take advantage and adapt themselves to the wide diversity of the environments and resources offered by the seashore. Hence, the multiplicity of activities connected with marine invertebrates has developed through the course of time. Whether they represent daily food, exceptional meals, dye ingredients, ornaments, building materials or tools, the many different forms of shellfish and seashells seem to have been exploited in island environments.

Keywords:
Prehistory, Protohistory, shells, island, food, ornament, dye

Introduction

Mettre en évidence un éventuel particularisme de l'exploitation des mollusques marins par les hommes qui ont fréquenté les territoires insulaires n'est pas chose aisée. En effet, la vision de l'archéologue est largement tributaire des biais liés aux fluctuations du niveau marin mais aussi de sa connaissance des sites côtiers côté continent (Lopez-Romero *et al.*, 2013). Ainsi, une île observée actuellement pouvait être rattachée au continent lors du fonctionnement d'un site. C'est le cas, par exemple, de l'actuel îlot de Téviec dans le Morbihan (Dupont, 2006). Tandis que ce site est occupé au Mésolithique et est en contexte littoral continental, il va peu à peu se détacher du continent à la suite de la remontée du niveau marin. D'autre part, la plupart des sites archéologiques pré et protohistoriques connus en milieu insulaire ont été mis au jour du fait de l'érosion marine qui grignote peu à peu le trait de côte comme à Balanec, Beg ar Loued, Trielen, Lédénès Vihan de Quéménès, Béniguet-3 et -104, Er Yoh, Hoedic, Port-Blanc et à la Passe de l'Ecuissière (tableau 1, fig. 1). Cette érosion marine est sans doute à l'origine d'une image totalement tronquée que l'archéologie montre de l'exploitation des ressources marines. En effet, les résultats concernant la consommation des coquillages durant la Préhistoire le long du littoral atlantique français montrent que ces fruits de mer ne font pas partie des menus des hommes au-delà d'un kilomètre du trait de côte pour les Mésolithiques et de 5 km pour les Néolithiques (Dupont, 2006). De même, les dépôts dunaires associés à cette remontée du niveau marin masquent sans doute des occupations humaines passées insulaires. Ces mêmes dépôts sont ceux qui ont permis la conservation de la plupart des sites qui seront décrits dans cet article. À ces biais d'origine naturelle s'ajoute une pression immobilière majeure sur le trait de côte et sur les îles les plus accessibles en termes de mode de communication. De ce préambule résulte un constat : la vision actuelle de l'archéologue sur l'exploitation des ressources marines est tronquée. Ainsi, le nombre de sites archéologiques insulaires avec coquilles marines est variable de la Préhistoire à la Protohistoire (tableau 1). La qualité de l'information et le degré d'interprétation des données le sont tout autant. La vision actuelle des sites insulaires archéologiques à malacofaune marine permet donc la description de tendances qui sont amenées à évoluer en fonction de nouvelles découvertes.

De par le titre « comme une bernique sur son rocher » nous souhaitons nous interroger sur le degré d'adaptation des populations humaines qui se sont implantées plus ou moins durablement en milieu insulaire. Celles-ci semblent-elles avoir subi le statut d'insulaire tel un repli ou ont-elles, au contraire, su tirer parti de cette position géographique qui leur permettait peut-être d'avoir une certaine indépendance et des frontières bien marquées ? C'est ce qui est abordé de par les différentes activités liées aux coquilles et coquillages marins.

1. Le pourtour des îles : des ressources renouvelables au quotidien

L'estran qui se découvre à chaque marée basse offre un territoire supplémentaire aux populations insulaires pour se sustenter. Ainsi loin d'être une contrainte, la mer peut être vécue non pas comme une barrière mais comme une porte qui s'ouvre quotidiennement vers une manne de nourriture. La destination alimentaire des coquillages est connue dès lors que les sites côtiers sont accessibles à l'archéologue, c'est-à-dire, dès la fin du Mésolithique pour ce qui est du littoral atlantique français.

1.1. Le repas du « quotidien »

Ainsi parmi les quatre amas coquilliers les plus anciens connus de notre littoral atlantique français que sont Téviec, Beg-an-Dorchenn, Beg-er-Vil et Hoedic, seul le dernier cité était en contexte insulaire lors de son fonctionnement. Tous ces dépotoirs de la fin du Mésolithique présentent des caractéristiques similaires du point de vue de l'exploitation des ressources marines. Ils sont tous marqués par la diversité des environnements, des groupes animaux (mollusques marins, crabes, poissons marins, oiseaux terrestres et marins, mammifères terrestres et marins), des taxons au sein de chacun de ces groupes et des individus exploités (Schulting *et al.*, 2004 ; Dupont *et al.*, 2009 et 2010). Malheureusement, il n'existe pas d'analyses fiables de l'accumulation coquillière d'Hoedic, les fouilleurs s'étant focalisés sur les ossements les plus volumineux et les sépultures. Les quelques coquilles conservées tendent à montrer que les moules (*Mytilus edulis*), les monodontes (*Phorcus lineatus*), les patelles (*Patella sp.*) et les huîtres (*Ostrea edulis*) composaient une grande partie du registre alimentaire (fig. 1-A ; Dupont, 2006). Ces espèces rocheuses sont celles qui sont attestées sur les trois autres amas coquilliers mésolithiques bretons. Elles témoignent d'une exploitation locale des ressources qui reflète un comportement opportuniste. La présence de pétoncle (*Mimachlamys varia*) à Hoedic, est le témoin d'une collecte lors de grands coefficients de marées. Il pourrait être un indice d'une connaissance parfaite des estrans avoisinant cette occupation du Mésolithique. Plus que subie, la mer semble, de par les données malacofauniques, représenter un territoire totalement maitrisé. L'analyse systématisée de la dimension des mollusques permettrait de savoir si le prélèvement qu'a fait l'homme sur la nature a pu aboutir à une surexploitation de la ressource locale. Malheureusement, cette donnée ne nous est, en l'état actuel des recherches, pas accessible. Les différentes sépultures observées au sein de l'accumulation (Péquart et Péquart, 1954) montrent que ces populations ont vécu de façon prolongée sur cet habitat que ce soit saisonnièrement ou en continu. Le croisement des données issues de l'accessibilité des ressources alimentaires va également dans ce sens (Dupont *et al.*, 2009). Ainsi, du point de vue de l'exploitation des mollusques marins, les sites insulaires mésolithiques ne se démarquent pas des autres sites côtiers. Ce constat se vérifie aussi au niveau de

Numéro du site	Attribution périodique	Site (commune, département)	Référence bibliographique du site	Référence bibliographique de l'analyse malacofaunique
1	Bronze ancien	Tariec vraz (Landéda, Finistère)	Pailler et Sparfel, 2008	Dupont, 2008
2	Bronze moyen et Premier âge du Fer	Mez Notariou (île de Ouessant, Finistère)	Le Bihan et Villard, 2001 et 2010	Mougne, en préparation
3	Bronze final	Balanec (Le Conquet, Finistère)	Pailler *et al.*, 2011	Mougne, en préparation
4	Néolithique final au Bronze ancien	Beg ar Loued (Île Molène, Finistère)	Pailler *et al.*, 2011	Dupont, 2004a ; Mougne, en pré-paration
5	Second Âge du Fer	Trielen (Le Conquet, Finistère)	Pailler *et al.*, 2011	Dupont, 2004b
6	Néolithique récent/ final	Lédénès Vihan de Quéménès (Le Conquet, Finistère)	Pailler *et al.*, 2011	Dupont, 2011
7	Néolithique récent	Béniguet-3 (Le Conquet, Finistère)	Dupont *et al.*, 2003, Dréano *et al.*, 2007, Pailler *et al.*, 2011	Dupont *et al.*, 2003
8	Néolithique récent	Béniguet-104 (Le Conquet, Finistère)	Dréano *et al.*, 2007, Pailler *et al.*, 2011	Dupont, en cours d'étude
9	Age du fer	île aux Moutons (Fouesnant, Finistère)	Daire et Hamon, 2013	Dupont *et al.*, 2013
10	Néolithique final	Er Yoh (île de Houat, Morbihan)	Péquart et Péquart, 1926 ; Le Rouzic, 1930	Dupont, 2006
11	Mésolithique	Hoëdic (Quiberon, Morbihan)	Péquart et Péquart, 1926	Taborin, 1974 ; Dupont, 2006
12	Néolithique moyen	Groah-Denn (île d'Hoedic, Quiberon, Morbihan)	Large *et al.*, 2010	Dupont, 2010
13	Age du Fer	Port-Blanc Hoëdic (Quiberon, Morbihan)	Daire *et al.*, 2006	Dupont *et al.*, 2008 ; Dupont, en cours d'étude
14	Néolithique	Dolmen de la Planche à Puare	Auger, 1884	-
15	Néolithique	Tabernaudes	Baudouin, 1910	Baudouin, 1910
16	Néolithique moyen	Gouillauds (Bois-en-Ré, Charente-Maritime)	Rousseau et al,. 2001	Rousseau *et al.*, 2001 ; Dupont, 2006
17	Néolithique final	Ponthezières (Saint-Georeges d'Oléron, Charente-Maritime)	Laporte, 2009	Dupont, 2006
18	Néolithique final	La Perroche (Dolus-d'Oléron, Charente-Maritime)	Laporte, 2009	Dupont, 2006
19	Campaniforme	La Plage de l'Ecuissière (Dolus-d'Oléron, Charente-Maritime)	Laporte, 2009	Dupont, 2006
20	Bronze	La Passe de l'Ecuissière (Dolus-d'Oléron,, Charente-Maritime)	Laroche, 2012	Dupont et Mougne, 2012

Tableau 1 : Sites préhistoriques et protohistoriques insulaires lors de leur fonctionnement ayant livré de la malacofaune marine

« la nature de leurs vestiges archéologiques » (Marchand, 2013). La seule variation notable qui apparaît semble être les proportions de protéines d'origine animale ingérées par les Mésolithiques d'Hoedic qui semblent supérieures à celle du site de la bande littorale de Téviec (Schulting, 2005). Cette différente peut être liée aux environnements les plus accessibles proches de chacun des sites. Elle peut être le témoin d'une plus faible sédentarité des occupants d'Hoedic dont l'accès au continent n'était peut-être pas une nécessité.

La consommation des mollusques marins semble largement se modifier au Néolithique puisque les données isotopiques réalisées sur les ossements humains montrent que les hommes tournent largement le dos à la mer pour se sustenter (Schulting, 2005). Malgré ces résultats, d'importantes accumulations coquillières se retrouvent à Beg ar Loued, Béniguet-3 et -104, Er Yoh, Ponthezières, La Perroche et sur Les Gouillauds (fig. 1-B). Le contraste est plus important entre ces sites insulaires et les sites côtiers du continent que ce qui peut être observé au Mésolithique. En effet, les quantités de coquillages sont largement plus volumineuses sur les sites des îles que sur ceux du continent. Ainsi, comme pour ce qui semble transparaître à partir des analyses isotopiques du Mésolithique, les populations néolithiques établies en milieu insulaire consomment peut-être plus de produits marins que leurs congénères continentaux. Là encore, ce résultat peut-être un simple reflet de l'accessibilité à la ressource. Le fait que, seulement une (Beg ar Loued et Béniguet-3) à deux espèces (Ponthezières, La Perroche, Les Gouillauds) dominent à elles seules le corpus des assemblages malacofauniques insulaires néolithiques (à 90 % du nombre minimum d'individus ; fig. 1-B), montre une moins grande dépendance de ces hommes vis-à-vis de l'environnement marin par rapport à ce qui a été observé au Mésolithique (Dupont, 2006). Le coquillage peut alors être une denrée récurrente, quotidienne mais secondaire. Les espèces les plus accessibles et les plus prisées sont alors consommées, comme les patelles (*Patella sp.*) et

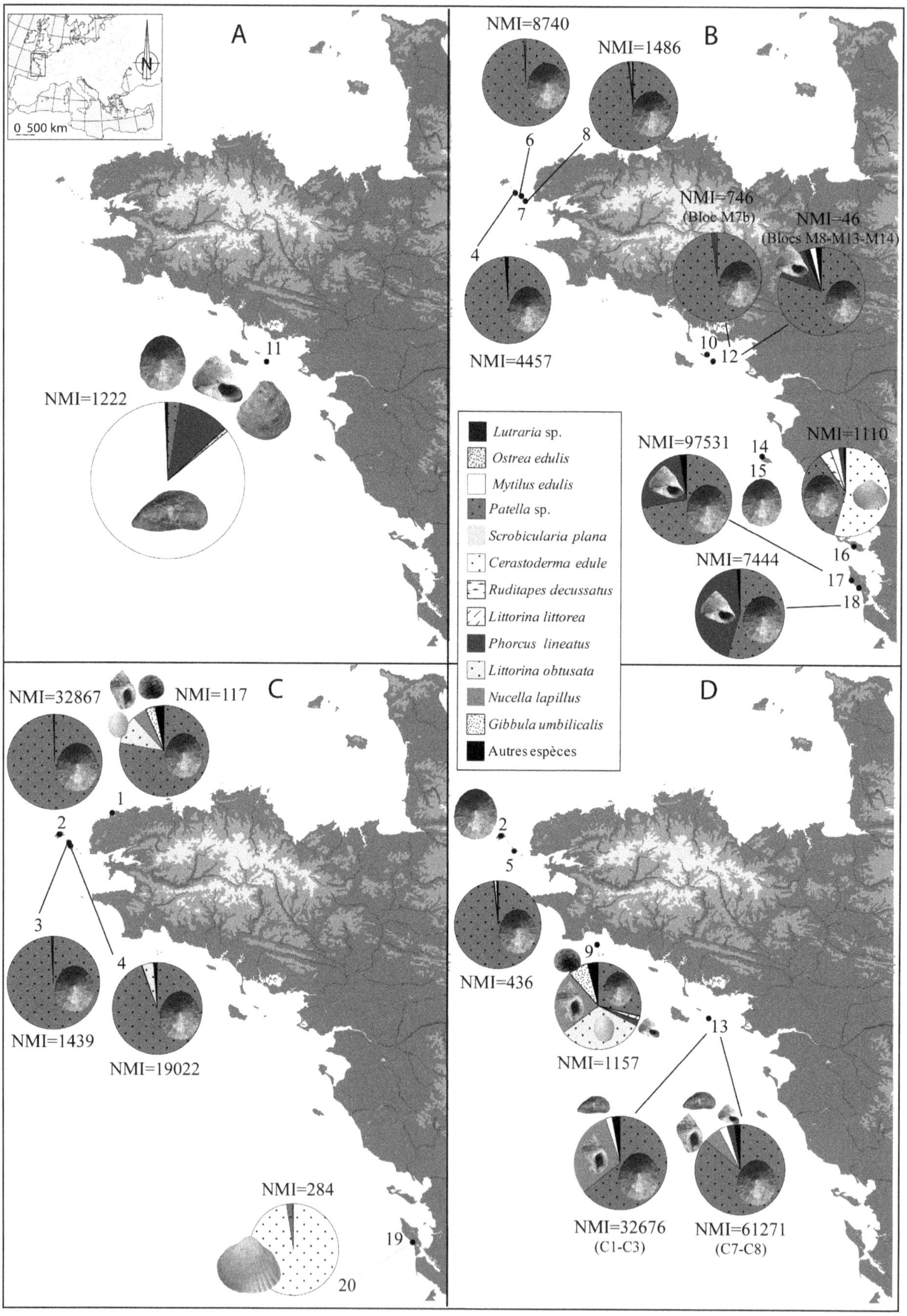

Figure 1: Spectres malacofauniques liés à l'alimentation en fonction de la chronologie ; A- Mésolithique : 11- Hoedic ; B- Néolithique : 4- Beg ar Loued, 6- Lédénès Vihan de Quéménès, 7- Béniguet-3, 8- Béniguet -104, 10- Er Yoh, 12- Groah Denn, 14- Dolmen de la Planche à Puare, 15- Tabernaudes, 16- Les Gouillauds, 17- Ponthezières, 18- La Perroche ; C- Age du Bronze et Campaniforme : 1- Tariec vraz, 2- Mez Notariou, 3- Balanec, 4- Beg ar Loued, 19- Plage de l'Ecuissière, 20- Passe de l'Ecuissière ; D- Age du Fer : 2- Mez Notariou, 5- Trielen, 9- Ile aux Moutons, 13- Port-Blanc.

les monodontes (*Phorcus lineatus*) de milieu rocheux. Les Gouillauds se démarque quant à lui par une consommation de coque *Cerastoderma edule* (fig. 1-D). Malheureusement l'emprise de cette fouille n'a pas permis de savoir si cette présence de bivalves de zones sableuses était liée à une activité spécialisée.

Du Campaniforme à l'âge du Fer, la consommation des coquillages reste comme pour le Néolithique ciblée sur un nombre très restreint d'espèces en milieu insulaire (fig. 1-C et 2-D). Ces accumulations sont trop volumineuses pour être des consommations exceptionnelles. Elles peuvent correspondre à des compléments alimentaires secondaires mais quasi-quotidiens. Bien souvent, un seul coquillage représente à lui seul 90 % des assemblages alimentaires étudiés. C'est le cas des patelles *Patella* sp. à Balanec, Beg ar Loued, Trielen, l'île aux Moutons et à Port-Blanc ou de la coque *Cerastoderma edule* à La Plage et La Passe de L'Ecuissière. Certains de ces spectres malacofauniques sont alors marqués par l'apparition d'une nouvelle activité liée à l'exploitation des coquillages vivant dès l'âge du Bronze (fig. 1-C et 2-D), l'extraction de colorant pourpre qui sera détaillée ci-dessous. Certains coquillages comme la gibbule (*Gibbula* sp.) et la littorine obtuse (*Littorina obtusata*) de petite dimension (inférieure à 20 mm) complètent aussi les assemblages. Si certains semblent être liés à l'apport d'algues comme à Tariec vraz (Dupont, 2008) ou à l'île aux Moutons (Dupont *et al.*, 2013), d'autres sont sans doute liés à des pollutions plus récentes de type dépôt de tempête. La différenciation entre ces deux origines de la présence de ces petits gastéropodes est réalisée à partir de la biométrie.

1.2. Les consommations exceptionnelles

À ces consommations régulières s'ajoutent d'autres destinations alimentaires des coquillages « exceptionnelles » dans le sens où elles semblent correspondre à des évènements uniques dans le temps pour la plupart ou à des repas d'ordre rituel attestés par des artefacts d'autres natures. De telles accumulations n'ont pas, à notre connaissance, été identifiées au Mésolithique le long du littoral atlantique français.

Elles le sont au Néolithique. C'est le cas de deux petites accumulations de Groah Denn, l'une associée à la base du bloc M7b et l'autre circonscrite par les blocs M8-M13-M14 de l'alignement ; du remplissage de la fosse F. 107 de Lédénès Vihan de Quéménès ; de l'accumulation coquillière du dolmen de Tabernaudes et peut-être aussi du dolmen de la Planche à Puare (fig. 1-B). Deux arguments plaident en la faveur de consommations non-quotidiennes de ces accumulations de coquillages : elles ne sont pas liées à des habitats mais à des monuments mégalithiques et les quantités observées correspondent, sans doute, aux rejets d'un unique repas. C'est bien leur position en dehors des zones des habitats qui en font des dépôts particuliers car du point de vue de leur composition spécifique, ces accumulations ne se distinguent pas des dépotoirs connus (fig. 1-B). La patelle reste le coquillage le mieux représenté. Pour ce qui est des deux petits lots de Groah Denn, d'après les données de terrain, ils pourraient très bien correspondre à un repas rituel lié à l'édification des blocs de l'alignement ou à une offrande de coquillages. D'autres dépôts de natures différentes ont été identifiés à Groah Denn et interprétés comme tels (Large *et al.*, 2010). La patelle domine aussi dans la fosse F107 de Lédénès Vihan de Quéménès. Malgré cette forte représentation, la diversité spécifique en mollusques y est très importante en termes d'invertébrés marins. Vingt-deux mollusques y ont été identifiés ainsi que des crabes. Cette diversité est importante comparée aux autres sites de l'archipel de Molène étudiés. Les invertébrés marins présents dans la fosse ont pu être classés en deux ensembles. Si les coquillages et crabes de grands gabarits ont sans doute été consommés, d'autres coquillages et crustacés de petites dimensions à l'aspect non usé par l'érosion marine témoignent de la présence d'algues marines. L'opposition entre ces deux ensembles est corroborée par la présence de brûlure sur les coquillages et crabes consommés à la différence des petites coquilles. Les données stratigraphiques tendent vers l'hypothèse d'un apport anthropique d'algues dans la fosse plutôt que d'un apport naturel d'algues par dépôts de tempête au-dessus de la dune recouvrant la structure archéologique (Dupont 2011). Ces algues ont pu servir à garder certains aliments au frais mais l'hypothèse de leur participation directe aux menus de cette population du Néolithique récent, ne peut pas être écartée. Les fouilleurs Lédénès Vihan de Quéménès n'écartent pas le fait que cette fosse dépotoir soit associée à une zone d'habitat proche (Pailler et Gandois, 2011). Une accumulation de coquilles, d'un tiers de mètre cube environ, composée principalement des patelles, a été découverte en association avec le menhir des Tabernaudes (Baudouin, 1910). D'après les observations des fouilleurs ces mollusques marins ont été déposés au pied du menhir après son édification. La présence de cette accumulation pourrait s'expliquer par l'abri au vent que procure ce mégalithe, au pied duquel les Néolithiques auraient dégusté ces fruits de mer « et la preuve que l'endroit fut choisi à dessein comme bien abrité, c'est qu'on constata que l'amas des coquilles débordait à peine de chaque côte les limites du Mégalithe ! » (Baudoin, 1910). Enfin, des coquilles de « bigorneaux, moules, escargots, bernicles » ont été découvertes mêlées à des ossements humains dans une des chambres du dolmen de la Planche à Puare (Auger, 1884). Le niveau archéologique était scellé par du sable et composé également des restes animaux, de débris de poterie et de pierres de filets.

Ainsi, pour ce qui est du Néolithique insulaire, les dépôts coquilliers de Groah Denn sont ceux dont le caractère symbolique semble le plus probable. Les dépotoirs de Lédénès Vihan de Quéménès et des Tabernaudes pourraient quant à eux être le reflet de consommations localisées sur les côtes insulaires mais leur caractère symbolique en lien avec les monuments qu'ils jouxtent restent difficile à prouver. Enfin, les fouilles anciennes du dolmen de la

Planche à Puare ne permettent pas de connaitre le contexte stratigraphique exact des coquilles mêlées à la sépulture.

Le cas de Mez Notariou mérite d'être souligné ici. C'est un cas unique de la Protohistoire du littoral atlantique français où à la fois des dépotoirs coquilliers ont été observés ainsi que des zones à caractère rituel et ce, dès l'âge du bronze (Le Bihan et Villard, 2001et 2010). Ces dernières ont clairement été mises en évidence par la sélection exercée sur certaines parties de mammifères et des oiseaux et la présence de connexions anatomiques (Le Bihan et Villard, 2010 ; Méniel et Clavel, 2013). Les grandes quantités de coquilles découvertes « permettent d'émettre l'hypothèse d'une consommation des patelles lors d'un repas collectif à caractère singulier » (Mougne, en préparation). La présence de cette espèce couramment découverte dans les dépotoirs à caractère domestique est intéressante à noter, car comme au Néolithique, ce gastéropode ne semble pas avoir été négligé dans les rites de ces populations insulaires (fig. 1). A cette espèce qui semble parfaitement s'intégrer dans le quotidien des populations insulaires, s'ajoutent dans la zone rituelle des denrées plus rares comme les pouces-pieds, les oursins, les tourteaux et crabes sillonnées (Mougne, en préparation). L'abondance des ressources marines de Mez Notariou n'est en rien associée à un groupe humain renfermé sur lui-même. En effet, de nombreux échanges existent entre ce site et le continent et ce, dès l'âge du Bronze (Le Bihan et Villard, 2013).

1.3. L'exploitation du pourpre

Si la consommation du pourpre *Nucella lapillus* est attestée au Mésolithique sur la frange littorale continentale comme à Beg-er-Vil (Quiberon, Morbihan), les premiers indices d'utilisation des propriétés tinctoriales de ce gastéropode ne sont, en l'état actuel des prospections et opérations de terrain, attestés qu'à partir du Bronze ancien le long du littoral atlantique français à Tariec vraz (Dupont, 2013). Cette activité apparaît clairement dans les spectres malacofauniques concernés puisque le pourpre représente 5 % du NMI à Tariec vraz (NMI=117), 24 % à l'île aux Moutons (NMI=1157) et entre 6 % (couches C7 à C8 ; NMI=61271) et 31 % (couches C1 à C3 ; NMI=32676) à Port-Blanc (fig. 2-C et -D). Il est parfois accompagné du murex *Ocenebra erinaceus*. Cette activité est datée de La Tène finale à l'île aux Moutons et de la toute fin de La Tène finale voir au début de l'époque gallo-romaine à Port-Blanc. Elle se caractérise par des cassures systématiques des coquilles de pourpres, tandis que les autres espèces présentes dans les assemblages ne le sont pas. De rares exemplaires sont intacts. Ils représentent moins de 1 % des individus de pourpres et sont des coquilles inférieures à 20 mm. Leurs petites dimensions expliquent qu'elles aient été exclues de la chaîne opératoire d'extraction de colorant (Dupont, 2013). Pour obtenir ce colorant des milliers de coquilles doivent être brisées, une à une pour les sites concernés. Cette activité est chronophage et le colorant obtenu est à haute valeur ajoutée. Ce dernier pouvait être très prisé et a, de ce fait, très bien pu entrer dans les nombreux contacts avec le continent durant de La Tène finale. Ceux-ci sont attestés par d'autres types de mobilier, sur l'île aux Moutons, par exemple (Daire et Hamon, 2013). Si l'extraction du pourpre pourrait être destinée aux seuls occupants des sites, il pourrait également être un des multiples liens des gens des îles avec ceux de la côte. Le nombre de sites manque pour savoir si les stocks de pourpres ont pu être épuisés sur le continent au fil de la chronologie et si la venue de populations humaines sur des îles a pu être motivée par la présence de stocks naturels de pourpres intactes de toute pression anthropique. Seules de futures découvertes de sites et des analyses systématiques de la biométrie des coquillages permettraient de le savoir.

1.4. Un cas unique de recyclage de la coquille : matériau de construction

Les coquilles des coquillages qui ont été consommées sont rarement recyclées dans d'autres activités du quotidien (Dupont, 2014). Un cas est observé en milieu insulaire qui correspond à l'utilisation de coquilles pour combler les interstices des murs à Beg ar Loued sur l'occupation datée de l'âge du Bronze ancien (Dupont, 2012). Cette pratique existe toujours sur l'archipel de Molène par exemple. Elle peut correspondre au manque de matériau disponible en milieu insulaire et permet de surcroit de se « débarrasser » de dépotoirs qui peuvent vite devenir très volumineux quand les mollusques sont consommés au quotidien. Cette utilisation présente de surcroit l'avantage d'être drainante et d'éviter l'imperméabilisation des sols et des murs, et prévient ainsi contre les inondations. La coquille est perméable et absorbe également l'humidité ambiante, permettant un meilleur confort à l'intérieur de l'habitat.

2. Les grèves du milieu insulaire : un lien avec les abysses

2.1. Le cas de la parure

Les parures en coquilles marines des sites insulaires sont similaires à ce qui est observé sur le continent. Les tests qui présentent des perforations comme unique façonnage sont très nombreux au Mésolithique et leur nombre diminue drastiquement jusqu'à l'âge du Bronze pour devenir quasi absent à l'âge du Fer. À Hoedic des milliers de petites coquilles (inférieures à 20 mm) ont été trouvés dans les sépultures. Elles sont majoritairement composées de littorine obtuses *Littorina obtusata* associées à de cyprées *Trivia* sp. (fig. 2-A) et de grands bivalves présents le plus souvent à moins de dix exemplaires (Taborin, 1974 ; Dupont, 2006). Cette composition est très proche de ce qui a pu être trouvé sur le site continental de Téviec : une composition binaire de petites coquilles associées à des grands bivalves. Le contraste avec les coquillages mangés est net pour cette période et celles qui suivent (fig. 1-A et 3-A). L'homme du Mésolithique ne va pas transférer les mollusques de son registre alimentaire dans sa sphère culturelle. A cela s'ajoute un élément majeur qui est également vrai pour les sites côtiers continentaux :

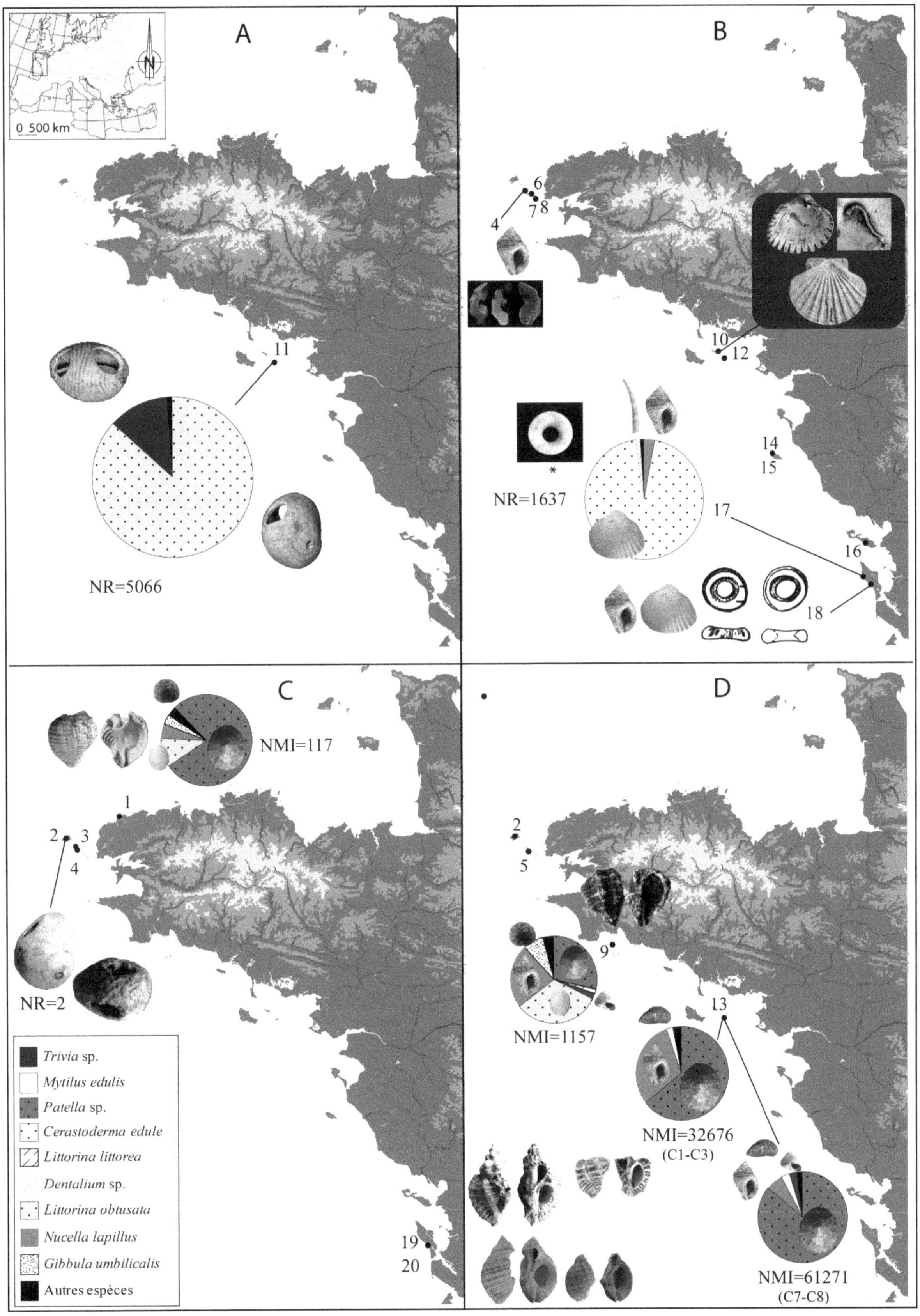

*Figure 2 : Spectres malacofauniques liés à la parure, aux coquilles outils, ou à l'extraction de pourpre en fonction de la chronologie ; A- Mésolithique : 11- Hoedic ; B- Néolithique : 4- Beg ar Loued, 6- Lédénès Vihan de Quéménès, 7- Béniguet-3, 8- Béniguet -104, 10- Er Yoh, 12- Groah Denn, 14- Dolmen de la Planche à Puare, 15- Tabernaudes, 16- Les ouillauds, 17- Ponthezières, 18- La Perroche ; C- Age du Bronze et Campaniforme : 1- Tariec vraz, 2- Mez Notariou, 3- Balanec, 4- Beg ar Loued, 19- Plage de l'Ecuissière, 20- Passe de l'Ecuissière ; D- Age du Fer : 2- Mez Notariou, 5- Trielen, 9- Ile aux Moutons, 13- Port-Blanc (*Photo Laporte, 2009, p. 499)*

beaucoup des grands bivalves utilisés sont des espèces subtidales qui ne sont jamais observées vivantes par les gens de la côte ou très rarement comme la coquille Saint-Jacques *Pecten maximus*, l'ormeau *Haliotis tuberculata tuberculata*, les bucardes *Acanthocardia* sp., l'amande de mer *Glycymeris glycymeris* et la bucarde de Norvège *Laevicardium crassum*. Le mystère qui entoure ces coquilles n'est peut-être pas étranger à leur utilisation en tant que parure et a pu stimuler l'imagination de ces insulaires. Si ces parures font partie de la sphère culturelle de ces populations, elles semblent faire partie intégrante de leur quotidien. En effet, ces parures ont été portées dans le monde du vivant. Ainsi, au Mésolithique, l'environnement marin transpire dans le quotidien de ces populations insulaires. Le fait que les schémas observés pour la nourriture et la parure soient similaires aux gens du continent qui fréquentaient le littoral permet de douter du caractère subi de la mer par ces insulaires. On peut tout aussi bien y voir une adaptation de ces hommes à leur environnement le plus proche.

Si ces petits tests percés perdurent au Néolithique, ils deviennent très rares (Dupont, 2006). Ce constat se vérifie encore plus à l'âge du Bronze. Pour exemple, seules deux parures sont attestées au Bronze moyen à Mez Notariou (Le Bihan et Villard, 2010 ; Mougne, en préparation ; fig. 2-C). Les parures en coquilles marines vont subir de profonds changements au Néolithique. En effet, la forme d'origine du test va être transformée dans le but d'obtenir des perles plates et circulaires d'un demi-millimètre de diamètre (fig. 2-B). Ainsi, la chaîne opératoire nécessaire semble correspondre à un véritable artisanat dont les centres de production sont attestés en milieu insulaire comme à Ponthezières (Laporte, 2009), La Perroche (Dupont, 2006 ; Laporte, 2009) et à Beg ar Loued (Dupont, 2004a) (fig. 2-B). Comme pour les parures mésolithiques, il ne semble pas que les tests des coquillages consommés soient réutilisés. À Ponthezières, la coque *Cerastoderma* sp. est utilisée pour façonner ces perles, suivie du pourpre *Nucella lapillus* et de la moule *Mytilus edulis* (Laporte, 2009). À La Perroche, la coque suivie du pourpre est utilisée (Dupont, 2006). Et enfin à Beg ar Loued, ce sont des ébauches de pourpres qui ont été mises en évidence (Dupont, 2004a). Il faut souligner que sans tamisage, ce type d'artefact peut passer inaperçu à la fouille. Ainsi, à Er Yoh malgré l'identification de perçoirs fusiformes identiques à ceux de Ponthezières, de La Perroche (Laporte, 2009) et de Beg ar Loued (Pailler *et al.*, 2004) entrant dans la chaîne opératoire de ces parures, aucune ébauche de perles n'a été trouvée. Des grands bivalves percés semblent avoir été utilisés à Er Yoh en tant que parure mais le manque de données stratigraphiques ne permet pas d'étayer d'avantage cette utilisation potentielle des tests (Dupont, 2006). Les propriétés tinctoriales du pourpre étaient-elles connues ? La récurrence de cette espèce au sein des corpus de parure permet de s'interroger sur son statut dont le façonnage sous la forme de perles nécessite de braver des contraintes techniques telles la forme et l'épaisseur du test. D'autre part, c'est un véritable centre de production de perles qui est présent sur l'île d'Oléron à Ponthezières et à La Perroche. La position insulaire de cette activité est-elle volontaire ? Force est de constater, qu'en l'état actuel des recherches, aucun centre de production de telles parures n'a été découvert sur la bande littorale continentale. Les quantités de parures façonnées sont telles que les îles pourraient être de véritables plates formes d'exportation, loin d'être repliées sur elles-mêmes.

2.2. Les outils

Une autre utilisation des coquilles a été identifiée dans les lots préhistoriques, celle en tant qu'outil. Au Mésolithique, elle est difficile à mettre en évidence. Cela peut être dû au caractère expéditif de l'utilisation qui n'a pas le temps de « marquer » la coquille (Dupont, 2006). Que ce soit en milieu insulaire ou côtier continental, la matière première qu'est la coquille abonde. Ainsi, à Ponthezières une unique coquille est attestée comme outil (Gruet, 2009). La rareté de l'identification des coquilles utilisées en outil peut correspondre à un comportement expéditif de cette population insulaire. Elle contraste avec l'intérieur des terres, où au Néolithique, la coquille outil aura le statut d'objet, elle servira de manière répétée à une même activité et pourra même sans doute être utilisée dans des échanges (Dupont *et al.*, 2014). Il faut souligner à Er Yoh la présence importante de coquilles épaves (Dupont, 2006). Celles-ci ont pu être mises en évidence grâce à la présence d'espèces subtidales qui vivent constamment immergées et d'organismes marins qui se sont fixés à l'intérieur des tests coquilliers (Dupont, 2006 ; fig. 2-B). Leur forte représentation dans l'assemblage malacofaunique a pu être accentuée par les techniques de fouille (Dupont, 2006). Certaines sont des outils (Dupont, 2006 ; Cuenca Solana, 2009), mais d'autres représentent de la matière première en carbonate de calcium dont l'utilisation est inconnue. Ces dernières sont de la matière première potentielle pour les Néolithiques. Celle-ci était-elle destinée à être travaillée sur place ou exportée brute vers le continent ? Les données archéologiques sont trop parcellaires sur Er Yoh pour y répondre mais les quantités de coquilles présentent n'étaient peut-être pas destinées aux seuls occupants d'Er Yoh.

Discussion

Peut-on considérer que les populations humaines insulaires pré et protohistoriques étaient « comme une bernique sur son rocher » ?

Oui, dans le sens où ces populations se sont totalement adaptées à la diversité des ressources que leur offraient les estrans. Cette adaptation aux environnements marins n'est d'ailleurs pas forcément liée au caractère insulaire de ces hommes car ce constat semble se vérifier aussi pour les populations côtières du continent. Les insulaires ont incorporé plus d'aliments marins mais cela peut être tout simplement le reflet des environnements les plus accessibles et la plus grande rareté de denrées alternatives.

Ainsi, au Mésolithique, seule la proportion de denrées d'origine marine semble différencier les hommes des îles de ceux du continent. Ce constat est d'autant plus vrai que l'environnement marin touche bien des aspects du quotidien de ces populations, non seulement dans leur mode de subsistance mais aussi dans leur sphère culturelle. La dichotomie qui existe entre les coquillages mangés et les coquilles parure est un choix de ces populations et non une contrainte. Les Mésolithiques ont réservé une partie du temps de leur quotidien pour arpenter les grèves à la recherche de coquilles échouées destinées à la parure. Le fait que certains de ces mollusques n'étaient jamais vus vivants a pu s'ancrer d'autant plus dans la symbolique de ce peuple maritime.

Mais, il ne faut pas conclure à des populations totalement repliées sur elles-mêmes et vivant en autarcie telle une patelle qui ne veut pas abandonner son bout de rocher. En effet, dès le Mésolithique les parallèles entre populations insulaires et continentales sont telles (Marchand, 2013) que les contacts semblent évidents. Si l'on s'attache aux seuls coquillages sur ces aspects, les parures sont similaires sur les littoraux insulaires et continentaux et les variations peuvent s'expliquer de par un accès à des environnements marins légèrement différents. Au-delà de la nourriture, la coquille utilisée en tant que matière première ou le coquillage en tant que colorant est un bon marqueur d'échanges potentiels. Les quantités de perles façonnées, de matière brute de coquille inutilisée, de coquilles brisées et l'investissement technique reflété par les produits finis sont tels que l'échange a pu être un élément moteur de ces activités. Cette hypothèse déjà proposée pour la parure (Laporte, 2009, p.538) est renforcée par les autres artefacts de ces sites insulaires témoins d'échange plus ou moins lointains (Dupont, 2006 ; Daire et Hamon, 2013 ; Le Bihan et Villard, 2013). Ainsi, loin d'être contraintes ces populations pouvaient de par la diversité et le renouvellement naturel des stocks de nourriture avoir une certaine indépendance territoriale. D'autre part, l'île pouvait du point de vue de l'insulaire être vu comme une ouverture contrôlée vers le continent.

Biliographie

AUGER A. (1884) - Les fouilles du dolmen de la Planche-à Puare à l'Ile-d'Yeu, *Annuaire départemental de la Société d'émulation de la Vendée*, 3e série, vol. 4, p. 75-84.

BAUDOUIN M. (1910) - Découverte et fouille d'un kjoekkermoedding néolithique aux Tabernaudes à l'ile d'Yeu, *Bulletins et mémoires de la Société d'Anthropologie de Paris*, p. 549-596.

CUENCA SOLANA D. (2009) - *Las "tecnología invisibles" en los grupos de cazadores recolectores del litoral durante los inicios del Holoceno (9.500-5.000 uncal BP) en la región Cantábrica. Utilización de las conchas de molusco en la realización de actividades productivas*, Trabajo de investigación de tercer ciclo departamento de ciencas históricas universidad de Cantabria, Universidad de Cantabira Departemento de Ciencas Hitóricas, 241 p.

DAIRE M.-Y., HAMON G. (dir.) (2013) - *L'Île aux Moutons (Fouesnant, Finistère), Un établissement gaulois dans son contexte atlantique, Étude pluridisciplinaire*, Les Dossiers du Centre Régional d'Archéologie d'Alet, supplément – AJ, 234 p.

DAIRE M. Y., BAUDRY A., QUESNEL L. (2006) - Le site gaulois de Port Blanc à Hoedic (Morbihan), La campagne de fouille de 2005, premiers résultats, *Bulletin de l'Association Manche Atlantique pour la Recherche Archéologique dans les Îles*, 19, p. 69-86.

DREANO Y., GIOVANNACCI S., DIETSCH-SELLAMI M.-F., DUPONT C., GRUET Y., HOGUIN R., IHUEL E., LEROY A., MARCHAND G., PAILLER Y., SPARFEL Y., TRESSET A. (2007) - Le patrimoine archéologique de l'île Béniguet (Le Conquet, Finistère) - Bilan des recherches 2000-2007, *Bulletin de la Société de Sciences Naturelles de l'ouest de la France*, nouvelle série, 29, 3, p. 161-172.

DUPONT C. (2004a) - La malacofaune marine (Beg-ar-Loued), *in Sondage du site gaulois de Triélen-Nord (Le Conquet), in Programme archéologique molénais, Rapport n°6, décembre 2004, Sondage du site de Triélen-Nord (Le Conquet) Sondage du site de Beg-ar-Loued (Île Molène) : rapport 2004*, p. 74-78.

DUPONT C. (2004b) - Analyse préliminaire de la malacofaune marine (Triélen), *in Sondage du site gaulois de Triélen-Nord (Le Conquet), Programme archéologique molénais, Rapport n°6, décembre 2004, Sondage du site de Triélen-Nord (Le Conquet) Sondage du site de Beg-ar-Loued (Île Molène) : rapport 2004*, p. 21-22.

DUPONT C. (2006) - *La malacofaune de sites mésolithiques et néolithiques de la façade atlantique de la France : Contribution à l'économie et à l'identité culturelle des groupes concernés*, Oxford, British Archaeological Reports, BAR Publishing, International Series 1571, 439 p.

DUPONT C. (2008) - La malacofaune marine de Tariec vraz (Landéda, Finistère), *in* Y. Pailler et Y. Sparfel (dir.), *Rapport de sondage d'urgence sur un site de l'âge du bronze ancien, île de Tariec vraz en Landéda (Finistère)*, p. 25-26.

DUPONT C. (2010) - Deux petits lots de coquilles en rapport avec la base des blocs M7b, M9, M13 et M14, *in* J.-M. Large, E. Mens, C. Dupont, V. Deloze et G. Hamon, *Projet archéologique Îles d'Hoedic et de Houat (56), Hoedic, Groah Denn, Fouille Fouille programmée pluriannuelle n° 2009/221 Rapport intermédiaire 2010 (année 2)*, p. 54-61.

DUPONT C. (2011) - *Coquillages et crustacés de la fosse*

néolithique 107 du tertre de Ledenez Vihan Kemenez (Le Conquet, Finistère), 17 p.

DUPONT C. (2012) - Ne confondons pas coquilles et coquillages, Vision diachronique de l'archéologie des mollusques le long de la façade atlantique française, *Techniques & Culture. Itinéraires de coquillages*, 59, 2012/2, p. 242-259.

DUPONT C. (2013) - Teinture et exploitation du pourpre Nucella lapillus le long du littoral atlantique français, *in* M.-Y. Daire, C. Dupont, A. Baudry, C. Billard, J.-M. Large, L. Lespez, E. Normand et C. Scarre (dir.), Actes du colloque HOMER 2011, *« Anciens peuplements littoraux et relations homme/milieu sur les côtes de l'Europe atlantique »,* Oxford, British Archaeological Reports, BAR Publishing, International Series 2570, p. 459-467.

DUPONT C. (2014) - Do not mix up apples and oranges! A concept applied to shells from the Mesolithic, *in* J.J. Cantillo, D. Bernal et J. Ramos (dir.), *Moluscos y púrpura en contextos arqueológicos atlántico-mediterráneos : nuevos datos y reflexiones en clave de proceso histórico*, actas de la III reunión científica de arqueomalacología de la Península Ibérica, celebrada en Cádiz los días 3 y 4 de diciembre de 2012, Cádiz, Universidad de Cádiz, Servicio de Publicaciones, p. 41-50.

DUPONT C., GRUET Y., LEROY A., MARCHAND G., PAILLER Y., SPARFEL Y. (2003) - Le site préhistorique de Beniget-3 (Le Conquet, Finistère), *Bulletin de l'Association Manche Atlantique pour la Recherche Archéologique dans les Îles*, 16, p. 5-24.

DUPONT C., ÁLVAREZ-FERNANDEZ E., GRUET Y. (2008) - Un nouveau crustacé identifié sur le site gaulois de Port Blanc (île d'Hoedic, Morbihan) : le pouce-pied *Pollicipes pollicipes* (Gmelin, 1790), *Bulletin de l'Association Manche Atlantique pour la Recherche Archéologique dans les Îles*, 21, p. 17-23.

DUPONT C., TRESSET A., DESSE-BERSET N., GRUET Y., MARCHAND G., SCHULTING R. (2009) - Harvesting the seashores in the Late Mesolithic of northwestern Europe, A view from Brittany ? *Journal of World Prehistory*, 22/2, p. 93-111.

DUPONT C., MARCHAND G., CARRION Y., DESSE-BERSET N., GAUDIN L., GRUET Y., MARGUERIE D., OBERLIN C. (2010) - Beg-an-Dorchenn : une fenêtre ouverte sur l'exploitation du littoral par les peuples mésolithiques du VIe millénaire dans l'ouest de la France, *Bulletin de la Société Préhistorique Française*, 107, 2, p. 227-290.

DUPONT C., MOUGNE C. (2012) - Les coquillages marins du site Bronze ancien : « la Passe de l'Ecuissière » à Dolus (île d'Oléron, Charente-Maritime), *in* Laroche M. (dir.) - *Le site « 18 Passe de l'Écuissière » (Dolus d'Oléron, Charente-Maritime) : une occupation Bronze ancien en milieu littoral.* Rapport final d'opération de fouille préventive, Service Patrimoine et Archéologie de la Communauté de Communes nord du Bassin de Thau, 15 p.

DUPONT C., BAUDRY A., DESSE-BERSET N., DESSE J., DREANO Y., MENIEL P. (2013) - L'exploitation des ressources animales *in* M.-Y. Daire et G. Hamon (dir.), *L'Île aux Moutons (Fouesnant, Finistère) Un établissement gaulois dans son contexte atlantique, Étude pluridisciplinaire*, Les Dossiers du Centre Régional d'Archéologie d'Alet, supplément –AJ, p. 155-183.

DUPONT C., ARD V., CUENCA SOLANA D., GRUET Y., HAMON G., LAPORTE L., SICARD S., SOLER L., (2014) - La place des coquillages marins dans les enceintes néolithiques de l'Ouest de la France : bilan quantitatif et notion de territoire, *in* R. Joussaume, Large J.-M., Corson S., Le Meur N., Tortuyaux J.-P. (dir.) « *Enceintes néolithiques entre Seine et Gironde* », mémoire XLVIII, Chauvigny, Éd. Association des Publications Chauvinoise - A.P.C., p. 293- 305.

GRUET Y. (2009) - Coquilles ayant pu être utilisées comme « outils », *in* L. Laporte (dir.), *Des premiers paysans aux premiers métallurgistes sur les côtes charentaises, Chapitre 2 - Iles ou péninsules ? Évolution des milieux littoraux sur la façade atlantique du Centre-ouest de la France au cours de l'Holocène*, Mémoire XXXIII, Chauvigny, Éd. Association des Publications Chauvinoises, p. 440-441.

LAPORTE L. (dir.) (2009) - *Des premiers paysans aux premiers métallurgistes sur les côtes charentaises.* Mémoire XXXIII, Chauvigny, Éd. Association des Publications Chauvinoise, 816 p.

LARGE J.-M., MENS E., DUPONT C., DELOZE V., HAMON G. (2010) - *Projet archéologique Îles d'Hoedic et de Houat (56), Hoedic, Groah Denn, Fouille Fouille programmée pluriannuelle n° 2009/221* Rapport intermédiaire 2010 (année 2), Rennes, Service Régional d'Archéologie de Bretagne, 138 p.

LAROCHE M. (dir.) (2012) - *Le site « 18 Passe de l'Écuissière » (Dolus d'Oléron, Charente-Maritime) : une occupation Bronze ancien en milieu littoral,* Rapport final d'opération de fouille préventive, Service Patrimoine et Archéologie de la Communauté de Communes nord du Bassin de Thau.

LE BIHAN J.P. (dir.), VILLARD J.-F. (2001) - *Archéologie d'une île à la pointe de l'Europe -1- Le site de Mez-Notariou et le village du premier âge du Fer*, Quimper, Éd. Centre de recherche archéologique du Finistère et Revue Archéologique de l'Ouest, 350 p.

LE BIHAN J.-P., VILLARD J.-P. (dir.) (2010) - *Archéologie d'une île à la pointe de l'Europe : Ouessant. Tome 2, l'habitat de Mez-Notariou des origines à l'âge du bronze*, Quimper,

Éd. Centre de recherche archéologique du Finistère, 588 p.

LE BIHAN J.-P., VILLARD J.-F. (2013) - Trafic maritime et franchissement de la pointe de Bretagne de l'âge du Bronze à l'Antiquité romaine, Étude fondée sur l'archéologie des sites de Ouessant et de Quimper, *in* M.-Y. Daire, C. Dupont, A. Baudry, C. Billard, J.-M. Large, L. Lespez, E. Normand et C. Scarre (dir.), Actes du colloque HOMER 2011, *« Anciens peuplements littoraux et relations homme/milieu sur les côtes de l'Europe atlantique »,* Oxford, British Archaeological Reports, BAR Publishing, International Series 2570, p. 233-246.

LE ROUZIC Z. (1930) - *Carnac, fouilles faites dans la région de l'îlot d'Er-Yoh (Le Mulon), Commune de Houat 1924-1925*, Vannes, imprimerie Lafolye & J. De Lamarzelle, p. 1-15.

LOPEZ-ROMERO E., BALLESTEROS-ARIAS P., GÜIMIL-FARIÑA A., DAIRE M.Y. (2013) - Human occupation and formation of the cultural landscape in Galicia's Atlantic Islands National Park, *in* M.-Y. Daire, C. Dupont, A. Baudry, C. Billard, J.-M. Large, L. Lespez, E. Normand et C. Scarre (dir.), Actes du colloque HOMER 2011, *« Anciens peuplements littoraux et relations homme/milieu sur les côtes de l'Europe atlantique »,* Oxford, British Archaeological Reports, BAR Publishing, International Series 2570, p. 285-294.

MARCHAND C. (2013) - Le Mésolithique insulaire atlantique : systèmes techniques et mobilité humaine à l'épreuve des bras de mer, *in* M.-Y. Daire, C. Dupont, A. Baudry, C. Billard, J.-M. Large, L. Lespez, E. Normand et C. Scarre (dir.), Actes du colloque HOMER 2011, *« Anciens peuplements littoraux et relations homme/milieu sur les côtes de l'Europe atlantique »,* Oxford, British Archaeological Reports, BAR Publishing, International Series 2570, p. 359-369.

MENIEL P., CLAVEL B. (2013) - Evolution des ressources et impact taphonomique sur la composition de l'amas coquillier d'Ouessant (Finistère, France) de l'âge du Bronze à l'Antiquité, *in* M.-Y. Daire, C. Dupont, A. Baudry, C. Billard, J.-M. Large, L. Lespez, E. Normand et C. Scarre (dir.), Actes du colloque HOMER 2011, *« Anciens peuplements littoraux et relations homme/milieu sur les côtes de l'Europe atlantique »,* Oxford, British Archaeological Reports, BAR Publishing, International Series 2570, p. 513-525.

MOUGNE C. (en préparation) - *Exploitation des invertébrés marins (mollusques, crustacés et oursins) durant la Protohistoire sur le territoire littoral et continental de la façade atlantique et de la Manche de la France*, thèse de Doctorat, Université de Rennes 1.

PAILLER Y., GANDOIS H. (dir.) (2011) - *Programme archéologique molénais (rapport n°16) - sondage du tertre funéraire du Néolithique moyen à la pointe nord de Ledenez Vihan de Kemenez (Le Conquet, Finistère), sites nouvellement découverts dans l'archipel (Kemenez, Béniguet)*, 193 p.

PAILLER Y., SPARFEL Y (dir.) (2008) - *Rapport de sondage d'urgence sur un site de l'âge du bronze ancien, île de Tariec vraz en Landéda (Finistère)*, inédit, 34 p.

PAILLER Y., SPARFEL Y., TRESSET A., DUPONT C., GIOVANNACCI S., HALLEGOUËT B., JOSSELIN J., BALASSE M. (2004) - Fouille d'un dépotoir du Néolithique final à Beg ar Loued (Île Molène, Finistère) : premiers résultats, *Bulletin de la Société Préhistorique Française*, 101, 4, p. 877-896.

PAILLER Y., STEPHAN P., GANDOIS H., CLEMENT N., SPARFEL Y., TRESSET A., DONNART K., DREANO Y., FICHAUT B., SUANEZ S., DUPONT C., LE CLEZIO L., MARCOUX N., PINEAU A., SALANOVA L., SELLAMI F., DEBUE K., JOSSELIN J., DIETSCH-SELLAMI M.F. (2011) - Évolution des paysages et occupation humaine en mer d'Iroise (Finistère, Bretagne) du Néolithique à l'Âge du Bronze, *Norois*, 220, 2011/3, p. 39-68.

PEQUART M., PEQUART S.-J. (1926) - Un kjökkenmödding morbihannais : Er Yoh premier outillage en os découvert dans le Morbihan, *Revue anthropologique*, 4, 6, p. 1-6.

PEQUART M., PEQUART S.-J. (1954) - *Hoëdic, deuxième station-nécropole du Mésolithique côtier Armoricain*, Anvers, De Sikkel, 89 p.

ROUSSEAU J., ROBERT P., CANTIN N., DUPONT C., GRUET Y., HUET N., PERRICHOT V. (2001) - Exploitation d'un territoire insulaire au Néolithique Moyen d'après la fouille d'un dépôt coquillier Les Gouillauds à Bois-Plage-en-Ré (Charente-Maritime - France), *Suppl. Revue d'Archéométrie*, p. 221-242.

SCHULTING R., TRESSET A., DUPONT C. (2004) - From Harvesting the Sea to Stock Rearing Along the Atlantic Façade of North-Western Europe, *Environmental Archaeology*, 9, p. 143-154.

SCHULTING R.J. (2005) - Comme la mer qui se retire : les changements dans l'exploitation des ressources marines du Mésolithique au Néolithique en Bretagne, *in* G. Marchand, A. Tresset (dir.), *Unité et diversité des processus de néolithisation sur la façade atlantique de l'Europe (VIIe-IVe millénaires av. J.-C.)*, Nantes, 26 avril 2002, Réunion de la Société Préhistorique Française, Bulletin de la Société Préhistorique Française, Mémoire XXXVI, p. 163-171.

TABORIN Y. (1974) - La parure en coquillage de l'Epipaléolithique au bronze ancien en France, Paris, CNRS, *Gallia Préhistoire*, 17, 17.1 : p. 101-179 et 17.2 : p. 307-417.

LA PRODUCTION DE CÉRAMIQUES SUR LES ÎLES BRETONNES : POINT DE VUE DIACHRONIQUE ET ARCHÉOMÉTRIQUE DE PLUSIEURS OCCUPATIONS DU COMPLEXE HOUAT, HOEDIC, BELLE-ÎLE-EN-MER

GEHRES Benjamin[1], QUERRÉ Guirec[2]
avec la collaboration de DAIRE Marie-Yvane, HAMON Gwenaëlle, LARGE Jean-Marc, MUSCH Gérald

1 - Univsersité Rennes 2, Laboratoire d'Archéologie et d'Histoire Merlat,
UMR 6566 CReAAH « Centre de Recherche en Archéologie, Archéosciences et Histoire »,
email : benjamin.gehres@gmail.com
2- Ministère de la Culture et de la Communication,
UMR 6566 CReAAH « Centre de Recherche en Archéologie, Archéosciences et Histoire »,
email : guirec.querre@univ-rennes1.fr

Résumé
Les analyses pétrographiques des céramiques nous permettent de connaître les origines géologiques des matières premières et donc leurs lieux de production. Cette méthode, appliquée de manière diachronique à plusieurs occupations du complexe de Houat, Hoedic et de Belle-Île-en-Mer, nous fournit ainsi un aperçu des échanges et des liens qu'ont pu avoir ces populations avec leurs voisins : s'agissait-il d'îles formant des nœuds de communication et d'échange, ou des « cul-de-sac » ? Y-a-t-il eu des phases de repli et d'ouverture, et si oui, pouvons-nous les apercevoir sur ce laps de temps relativement long par le biais des seules productions céramiques ? L'évolution des techniques a-t-elle eu un impact sur l'évolution des échanges ?

Mots-clés :
Pétro-archéologie, céramique, matière première, insularité, échanges îles-continent

Abstract:
The petrographic analysis of ceramics allows us to trace the geological provenance of raw materials and thus their production sites. When applied diachronically to several occupations belonging to the complex group of Houat, Hoedic and Belle-Ile-en-Mer, this method provides an overview of exchanges and contacts that may have taken place between these island populations and their neighbours: did the islands form nodes of communication and exchange or do they represent dead-ends? Were there phases of retreat and opening up and, if so, can we see evidence for these changes over a relatively long time period by considering solely the ceramic productions? Did the evolution of technology have an impact on the development of trade?

Keywords:
Petroarchaeology, ceramic, raw material, insularity, island-mainland exchanges

Introduction

L'analyse pétrographique des inclusions minérales des céramiques archéologiques permet de définir l'origine géologique des argiles utilisées. Dans les cas les plus favorables, il est alors possible de déterminer l'origine géographique des poteries et ainsi de connaître les échanges qu'ont pu avoir les différentes communautés.

Ce type d'analyse s'applique très bien aux espaces insulaires, qui par définition sont des territoires émergés limités, dont les ressources géologiques sont bien circonscrites et limitées. Des poteries réalisées localement ou importées depuis d'autres îles ou depuis le continent seront plus facilement reconnues. Ceci permettra d'identifier l'existence d'îles formant des nœuds de communication et d'échanges ou des îles « culs-de-sac ».

Enfin, nous avons choisi de réaliser cette étude de façon diachronique, du Néolithique à l'âge du Fer, afin de tenter de cerner des phases de repli et d'ouverture sur ce laps de temps relativement long, et d'identifier des changements dans les comportements des populations par rapport à leurs approvisionnements en céramique, notamment par l'arrivée de nouvelles technologies tel que le tour de potier, ou l'apparition d'atelier de production.

Nous avons choisi de présenter les premiers résultats portant sur le complexe insulaire de Houat – Hoedic dans le Morbihan, dont la taille n'a cessé de se réduire depuis le début de l'Holocène suite à la remonter de niveau marin, et de Belle-Île-en-Mer leur voisine et la plus grande des îles de Bretagne. Délimitée par de hautes falaises, et avec une altitude moyenne d'environ quarante mètres, cette dernière a gardé une taille relativement constante quelque-soit le niveau marin (fig. 1) (Gehres, en préparation).

Pour cela des céramiques de plusieurs sites ont été sélectionnées. Sur l'île d'Hoedic, les alignements de pierres dressées du Douet et de Groah Denn, fouillés par J.-M. Large, nous ont permis d'avoir un aperçu des productions de céramique du Néolithique moyen I et récent pour le site du Douet, ainsi que du Néolithique moyen I/II, du Néolithique récent, du Campaniforme et de l'âge du Bronze ancien pour le site de Groah Denn. L'occupation et l'atelier de bouilleur de sel du second âge du Fer, fouillé par M.-Y. Daire nous a permis d'étudier des céramiques de La Tène finale toujours sur l'île d'Hoedic (fig. 1). Pour Belle-Île-en-Mer, il s'agit de plusieurs urnes de l'âge du Bronze découvertes en prospection par G. Musch dans la Lande des Semis (fig. 1 ; zone connue pour ses nombreux tumulus) qui ont été analysées.

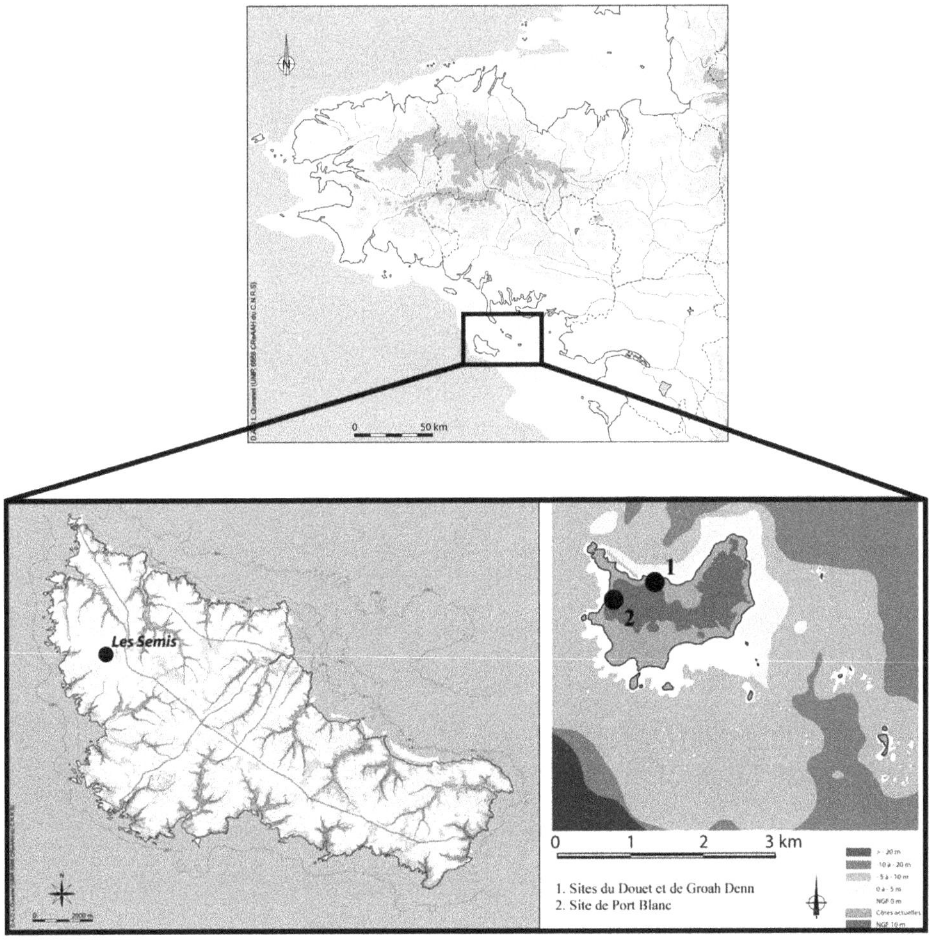

Figure 1 : Localisation régionale des îles d'Hoedic et de Belle-Île-en-Mer et des sites du Douet, de Groah Denn et de la Lande des Semis (DAO L. Quesnel et J.-M. Large, complété par B. Gehres)

Au niveau géologique, nous avons deux grands ensembles dont la nature diffère fortement. D'un côté, l'unité Houat-Hoedic est principalement constituée par un leucogranite à deux micas, formant une longue échine rocheuse partant de la presqu'île de Quiberon vers un chapelet d'îles où Houat et Hoedic sont les plus étendues (Audren et Plaine, 1986). Quelques pointements de micaschiste sont à signaler sur les deux îles, tandis qu'un petit affleurement d'amphibolite, depuis requalifié de lamprophyre (Chauris, 2013) a été distingué sur la plage de la Fontaine à Houat (Audren et Plaine, 1986). Belle-Île-en-Mer est formée d'un socle correspondant à un volcanisme sédimentaire constitué par des dépôts de tufs (de faciès schiste vert) et d'ignimbrites. On signalera la présence très discrète d'affleurements de grès feldspathique à l'ouest de l'île, à Kervilahouen (Audren et Plaine, 1986).

1. Méthodologie

Notre travail se base sur une méthode d'étude précise permettant d'appréhender les différents types de pâte tout en gardant un lien étroit avec la typologie des vases. Dans un premier temps, un tri des céramiques selon les types de pâte observables au niveau macroscopique est réalisé à l'œil nu, puis à l'aide d'une loupe binoculaire. Ceci nous permettra de réaliser un échantillonnage représentatif des différents groupes observés.

Dans un second temps, ces céramiques sont coupées à une épaisseur de 30 µm afin de pouvoir caractériser les inclusions minérales et plastiques présentes dans l'argile. Cette étude se réalise à l'aide d'un microscope polarisant et permet de connaître la nature géologique des argiles utilisées, mais aussi de desceller des actions anthropiques telles que l'épuration de la matière première, ou le rajout d'un dégraissant pouvant être minéral, osseux, végétal ou composé de fragments de coquilles, comme il a été mis en évidence sur le site du second Âge du fer d'Urville-Nacqueville dans la Manche (Gehres *et al.*, à paraître).

2. Résultats d'analyses

Nous présenterons dans cette partie les données obtenues par les observations pétrographiques des différents sites présentés.

2.1. L'analyse des céramiques d'Hoedic

2.1.1. L'alignement de pierres dressées du Douet (Néolithique moyen I et Néolithique Récent)

Les résultats d'analyse des céramiques du site du Douet ont été publiés dans la monographie du site (Gehres, 2014), nous reviendrons ici sur les principaux résultats de l'étude.

Une pâte à emprunte granitique a été utilisée pour façonner plusieurs céramiques du site du Douet. Ces poteries datent de la phase du Néolithique moyen I et Néolithique récent. Ce groupe est caractérisé par des inclusions issues de l'altération d'un granite à deux micas, comme le montre la présence de grains de quartz, de feldspath potassique et plagioclase (de type albite, oligoclase) ainsi que de tablettes de muscovite et de biotite (Gehres, 2014 ; fig. 2). L'argile utilisée pour monter ces poteries semble donc provenir de l'altération du substrat local, à ce savoir le granite à deux micas constituant le socle de l'île d'Hoedic (Audren *et al.*, 1982). Au niveau typologique, aucun choix stylistique ne semble avoir été fait. Pour le Néolithique moyen I, des céramiques à décor de boutons repoussés font partie de ce lot, tout comme un micro-gobelet ou un petit bol à préhension. Il en va de même pour le Néolithique récent, où des céramiques à bords convexes, fond plat débordant ou décor d'incision représentent ce type de pâte (Gehres, 2014 ; fig. 2).

Deux groupes de céramiques à pâtes atypiques ont été observés. L'un regroupant des céramiques du Néolithique moyen I et l'autre des poteries du Néolithique récent.

Le premier ensemble correspond à des terres-cuites dont les inclusions semblent correspondre à l'altération d'un granite à deux micas mélangée à des grains d'amphibole verte et incolore. La forme des poteries ne semble à nouveau pas définie par un style particulier. En effet des céramiques à boutons repoussés ou à impression de poinçons circulaires font partie de cet ensemble tout comme un micro-gobelet (fig. 3).

Le second ensemble, du Néolithique récent est composé de trois céramiques façonnées avec une argile où sont observables les produits de l'altération d'un granite à deux micas et de rares grains d'amphibole verte (fig. 3). On notera l'absence de grains de feldspath plagioclase basique, élimant les roches basiques de type gabbro comme origine probable. Encore une fois la forme des poteries ne semble pas définie par un style, des bords convexes ou biseautés, tout comme un fragment perforé font partie de ce groupe.

Au vu de la faible quantité de grains d'amphibole dans ces céramiques, il nous semble que l'origine géographique de ces deux groupes pourrait être locale. Il pourrait s'agir d'un mélange naturel entre les argiles à emprunte granitique et des reliquats de roche à amphibole.

Enfin, une céramique datant du Néolithique moyen I pourrait avoir été montée à partir d'une argile préalablement épurée puis dégraissée à l'aide de sable. Les inclusions sont arrondies ou sub-anguleuses. Il s'agit principalement de grains de quartz et de feldspath potassique. De manière plus accessoire des inclusions d'amphibole incolore sont également présentes.

2.1.2. L'alignement de pierres dressées de Groah Denn (Néolithique moyen I/II, récent, Campaniforme, âge du Bronze ancien)

Les pâtes d'origine granitique sont aussi présentes dans le corpus du site de Groah Denn. Elles sont observables dans des céramiques de différents horizons chronologiques : au Néolithique moyen I et récent, au Campaniforme, mais aussi à l'âge du Bronze ancien (fig. 2). Les inclusions correspondent à un granite à deux micas et pourraient donc coïncider avec l'altération du socle de l'île d'Hoedic. La forme des céramiques n'est pas standardisée (fig. 2). Au Néolithique moyen I sont observables dans ce groupe des gobelets et des jattes. Ce phénomène se poursuit au Néolithique récent où des fragments de panses décorées d'incisions, ou encore des fragments de col, carène et languette sont montés à l'aide d'une pâte granitique. Pour le Campaniforme, le tesson analysé correspond à un fragment de panse décorée, typique de cette période. Enfin pour l'âge du Bronze ancien, il s'agit de bords de gobelets, mais le faible nombre d'échantillons ne nous permet pas de tirer d'éventuels liens entre la typologie et la pâte de ces poteries (fig. 2).

Plusieurs autres céramiques montrent une pâte plus micacée, ainsi que des fragments de roche ayant subi de fortes contraintes tectoniques (fig. 2). Il s'agit d'inclusions provenant d'une argile d'altération de micaschiste dont l'origine peut être locale. Plusieurs affleurements de micaschiste étant connus sur l'île d'Hoedic. Chronologiquement, ces céramiques datent du Néolithique et une attribution plus précise devrait être confirmée. Typologiquement ces poteries se rapprochent de pot, de bouteille et de gobelet.

Des poteries du Néolithique moyen I, du Néolithique récent et de l'âge du Bronze ancien présentent également des inclusions schisteuses. Elles sont principalement constituées de quartz et de feldspath potassique. Les micas y sont rares, nous laissant supposer une origine différente des vases à pâte micaschisteuse. Il semble donc que ces céramiques aient été montées à partir de produits d'altération de schiste. L'origine la plus proche serait Belle-Île-en-Mer formée en très grande majorité par des schistes.

Une céramique de l'âge du Bronze ancien montre des inclusions principalement de feldspath plagioclase (de type albite – oligoclase) très altérées, accompagnées par de rares quartz et quelques feldspaths potassiques. Étant un cas unique, l'origine de cette céramique est plutôt complexe à définir. Notre hypothèse serait l'utilisation d'une argile d'altération d'un grès feldspathique, roche connue sur Belle-Île-en-Mer.

Deux groupes de pâtes atypiques ont été mis en avant. L'un au Néolithique récent, où un vase à décor incisé montre des inclusions à caractères magmatiques, des fragments de roche granitique accompagnés d'une grande quantité de grains d'amphibole incolore et plus rarement verte et une absence de cristaux de feldspath plagioclase basique, écartant une origine gabbroïque (fig. 3). Les origines pouvant être avancées sont soit continentale, soit bellîloise.

Le second groupe est composé de poteries du Néolithique moyen I/II ainsi que d'un tesson ayant toutes les caractéristiques stylistiques du Campaniforme. La pâte est à caractère magmatique. Des fragments de roche granitique sont décelables, tout comme des grains de feldspath plagioclase acide et basique accompagnés par de rares cristaux d'amphibole verte et incolore (fig. 3). L'hypothèse d'un mélange entre une roche granitique et une roche basique à amphibole est donc avancée. Les plus proches affleurements pouvant correspondre à ces critères sont ceux d'amphibolites présents dans le golfe du Morbihan, intercalés dans des migmatites. On trouve ces roches basiques sous forme de bandes dans le secteur de Roguedas, de Port-Maria ou sur l'île de Boedic, mais aussi dans la zone de Port-Blanc sur l'île d'Ilur, ou encore sur l'Île-aux-Moines ou l'Île de Charles (Augier *et al.*, 2011). Un mélange des produits d'altération des migmatites et des amphibolites pourraient correspondre à nos observations. Leurs compositions minéralogiques étant proches de celle des céramiques analysées, à savoir des cristaux d'amphibole verte accompagnés de feldspath plagioclase (de type labrador) et de tablette de muscovite et de biotite (Augier *et al.*, 2011). Il manque cependant des grains d'amphibole incolore pour correspondre totalement à nos observations. Une autre possibilité serait l'altération des pyroxénites présentes également dans le golfe du Morbihan. En effet ces dernières sont composées principalement par des cristaux de pyroxène pouvant donner, lorsqu'ils s'altèrent par ouralitisation, des amphiboles incolores et vertes. De plus des grains d'amphibole incolore sont connus dans ces roches du golfe du Morbihan (Augier *et al.*, 2011). Enfin une dernière possibilité serait les filons de gabbro présents à Arzon. Ces derniers semblent correspondre au mieux avec nos observations. La carte géologique où sont décrits ces filons de gabbro n'étant pas encore publiée, nous ne connaissons pas encore leurs caractéristiques minéralogiques précises, nous basons donc notre raisonnement sur la définition générale du gabbro.

2.1.3. L'occupation et l'atelier de bouilleurs de sel de Port Blanc (Second âge du Fer)

Un premier groupe à pâte à emprunte granitique composé de dix-huit céramiques a été identifié sur le site de Port Blanc sur l'île d'Hoedic. La présence de grains de quartz, de feldspath potassique et plagioclase (albite - oligoclase), de tablettes de biotite et de muscovite est reconnue (fig. 2). Ces observations nous conduisent à penser que ces céramiques sont des produits locaux, montés à l'aide des argiles d'altérations du granite à deux micas de l'île d'Hoedic. Les poteries de ce groupe sont principalement des pots de formes diverses.

Un second ensemble atypique, représenté par un haut de pot, est caractérisé par des inclusions anguleuses composées principalement de feldspath potassique, de plagioclase (albite - oligoclase) et de quartz. Les tablettes de muscovite y sont rares et celles de biotite sont absentes. De rares grains d'amphibole verte de très petite taille sont également visibles (fig. 2). Il semble que l'artisan ait épuré la pâte afin de la dégraisser à l'aide d'une préparation dont l'assemblage minéralogique est proche d'un grès. Compte tenu du traitement que semble avoir subi la pâte, l'origine de cette poterie reste difficile à cerner. Une première hypothèse serait une origine bellîloise, où des grès feldspathiques sont connus à l'est de Kervilahouen (Audren *et al.*, 1982). Cependant en l'état actuel de la recherche, le manque de données ne permet pas d'être affirmatif. Il faudra attendre de nouvelles études de céramique du second âge du Fer de la région pour peut-être avoir une réponse.

Un troisième assemblage également atypique regroupe une jatte basse ainsi qu'un briquetage. Ce dernier échantillon nous a servis de référentiel local pour notre étude. La particularité de ces deux échantillons tient dans le fait qu'ils présentent des morceaux de coquille marine. Ces fragments très roulés sont accompagnés de grains de quartz, de feldspath potassique et de muscovite. On trouve accessoirement des grains de feldspath plagioclase (albite - oligoclase) et de microcline ainsi que des tablettes de biotite (fig. 2). Le caractère très roulé des coquilles observées permet de penser qu'il ne s'agit pas d'un rajout intentionnel comme sur le site d'Urville-Nacqueville (Gehres *et al.*, à paraître) mais plutôt de l'utilisation d'une argile marine ou proche de l'estran dans laquelle sont venu s'incorporer naturellement des fragments de coquilles. Il s'agit pour l'instant de l'unique cas recensé en Bretagne de céramique du second âge du Fer présentant des bioclastes. L'origine de cette matière première semble clairement locale, comme le montre son utilisation pour la réalisation de briquetage.

2.2. L'analyse des céramiques de Belle-Île-en-Mer

2.2.1. Les urnes découvertes en prospection de la Lande des Semis (âge du Bronze)

Trois céramiques découvertes par G. Musch en prospection dans la Lande des Semis ont été analysées. Il s'agit de trois urnes dont les pâtes ont révélé l'existence de deux groupes pétrographiques.

Un premier groupe composé d'une seule poterie, dont les principales caractéristiques, à savoir des inclusions de roches de type schiste vert, ont pu être identifiées. Elles sont composées de grains d'amphibole verte et incolore englobés dans une matrice de feldspath potassique et de tablettes de chlorite grise. Des grains de quartz, de feldspath potassique et plagioclase (albite - oligoclase) ainsi que des tablettes de biotite et de muscovite complètent cet assemblage (fig. 2). Il s'agit clairement d'une utilisation des argiles d'altération des tufs ayant subi un métamorphisme du faciès schiste vert formant le plus grand ensemble géologique de l'île.

Les deux autres poteries forment le second ensemble. Elles s'individualisent par la présence de fragments de roche métamorphique de type schiste. Cependant, il n'a pas été possible de déterminer s'il s'agit du même type de roche que celui observé dans le groupe précédent. D'autres minéraux accompagnent ces lithoclastes : des grains de quartz, de feldspath potassique et plagioclase (albite - oligoclase) ainsi que de rares grains d'amphibole incolore et verte (fig. 2). Ces observations nous font émettre l'hypothèse d'une origine locale, qui devrait être confirmée par de futures analyses géochimiques globales, permettant la comparaison entre ces deux céramiques et la poterie du groupe précédent.

3. Les échanges dans le système Houat-Hoedic-Belle-Île-en-Mer, l'apport de l'étude diachronique

En reprenant les résultats d'analyses précédents, il est possible d'observer des phénomènes de continuité et de discontinuité quant à l'utilisation et l'origine des matières premières des différents sites présentés (figs. 2 et 3).

3.1. Des céramiques à pâtes granitiques

Les pâtes d'origine granitique sont très bien représentées puisqu'il est possible de les retrouver tout au long de l'occupation de l'île d'Hoedic. En effet, elles sont observables sur les sites du Douet, de Groah Denn et de Port Blanc, au Néolithique moyen I/II, au Néolithique récent, au Campaniforme puis à l'âge du Bronze ancien et enfin à La Tène finale (fig. 2). Cette constatation n'est pas surprenante puisque la majeure partie de l'île est formée par un granite à deux micas.

Plusieurs vases montés à partir de pâtes granitiques et de grains d'amphiboles nous paraissent également être issus de productions locales. Il pourrait d'agir probablement d'un autre gîte argile, qui mélange des produits d'altération granitique et des grains d'amphibole dont l'apport pourrait être éolien ou maritime.

Ces matières premières semblent donc convenir aux différents artisans ayant occupé l'île d'Hoedic. Malgré l'arrivée de nouvelles technologies comme le tour puis le tour rapide de potier au second âge du Fer, il semblerait que les artisans aient réussi à adapter ces argiles à ces nouvelles pratiques ainsi qu'aux nouvelles exigences ayant pu apparaître du Néolithique à l'âge du Fer de la part des « consommateurs ».

3.2. Des céramiques à pâtes micaschisteuses

Les pâtes micaschisteuses ne sont connues que dans l'horizon Néolithique du site de Groah Denn (fig. 2). Une origine locale semble possible, car plusieurs affleurements de micaschiste sont observables sur l'île

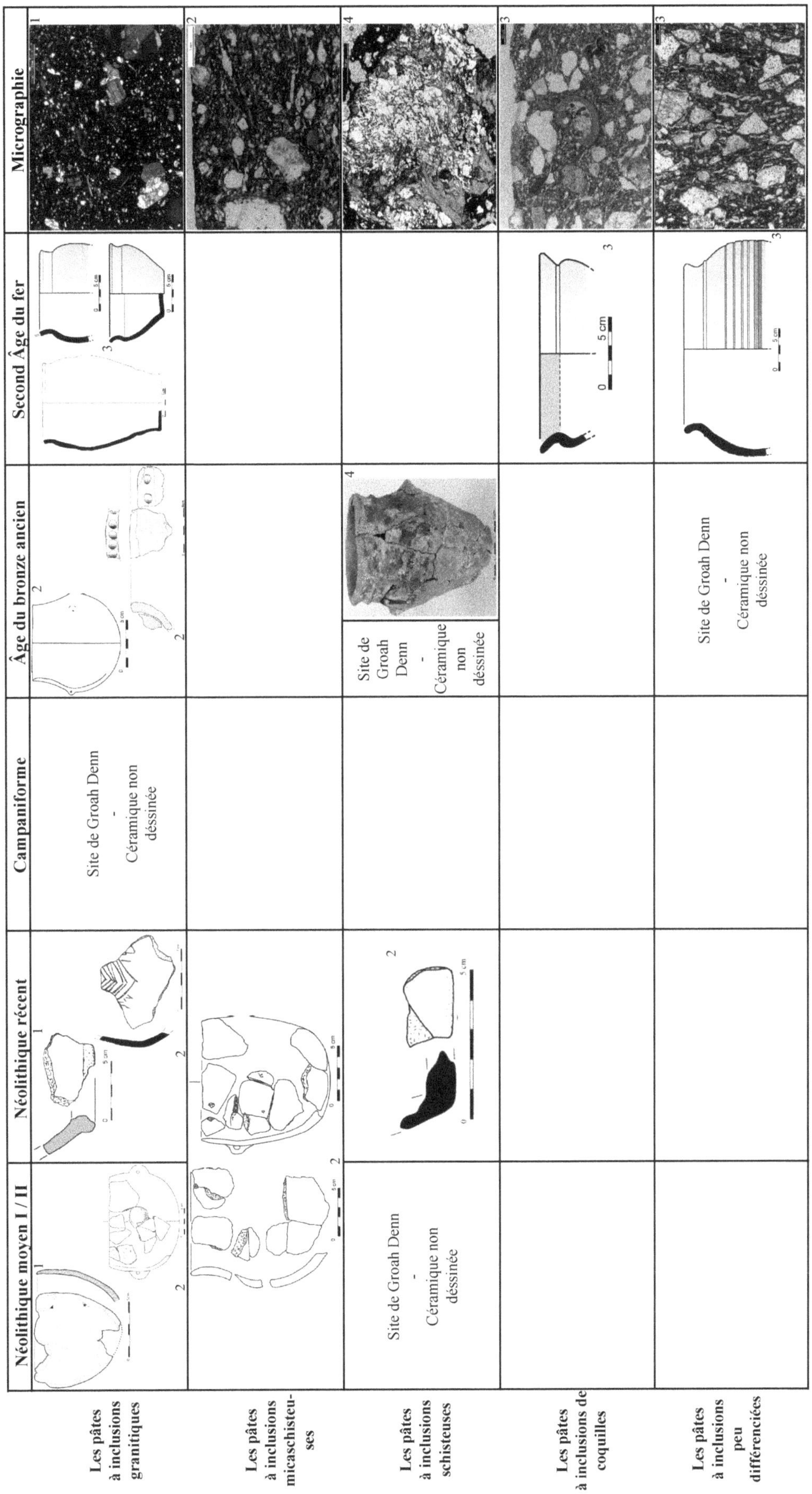

1 : Céramique du site du Douet (Hoedic) ; dessins : G. Hamon
2 : Céramique du site de Groah Denn (Hoedic) ; dessins : G. Hamon
3 : Céramique du site de Port Blanc (Hoedic) ; dessins : M.-Y. Daire
4 : Céramique du site de la Lande des Semis (Belle-Île-en-Mer) ; photograpghie : G. Musch
(Micrographies B. Gehres)

Figure 2 : Résumé diachronique des observations pétrographiques des céramiques d'Hoedic et de Belle-Île-en-Mer

	Néolithique moyen I / II	Néolithique récent	Campaniforme	Âge du bronze ancien	Second Âge du fer	Micrographie
Les pâtes sableuses	Site du Douet - Céramique non déssinée					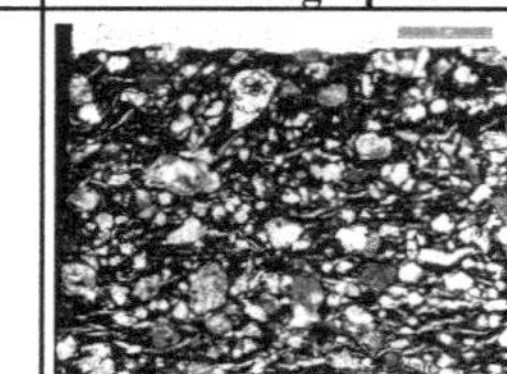
Amphibole incolore et verte à feldspath plagioclase acide		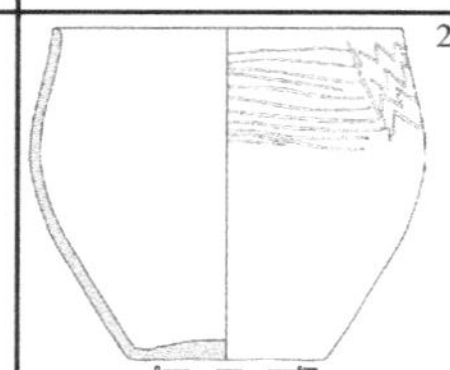				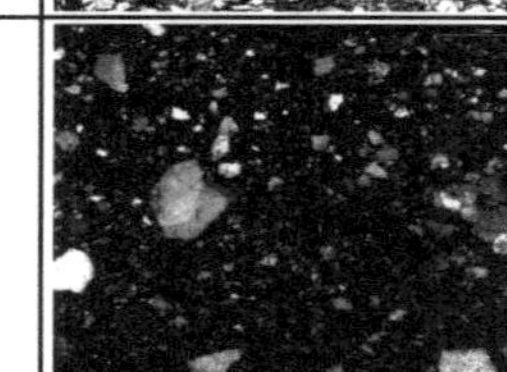
Les pâtes gabbro-granitique	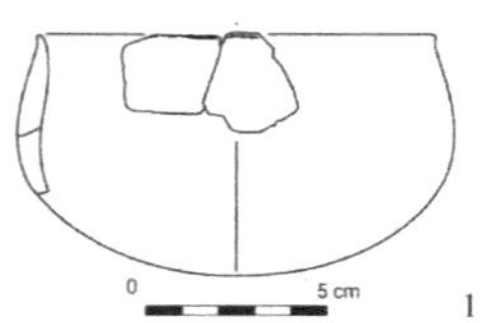		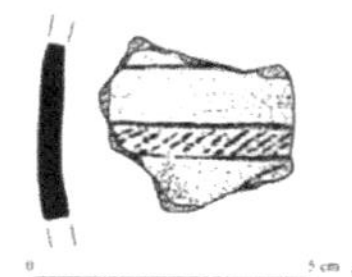			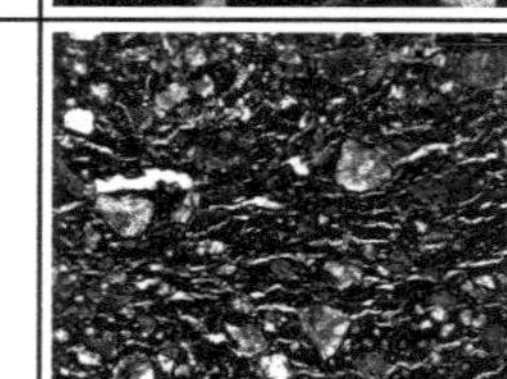

1 : Céramique du site du Douet (Hoedic) ; dessins : G. Hamon
2 : Céramique du site de Groah Denn (Hoedic) ; dessins : G. Hamon
(Micrographies de B. Gehres)

Figure 3 : Résumé diachronique des observations pétrographiques des céramiques à grains d'amphibole de l'île d'Hoedic

d'Hoedic. L'absence d'utilisation de cette terre dans les périodes suivantes ne trouve pas d'explication au niveau de la matière première et l'abandon de cette source peut relever de plusieurs phénomènes : la remontée du niveau marin recouvrant le gisement, l'épuisement de la matière première, l'oubli de ce gîte, voire des raisons culturelles qui resteraient à préciser.

3.3. Des céramiques à pâtes schisteuses

Des fragments de schiste et de schiste vert ont été reconnus dans plusieurs urnes de l'âge du Bronze découvertes en prospection dans la Lande des Semis à Belle-Île-en-Mer, mais également dans des céramiques datant du Néolithique moyen I, du Néolithique récent et de l'âge du Bronze ancien du site de Groah Denn (fig. 2). Une production de poterie et des échanges semblent donc avoir eu lieu entre Belle-Île-en-Mer et l'île d'Hoedic à différentes périodes.

3.4. Des céramiques à bioclastes

Les argiles d'origine marine ou proche de l'estran identifiées sur le site de Port Blanc ne semblent pas avoir été utilisées par les précédents occupants de l'île d'Hoedic (fig. 2). La raison la plus probable semble être une méconnaissance de l'existence de ce gisement. En effet comme nous avons pu le voir précédemment, les néolithiques ont utilisé tous les types de matière première à leur disposition. Cependant, la présence d'une unique poterie façonnée à l'aide de cette terre à l'âge du Fer peut nous laisser imaginer qu'il s'agit d'une matière première difficile à travailler ou ne réagissant pas bien à la cuisson, notamment du fait de la présence de carbonate de calcium dans la coquille, qui vers 800 °C se transforme en chaux, rendant ainsi la structure de la poterie fragile.

3.5. Des céramiques à pâtes à inclusions peu différenciées

Un possible échange a pu avoir lieu entre Belle-Île-en-Mer et l'île d'Hoedic à l'âge du Bronze ancien et au second âge du Fer (fig. 2). En effet, les inclusions minérales observées dans ces deux poteries rappellent l'assemblage minéralogique d'un grès présent sur la plus grande des îles de ce complexe. Cependant, nous ne connaissons pas encore précisément les productions faites sur Belle-Île-en-Mer à ces époques. De nouvelles analyses seront nécessaires sur des poteries de cette île pour mieux comprendre le rôle qu'elle a pu jouer ainsi que les échanges que ces îles ont pu avoir entre elles.

3.6. Des céramiques à pâtes à inclusions d'amphiboles

3.6.1. Les pâtes à inclusions d'amphibole incolore et verte à feldspath plagioclase acide

Une céramique du Néolithique récent du site de Groah Denn a été façonnée avec des argiles granitiques à grains d'amphibole incolore et verte et à feldspath plagioclase acide (fig. 3).

Cette matière première semble provenir de l'altération d'une roche granito-gneissique mélangée avec celle d'une roche acide à amphibole comme le montre l'absence de grains de feldspath plagioclase basique. La localisation de ce gîte d'argile reste toutefois encore à préciser. Une première hypothèse serait l'importation de cette poterie depuis Belle-Île-en-Mer, où des roches de type schiste vert sont connues (fig. 4). Cependant des analyses géochimiques ponctuelles sur les différents grains d'amphibole seront nécessaires afin de réaliser des comparaisons avec les grains d'amphibole découverts dans l'urne bellîloise de l'âge du Bronze. Ces poteries montrent donc l'existence de contacts entre Belle-Île-en-Mer et Hoedic au Néolithique récent (fig. 3).

3.6.2. Les pâtes à emprunte gabbro-granitique

Ces céramiques à grains d'amphibole ont été observées sur le site de Groah Denn dans les horizons Néolithique moyen I et Campaniforme (fig. 3). Ce type de pâte est également connu dans deux poteries du site du « Nouveau Cimetière » à Locmariaquer qui semblent dater du Néolithique moyen (fig. 4). Cependant, aucune description typologique des poteries analysées n'a été faite, seule la description « *tesson dépareillé fin* » est mentionnée (Morzadec, 2006). Malheureusement, le peu de précision de l'auteur nous empêche de réaliser une correspondance formelle entre ces différentes poteries. Ce dernier décrit ces pâtes comme contenant « *des fragments de plagioclases basiques altérés à structure en lattes, des amphiboles, des pyroxènes et des grains de minerais opaques* » (Morzadec, 2006). Il propose ensuite trois sources possibles pour ces argiles d'altération : les filons de pyroxénite de l'île d'Arz, le massif de gabbro du Petit Mont près d'Arzon ou des roches de ce type à l'embouchure de la Vilaine (Morzadec, 2006 ; fig. 4).

Pour le Campaniforme, plusieurs sites possèdent des céramiques montrant des inclusions ayant des similitudes avec celles observées dans les poteries de Groah Denn. Il s'agit du dolmen de Keric la Lande (fig. 4), où une « *abondance de plagioclase en latte plus ou moins altéré* » a été observée ainsi que « *quelques amphiboles, un peu de biotite altérée et du quartz* » (Morzadec, 1995), tout comme au dolmen du Mané Han à Saint-Philibert (fig. 4) où le même type d'inclusions a été décrit (Morzadec, 1995), ou encore au dolmen à couloir sous tumulus de Kerlagat à Carnac (fig. 4), où une terre-cuite montre des inclusions d'amphibole incolore et verdâtre, des tablettes de biotite fortement altérées, ainsi que des grains de quartz et de feldspath plagioclase (Morzadec, 1995).

Au vu de ces comparaisons pétrographiques, il semble bien exister une production de céramiques à inclusions d'amphibole incolore et verte et feldspath plagioclase basique dans le golfe du Morbihan, au moins au Néolithique moyen et probablement au Campaniforme. Malheureusement, le manque de précision dans les descriptions précédentes ne nous permet pas d'affirmer que les deux céramiques du site de Groah Denn proviennent de la région du golfe du Morbihan (fig. 4). Cependant, cette hypothèse semble se renforcer grâce à ce faisceau d'indices. Il semble donc exister des liens entre la région du golfe du Morbihan et l'île d'Hoedic au Néolithique moyen I/II et au Campaniforme. Pour le Néolithique récent, l'étude des céramiques du site d'Er-Yoh par H. Morzadec n'a pas révélé d'importations sur le site. Ce dernier décrit les inclusions des poteries du site comme un dégraissant sableux et note la présence de spicules de siliciponges (Morzadec, 1995). De nouvelles analyses en cours (Gehres, en préparation) compléteront ces observations.

Nous pouvons donc remarquer que l'exploitation de cette matière première, s'est faite au moins au Néolithique moyen I/II et au Campaniforme. Nous manquons de données pour l'instant pour le Néolithique récent et final pour parler de continuité dans l'utilisation de cette ressource. Cependant, il faut noter l'existence d'un intérêt pour cette pâte au cours de ces deux périodes.

3.7. Les céramiques à pâte sableuse

Une céramique du Néolithique moyen I semble avoir été montée à partir d'une argile épurée, où ont été rajouté comme dégraissant des grains de sable. Cette technique ne permet cependant pas de préciser l'origine de cette poterie. On remarquera que de telles pratiques semblent exister au Néolithique moyen I sur le continent, notamment sur le site d'Er Grah (Le Roux, 2006). Ce vase pourrait donc être originaire du continent comme de l'île.

4. Implications archéologiques

Nous pouvons observer qu'à la période du Néolithique moyen I/II puis au Néolithique récent et enfin au Campaniforme, l'île d'Hoedic semble bien ancrée dans un réseau d'échange alliant le continent et les autres îles à portée. Comme nous le montrent les céramiques montées à l'aide d'argile pouvant provenir du golfe du Morbihan sur l'île d'Hoedic, nous indiquant des liens entre des populations continentales et insulaires au Néolithique moyen I/II et au Campaniforme (fig. 4), ainsi que les échanges entre îles qui semblent avoir eu lieu, notamment avec Belle-Île-en-Mer (fig. 4).

Il devait donc exister une certaine attractivité entre ces différents ensembles. Cependant, nous ne pouvons qu'imaginer les contextes de ces échanges. S'agissait-il de contacts strictement matériels (nourriture, matière première,…), s'agissait-il d'échanges de cadeaux réalisés dans le cadre de rencontres liées à des pratiques cultuelles ou culturelles comme l'exogamie, ou encore des rituels ? Dans le cas des céramiques, cette transaction concernait

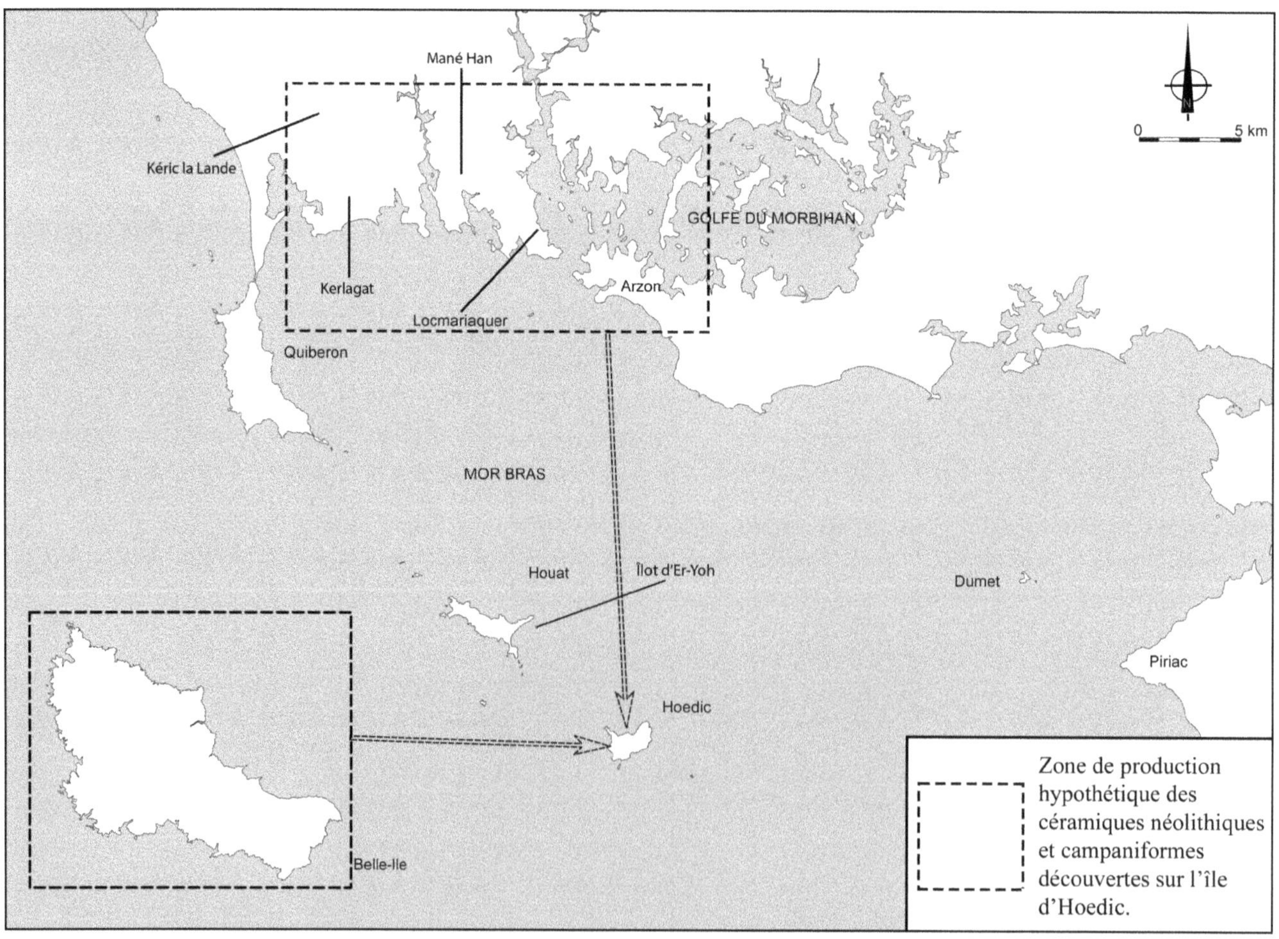

Figure 4 : Localisation des sites néolithiques et campaniformes mentionnés dans le texte, et zones hypothétiques de production des céramiques étudiées des sites du Douet et de Groah Denn (DAO J.-M. Large, complété par B. Gehres)

elle le contenant ou le contenu, s'agissait-il de poteries dont la matière première relève d'un intérêt particulier ou bien d'un savoir-faire d'un artisan rajoutant au produit manufacturé une certaine valeur ? Enfin devons-nous voir dans le fait de découvrir ces vases dans le contexte des files de pierres dressées des actes symboliques ?

Nous ne pourrons probablement pas répondre à ce type de questions, qui resteront malheureusement de l'ordre de la conjecture. Mais des comparaisons avec les autres matériaux notamment lithiques découverts sur ces îles nous permettront probablement de mieux comprendre les liens unissant ces diverses communautés (Audouard, 2014 ; Audouard, ce volume).

Pour la période de l'âge du Fer, l'île d'Hoedic au travers du site de Port-Blanc semble dénoter d'un certain particularisme au niveau régional. En effet, là où d'autres communautés du second âge du Fer réalisent des transactions avec le continent et semblent être reliées aux axes de circulations des biens, le site de Port-Blanc du point de vue de l'origine des poteries étudiées paraît en dehors de ces réseaux. En effet, en comparant cette occupation à d'autres sites insulaires du second âge du Fer (fig. 5), nous pouvons remarquer que ces derniers présentent des céramiques provenant des différents ateliers de production de Bretagne. Nous pouvons citer en exemple l'occupation de l'île aux Moutons, où une céramique proto-onctueuse a été découverte (Gehres et Querré, 2013 ; fig. 5), tout comme sur un de ces îlots satellites, mais également dans l'archipel des Glénan (Gehres, en préparation), ou encore sur l'îlot de Karreg Ar Skarriked dans le Cap-Sizun (Daire *et al.*, 2013 ; Gehres, à paraître ; fig. 5). Ce type de céramique appelée proto-onctueuse du fait de leur toucher doux et savonneux, est le résultat de la présence d'une grande quantité de talc, et sont issues d'ateliers situés dans le sud du Finistère, dans la région de Plovan (Giot, 1971 ; Giot et Querré, 1987 ; Giot *et al.*, 1988 ; Daire *et al.*, 2006 ; fig. 5). Plus au Nord dans le Finistère, nous pouvons également mettre en avant le site de Mez Notariou sur l'île d'Ouessant (fig. 5), où de nombreux artefacts semblent provenir de régions éloignées. Au niveau des poteries, des vases proto-onctueux ont été retrouvés, tout comme des céramiques de la région de Saint-Jean-du-Doigt près de Morlaix et de l'atelier de Trégomar, à proximité de Lamballe au nord de la Bretagne (Gehres, en préparation ; fig. 5). Ces deux ateliers étant situés sur des massifs de gabbro, les potiers utilisent des altérations de roches basiques très caractéristiques. Des réalisations de la zone de Saint-Jean-du-Doigt ont également été retrouvées sur l'île Ricard (Daire *et al.*, 2013 ; fig. 5), tout comme des céramiques des ateliers de Trégomar sur l'île Agot (Morzadec, 1995 ; fig. 5). Enfin n'oublions pas de mentionner le site d'Hengistbury Head dans le sud de l'Angleterre, où de nombreuses poteries des ateliers de Trégomar ont été découvertes (Fitzpatrick, 2001 ; Morzadec, 1995). Le site de Port-Blanc dénote donc fortement dans cet inventaire des analyses pétrographiques des céramiques insulaires du second âge du Fer. Une seule importation semble avoir

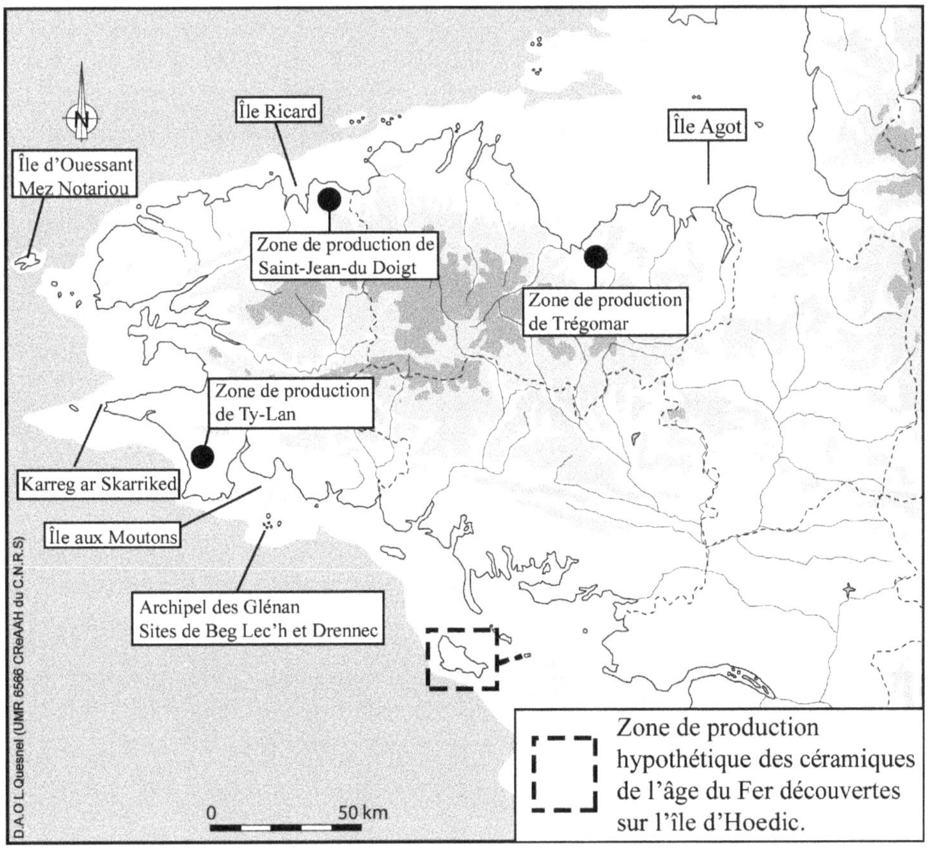

Figure 5 : Localisation des sites du second Âge du fer mentionnés dans le texte, et des zones de production de céramiques connues pour le second Âge du fer en Bretagne.

eu lieu sur ce site, dont l'origine pourrait être Belle-Île-en-Mer (fig. 5), cependant nous disposons de trop peu de données pour statuer. On remarquera également que ces autres communautés importent préférentiellement des céramiques dont la matière première est non seulement peu courante, mais possède également des propriétés particulières.

Quelles sont alors les raisons de cette absence d'échange avec les ateliers continentaux ? Plusieurs hypothèses peuvent être avancées :

- l'absence d'ateliers de production de céramique dans le voisinage d'Hoedic, ou dont le rayonnement n'est pas suffisant pour atteindre l'île. Les Gaulois d'Hoedic n'ont donc pas eu de raison d'importer des poteries dont la matière première reste proche de celle à leur disposition.
- un changement du statut de l'île d'Hoedic ? En effet nous avons pu voir que durant la période préhistorique, l'île d'Hoedic semble être une plaque tournante au niveau des échanges de céramique, cette dernière aurait donc perdu son statut durant la Protohistoire. Une raison pourrait être l'évolution des techniques de navigation, liée en partie à l'utilisation d'outils en métal, qui aurait donc influencé le tracé des routes maritimes. On peut dès lors imaginer la perte du statut d'étape de l'île d'Hoedic au profit de Belle-Île-en-Mer, dont les hautes falaises et les nombreuses criques pourraient servir préférentiellement de ports naturels, contrairement à Hoedic beaucoup plus basse et dont l'altitude la plus élevée est de vingt-deux mètres.

La question reste donc posée, et nécessitera de réaliser des comparaisons avec les autres matériaux découverts sur l'île afin de mieux comprendre son agencement dans les réseaux de l'époque.

Bibliographie

AUDOUARD L. (2014) - *Les économies préhistoriques dans les domaines insulaires de la façade Manche - Atlantique de la France, de la fin du Mésolithique au début de l'âge du Bronze*, thèse de Doctorat, Université de Rennes 1, 404 p.

AUDREN C., JEGOUZO P., BARBAROUX L., BOUYSSE P., BARRUOL P. (1975) - *Notice explicative, feuille La Roche-Bernard, n°449*. Orléans: BRGM. Carte géologique de la France à 1/50 000, AUDREN C., JEGOUZO P., BARBAROUX L., BOUYSSE P., 42 p.

AUDREN C., PLAINE J., HIRBEC Y, BARROIS C., COGNE J., PINOT J.-P., VANNEY J.-R., COTTEN A.-M., GROVEL A. (1982) - *Carte géologique France (1/50 000), feuille Belle-Île-en- Mer, n°477*, Orléans : BRGM. Notice explicative par Audren C., Plaine J.

AUDREN C., PLAINE J. (1986) - *Notice explicative, feuille Belle-Île-en- Mer, n°477*, Orléans, BRGM, 41 p.

AUGIER R., MENIER D., VAN VLIET-LANOË B., CHAURIS L., THINON I., MOUGIN B., ALLEGOUËT B., avec la collaboration de DO COUTO D., TURRILLOT P., BELLANGER M., GOUBERT E., PERROT J., GAUTIER C. (2011) - *Notice explicative, carte géologique France (1/50 000), feuille Vannes - Saint-Gildas-de-Rhuys, n°417*, Carte géologique par Augier R., Turrillot P., Van Vliet-Lanoë B., Hallegouët B., Menier D., Thinon I., Orléans, BRGM, 263 p.

CHAURIS L. (2013) - Regards sur la géologie et l'extraction de pierre à Houat, *Melvan, La revue des deux îles*, 10, Hoedic, p. .

DAIRE M.-Y., QUERRÉ G., QUESNEL L. (2006) Iron Age ceramics in western France: A multidisciplinary approach, *in* : Gheorhiu D. (dir.), *Ceramic studies: papers on the social and cultural significance of ceramics in Europe and Eurasia from prehistoric to historic times*, British Archaeological Report, International Series, 1553, Oxford, p. 68-66.

DAIRE M.-Y., DUTOUQUET L., GEHRES B., QUERRÉ G., avec la collaboration de FEYDEAU J., HAMON P. et QUESNEL L. (2013) - Des céramiques et des îles : approche pluridisciplinaire de quelques séries protohistoriques inédites, *Bulletin de l'Association Manche Atlantique pour la Recherche Archéologique dans les Îles*, 25, p. 21-43.

FITZPATRICK A.P. (2001) - Cross-Channel exchange, Hengistbury Head, and the end of hillforts, *in* J. Collis (dir.), *Society and settlement in Iron Age Europe*, Sheffield archaeological monographs, 11, p. 82 -97.

GEHRES B. (en préparation) - *Le littoral breton, centre ou périphérie ? Approches archéométriques des sociétés insulaires armoricaines par le mobilier céramique, du Néolithique à l'époque romaine*, thèse de Doctorat, Université Rennes 2.

GEHRES B., QUERRÉ Q., SAVARY X. avec la collaboration de LE BANNIER J.-C. et LEFORT A. (à paraître) - Caractérisation des céramiques à bioclastes de la Protohistoire dans l'Ouest de la France, *in* M.-Y Daire, C. Mougne (dir.) : Actes du séminaire archéologique de l'ouest, *L'Homme, ses ressources et son environnement, dans l'Ouest de la France à l'âge du Fer,* mémoires géosciences Rennes Nantes, 1 avril 2014.

GEHRES B., avec la collaboration de DAIRE M.-Y. et QUERRÉ G. (à paraître) - Le rôle du littoral dans l'organisation spatiale des sociétés insulaires et péninsulaires armoricaines : l'exportation de céramiques proto-onctueuses vers les îles au second âge du Fer, *Les Gaulois au fil de l'eau*, Actes du XXXVIIe colloque de l'Association Française pour l'Étude de l'Âge du Fer,

Montpellier, 8-11 mai 2013, Presses Universitaires des Lettres de Montpellier.

GEHRES B., QUERRÉ Q. (2013) - Les matériaux des céramiques domestiques : origines et provenance, *in* Daire, M.-Y., Hamon, G. (dir.) (2013) – *L'île aux Moutons (Fouesnant, Finistère) : un établissement gaulois dans son contexte atlantique*, Dossiers du Centre Régional d'Archéologie d'Alet, supplément AJ., Saint-Malo, p. 109-117.

GEHRES B. (2014) - Étude pétro-archéologique des céramiques, *in* Large J.-M. (dir.), *La file de pierres dressées du Douet*, Revue Melvan, Hoedic, p. 147-153.

GIOT P.-R. (1971) - Ombres et lumières sur la chronologie de la céramique armoricaine de l'âge du Fer, *Annales de Bretagne*, 78, 1, p. 73-92.

GIOT P.-R., QUERRÉ G. (1987) - Premiers apports de la Pétro-Archéologie à l'étude des poteries préhistoriques et protohistoriques armoricaines, *Bulletin de la Société Préhistorique Française*, 84, 6, 1987, p. 177-182.

GIOT P.-R., DAIRE M.-Y., QUERRÉ G., MORZADEC H. (1988) - Pétro-archéologie d'un groupe de poteries armoricaines, une esquisse, *Bulletin de la Société Préhistorique Française*, 85, 6, p. 168-171.

MORZADEC H. (1995) - *Pétro-archéologie des céramiques armoricaines du Néolithique à l'Age du Fer*, Travaux du Laboratoire d'Anthropologie de Rennes, 41, 206 p.

MORZADEC H. (2006) - Étude pétro-archéologique de quelques céramiques du Nouveau-Cimetière et d'Er Grah, *in* : LE ROUX C.-T. (dir.), *Monuments mégalithiques à Locmariaquer (Morbihan), le long tumulus d'Er Grah dans son environnement*, Gallia Préhistoire, suppl. 38, CNRS, p. 261-264.

RITUELS ANCIENS SUR L'ÎLE D'OUESSANT : ENTRE COSMOGRAPHIE ET COSMOGONIE, ENTRE FACTUEL ET IMPERTINENCE

LE BIHAN[1] Jean-Paul, VILLARD Jean-François [2]

1- Centre de recherche archéologique du Finistère, UMR 6566 CReAAH
(Centre de Recherche en Archéologie, Archéosciences, Histoire), email : crafarkeo29@laposte.net
2- Centre de recherche archéologique du Finistère, INRAP,
email : jean-francois.villard@inrap.fr

Résumé :

Le site archéologique d'Ouessant - Mez-Notariou livre des vestiges d'habitat datés du Bronze moyen d'une part, du Bronze final III à La Tène ancienne d'autre part. Ces habitats incluent une zone d'activités rituelles directement attachée à ces agglomérations, mais ces activités religieuses se poursuivent jusqu'à la fin de l'époque romaine. Elles présentent des caractères forts, inédits pour certains d'entre eux. Ils sont réservés tout à la fois aux habitants de l'île et aux marins en transit le long de la façade maritime de l'Europe occidentale. Ils sont influencés et s'inscrivent très nettement dans l'environnement océanique. Si la situation insulaire d'Ouessant est déterminante pour le développement des comportements rituels observés, il ne faudrait pas réserver ces comportements à ce seul caractère insulaire. On peut considérer que l'ensemble du littoral de l'Armorique usait de pratiques semblables.

Parmi les attitudes rituelles permanentes observées, nous relevons la sélection osseuse des épaules droites du bétail et un intérêt très particulier pour deux animaux marins : la patelle et l'oursin, découverts en situation bien précise. Des centaines de milliers de coquilles de patelles et un exemplaire en bronze sont mis au jour. L'oursin mérite une étude spécifique tout autant en fouille que sur les stèles funéraires armoricaines ou dans les textes anciens.

Le lien entre l'observation des astres, en particulier les mouvements de la lune, et le lien avec la marée, essentielle pour la nourriture des hommes et la navigation littorale, est également au cœur de l'étude. La situation d'Ouessant et son environnement insulaire, ainsi que l'existence du cromlec'h d'Arlan au sud-est de l'île, sont des arguments en faveur d'une interprétation des pratiques religieuses orientée à la fois vers la lune, le soleil et l'Océan.

Ces découvertes imposent un regard nouveau sur les pratiques religieuses de l'homme du littoral océanique dans un environnement particulier, mais s'inscrivent dans des attitudes générales de l'homme protohistorique, à savoir l'interprétation du monde en fonction de cet environnement.

Mots-clés :

Protohistoire, Antiquité, habitat, activités rituelles

Abstract:

The archeological site of Ushant - Mez-Notariou has yielded vestiges of occupation dating from the Middle Bronze Age and from the end of the Late Bronze Age to Early La Tène. The habitations include a zone of ritual activities directly attached to the settlements, but these activities continue until the end of Roman times. Some of the dwellings display well-marked features that are unparalleled elsewhere. They are reserved for the inhabitants of the island as well as seafarers in transit along the seaboard of Western Europe. The built structures are influenced by and fit in very well with the oceanic environment. While the insularity of Ushant is a determining factor in the development of ritual activities recorded at this site, we should not attribute these practices solely to the insular situation. We can consider that similar practices were carried out along the entire coast of Armorica.

Among the recurrent ritual actions, we note the selection of the right shoulder bones of cattle and a special interest in two marine animals: the limpet and the sea urchin, which are discovered in a very specific situation. Hundreds of thousands of limpet shells and a bronze item have currently been brought to light. The sea urchin deserves a specific study, in excavated goods as well as in relation to Armorican funerary stelae or ancient texts.

Another key element of the study is the link between observation of the stars, particularly the movements of the Moon, and the connection with the tide, this latter being essential for food resources and coastal navigation. The situation of Ushant and its island environment, as well as the existence of the cromlech at Penn Arlan in the south-eastern part of the island, are arguments in favor of an interpretation of religious practices oriented at the same time towards the Moon, the Sun and the Ocean.

These discoveries require us to take a new view of the religious practices of inhabitants on the oceanic seaboard in a particular environment, but which form part of the general attitudes of protohistoric groups, namely the interpretation of the world according to this environment.

Keywords:

Protohistory, Antiquity, habitat, ritual activities

Introduction

Une étude du concept d'insularité selon des perspectives environnementales, diachroniques, d'interrelations et de construction culturelle, peut parfaitement s'entreprendre à partir des vestiges à caractères cultuels mis au jour, depuis vingt années, sur le site d'Ouessant Mez-Notariou. Que ce soit par les restes de faune, le mobilier céramique et métallique ou les structures mises au jour, par le contexte géographique et les références aux textes anciens, les évidences en faveur de comportements de type religieux se multiplient sur le site, ceci sur une période étendue de l'âge du Bronze à l'Antiquité romaine incluse. Il ne faut pas s'étonner si ces découvertes et observations, parfois à caractère totalement inédit, trouvent des résonnances dans les autres îles, ou sur le littoral de Bretagne continentale, posant ainsi la question du lien entre cosmographie et cosmogonie. Il ne faut pas, non plus, négliger la recherche et la découverte de témoignages lointains (méditerranéens, ou même continentaux). Cet article, dénué de tout caractère exhaustif, demeure un questionnement, parfois impertinent, à partir de données factuelles.

La plupart des faits archéologiques se rapportant à des activités cultuelles ont déjà fait l'objet de publications et de communications lors de séminaires ou de colloques. Ils se caractérisent essentiellement par leur diversité et par la durée exceptionnelle de leur mise en œuvre : du Bronze ancien-moyen au Bas Empire romain. Ils se répartissent sur une superficie d'au moins 1000 m² (secteur 5 des fouilles, fig. 1). Les recherches actuelles pourraient élargir la zone de leur pratique par la mise au jour de nouvelles structures.

Il faut enfin rappeler les conditions de découverte de tous ces faits archéologiques. Le site de Mez-Notariou est très complexe et extrêmement dégradé. Cela résulte, sur un terrain en pente non-négligeable, d'une très longue histoire, environ 2500 ans. Des destructions et reconstructions de structures en matériaux périssables se sont succédé au fil des périodes concernées, de l'âge du Bronze à la fin de l'Antiquité. Ensuite, une activité agricole très puissante, et continue à partir des XVIe et XVIIe siècles, a entraîné des dégâts considérables. Aucun niveau d'occupation ancien ne subsiste et les seules structures en place sont soit des fondations sur poteaux porteurs, soit des dépôts assez profondément enfouis sous le sol des époques respectives pour avoir résisté à l'érosion et aux labours.

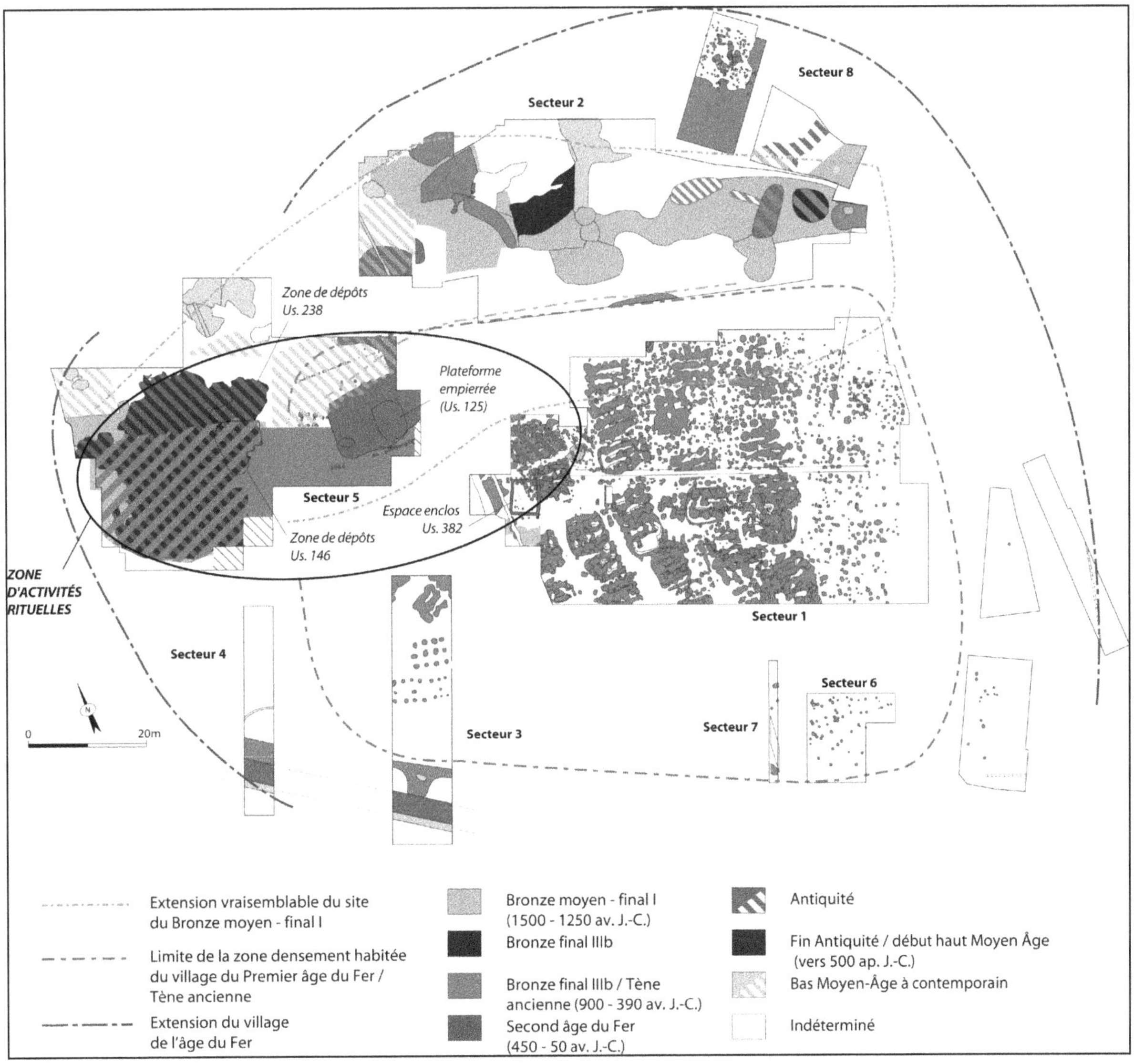

Figure 1 : Plan général du site et localisation de la zone d'activités cultuelles.

En ce qui concerne les vestiges à caractères rituels ou religieux, ne restent en place que quelques fondations et surtout des dépôts de l'âge du Bronze moyen-final 1 et du premier âge du Fer. L'immense partie de l'aire de prélèvement de mobiliers à caractères rituels provient d'une vaste zone de sédiments archéologiques issus de structures bouleversées à la fin de l'Antiquité romaine, vers la fin du Ve ou au début du VIe siècle de notre ère. L'hypothèse d'un bouleversement par les troupes chrétiennes militantes de l'évêque du Léon Pol Aurélien a été suggérée, mais sans preuve définitive. De toute manière, cette question demeure hors-sujet dans cet article. Il faudra aussi garder à l'esprit que les pratiques évoquées se rapportent à une succession d'habitats importants, dont la population n'a sans doute pas été inférieure à deux cents habitants à l'âge du Bronze moyen (Le Bihan, Villard, 2010), pour en atteindre près de cinq cents à la fin du premier âge du Fer (Le Bihan, Villard, en préparation). Un lien étroit entre ces agglomérations et les pratiques rituelles est évident. Aux époques gauloise et romaine, les lieux de résidence ne sont pas localisés mais les activités religieuses de Mez-Notariou concernent certainement toute la population de l'île, également les navigateurs y abordant.

1. Les Vestiges de faune

Extrêmement nombreux, les vestiges fauniques, terrestres ou marins, furent à l'origine de la mise en évidence de pratiques à caractères rituels, exclusivement dans la partie occidentale du site (secteur 5). Au fil des découvertes, à partir de 1995, une procédure de fouille minutieuse élaborée en collaboration étroite avec l'archéozoologue Patrice Méniel permit de mieux comprendre la nature de leur dépôt en couches stratifiées et organisées à l'âge du Bronze moyen-final et au premier âge du Fer, et celle de leur conservation en vrac à La Tène et durant l'Antiquité romaine.

1.1. Une sélection osseuse

Parmi les 40 000 ossements terrestres, découverts en excellent état de conservation grâce à l'apport calcaire de centaines de milliers de coquilles de patelles, l'observation la plus spectaculaire et la plus signifiante découle de la large domination permanente des épaules droites de bétail : bœuf, mouton, chèvre et porc. Leur proportion varie de 60 à 70 % selon les couches (fig. 2). Ce caractère sélectif est conforté par la présence d'un tesson de très beau vase peint laténien intentionnellement retaillé de manière à ne conserver qu'une épaule droite d'équidé (fig. 3). Depuis ces découvertes, Patrice Méniel a pu observer des situations analogues sur des sites de l'âge du Fer continentaux, en Angleterre, dans le nord de la France. Du reste, dès l'âge du Bronze, les Chinois appliquent le critère droite-gauche lors de la lecture de l'avenir sur les fissures d'omoplates brûlées, l'os droit étant réservé aux prédictions favorables, le gauche aux mauvais présages.
Moins spectaculaire et encore sujette à étude de détail, l'organisation des dépôts du Bronze moyen-final 1 suscite aussi réflexion dans la mesure où une même couche étendue sur le sol peut receler une majorité d'os droit sur un de ses flancs, une majorité d'os gauche à son opposé. De la même manière, dans une strate plus profonde, deux étroites associations d'une tête d'agneau avec une colonne vertébrale de bar ont été remarquées.

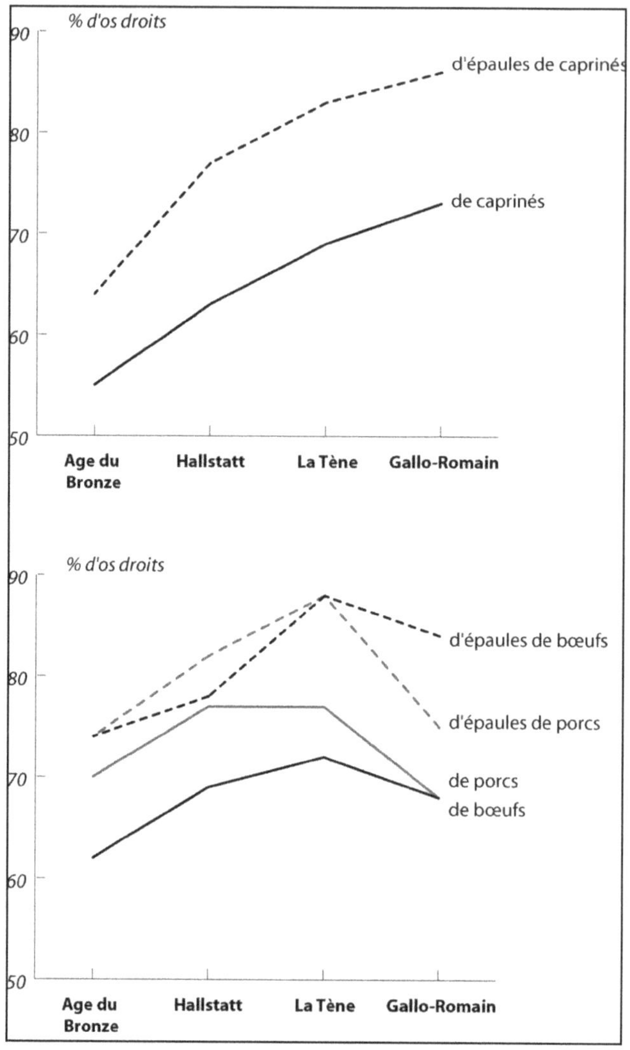

Figure 2 : Sélection osseuse : proportion des épaules droites selon les époques.

Figure 3 : Tesson de poterie peinte avec épaule droite d'équidé (La Tène).

1.2. La patelle

La patelle est sur-représentée dans les dépôts organiques (entre 250 000 et 300 000). Elles peuvent parfois constituer 99,9 % du matériau d'une même strate, alternant avec des couches de composition beaucoup plus complexe. Sur le sol profond des dépôts du Bronze moyen, une patelle en Bronze est mise au jour parmi les dépôts organiques de patelles, poissons, ossements, à proximité d'un poignard en bronze (fig. 4). Ce coquillage orne aussi des voûtes de fours domestiques ou artisanaux, en particulier dans la zone habitée du village.

Un tel contexte suggère d'attribuer un caractère sacré à ce coquillage. Sa modestie et le peu d'attrait qu'il suscite aujourd'hui ne sont pas significatifs. La comparaison avec le bousier, le scarabée égyptien, montre qu'un animal d'apparence insignifiante peut jouer un rôle éminent. Par ailleurs, le lien avec le phénomène de la marée peut être fortement suggéré pour ce coquillage dont la vie se déroule autant hors de l'eau que dans l'eau. Le rôle de cette marée peut également être comparé à celui de la crue du Nil tant il est essentiel pour la vie des populations littorales. Jusqu'aux découvertes d'Ouessant, le lien océan et ses marées - astres - faune marine n'a jamais été évoqué par des archéologues sans doute subjugués par les grandes civilisations classiques étroitement associées à des milieux maritimes sans marée.

Figure 4 : Patelle en Bronze (âge du Bronze moyen-final 1) et patelle issue du même dépôt.

1.3. L'oursin

La mise au jour de couches organisées de tests et aiguilles d'oursins délibérément sélectionnés, finement écrasés, étalés en nappe ou accumulés dans les dépôts, ou sous des foyers de l'âge du Bronze et du premier âge du Fer, nous alerte également dans la mesure où de telles accumulations ne peuvent provenir que de gestes volontaires, quelqu'en soit l'objet. Par ailleurs, des découvertes extérieures à l'île d'Ouessant, et de caractère bien différent, nous conduisent à considérer que ces observations à caractère inédit peuvent également se rattacher au domaine du sacré.

Marie-Yvane Daire attire judicieusement l'attention sur quelques décors de sommets de stèles funéraires laténiennes de la partie nord-ouest de la Bretagne (Daire, 1996). On peut effectivement y percevoir des figures géométriques suggérant très nettement celles qui couvrent les tests d'oursins. Qu'il s'agisse des bossettes ou les lignes de partage de l'espace, il n'est pas besoin de faire grands efforts d'imagination pour y projeter des analogies ou représentations du monde, du ciel etc. Les décors du disque céleste de Nebra daté de la fin du Bronze ancien et découvert en Saxe ne sont guère plus évocateurs ou explicites. Que, dans son Histoire des animaux (livre IV, chapitre 5) Aristote se soit intéressé avec assez de précisions à la structure du système masticatoire en forme de lanterne de cet animal ne nous rapproche sans doute pas du domaine du sacré. Cela montre toutefois que sa structure et son organisation suscitaient curiosité, intérêt et réflexion de la part de l'homme.

Il est également essentiel de rapporter que des tests d'oursins fossiles perforés furent assez souvent découverts dans des dépôts et tumulus continentaux du Bronze et du 1er âge du Fer (Centre-Ouest, Loiret, Seine maritime). En atteste le recensement réalisé par Jean-Morel en 1977 (Morel, BSPF 1977).

Enfin, Pline l'Ancien évoque cet animal étrange dans son Histoire naturelle (29, 52 54) : « Il est une espèce d'œuf, oubliée par les Grecs, mais en grand renom dans les Gaules : en été, des serpents innombrables se rassemblent, enlacés et collés les uns aux autres par la bave et l'écume de leur corps ; cela s'appelle œuf de serpent. Les druides disent que cet œuf est projeté en l'air par les sifflements des reptiles et qu'il faut le recevoir dans une saie avant qu'il touche la terre. J'ai vu cet œuf : il est de la grosseur d'une pomme ronde moyenne et la coque en est cartilagineuse, avec de nombreuses cupules, comme celles des bras des poulpes. Il est célèbre chez les druides. On en loue l'effet merveilleux pour le gain des procès et l'accès auprès des rois ; mais ceci est faux : un chevalier romain du pays des Voconces qui, pendant un procès, en portait un dans son sein, fut mis à mort par le divin Claude, empereur, sans aucune autre raison, à ma connaissance ». Cet œuf de serpent, cet *ovum anguinum* flottant sur les eaux et ainsi décrit par Pline serait l'œuf du monde, il se rapporterait ainsi au mythe d'origine, mais serait associé à des éléments tels que l'écume, l'Océan et la Lune.

1.4. Conclusion : quel sens donner à ces dépôts ?

De telles manifestations, totalement inédites en Armorique et sur les rivages atlantiques, suscitent des interrogations. Outre les questions relatives à la philosophie générale et à l'interprétation du monde, se posent celles, plus concrètes, des rituels et du sens des artefacts organiques mis au jour. Plusieurs concepts peuvent être évoqués : sacrifices, repas rituels communautaires ou plus limités, abattage systématique et ritualisé du bétail pour la nourriture des habitants des villages successifs. Dans tous ces cas, qu'il s'agisse de nourrir les dieux ou les hommes, c'est l'hypothèse du repas qui est privilégié. Il y a fort à parier que cela correspond à une certaine réalité. Il ne faut pas négliger d'autres pistes telles que la simple exposition après manipulation. Les traces de cuisson sont assez rares, quelques ossements humains « sacrifiés » traînent parmi ces lots. Les patelles peuvent très bien avoir été déposées sans même avoir été vidées de leur contenu. La puanteur qui pouvait découler d'une telle exposition concernait alors les dieux, dans un milieu dont sait qu'il était largement aéré et dont les effets ne pouvaient être pires que ceux des dépotoirs urbains du Moyen-Âge. Formulée sans preuve, cette proposition est destinée à ouvrir le champ des possibles et à souligner notre désarroi en présence d'éléments pourtant très tangibles.

2. Les vestiges mobiliers dispersés

Si quelques zones de dépôts profonds sont demeurées en place, la majeure partie des sédiments du secteur 5 sont issus de bouleversements de structures datables du Bronze moyen à l'Antiquité. Le mobilier, découvert pêle-mêle, diffère totalement de celui des zones habitées. Il se caractérise notamment par une grande abondance de mobilier métallique totalement absent du village. Seuls des gros os ont subsisté parmi ces sédiments. Cela s'explique par l'absence ou par la dispersion des amas de coquillages susceptibles d'avoir conservé l'ensemble de la faune.

De l'âge du Bronze moyen datent notamment deux torques en or coupés par moitié et au Bronze final III sont attribués une dizaine de haches à douille miniatures, des objets non-fonctionnels, hélas retrouvé hors de leurs lieux de dépôt originel. C'est à partir de La Tène et à l'époque romaine que le mobilier métallique devient particulièrement abondant (près de deux mille fragments). Sont mis au jour de l'outillage en fer, couteaux, clés, herminettes, des fragments de lames d'épées ployées et sacrifiées, de l'outillage et des bijoux en bronze (fragments de récipients, bracelets, une soixantaine de fibules) ainsi qu'une soixantaine de monnaies gauloises et romaines, ces dernières couvrant le premier siècle avant et les cinq premiers de notre ère. Des monnaies gauloises portent, quant à elles, des traces de cisaillement. Elles proviennent pour la plupart d'une frappe osismienne, mais un statère uniface en or est issu de l'île de Bretagne.

De tels mobiliers, auxquels on pourrait ajouter une abondante vaisselle brisée, parmi laquelle des tessons de qualité pourraient bien avoir été brisés et déposés après sélection d'un motif décoré particulier, sont caractéristiques des objets mis au jour dans l'ensemble des sanctuaires gaulois et gallo-romains. Pour les périodes plus anciennes, il est certain que les références font cruellement défaut.

3. Les vestiges immobiliers originaux

L'érosion et les destructions massives résultant d'une agriculture moderne intensive nous privent de la totalité des superstructures des habitats mais aussi de la zone des activités rituelles. Ainsi, pour les périodes du Bronze moyen - final 1, si riches en dépôts, seules quelques alignements de pierres et des fosses demeurent en place. Du premier âge du Fer ne subsiste que la base d'une structure carrée en pierres de moins de deux mètres de côté. Deux éléments d'architecture, plus tardifs, retiennent notre attention.

3.1. Plate-forme gallo-romaine avec œuf de pierre

À l'est du secteur 5 une plate-forme sub-carrée de 5 à 6 m de côté constitue la base très dégradée d'une structure certainement importante. La fouille méticuleuse des amas de pierres qui la constituent a livré des empreintes que l'on peut interpréter comme des fonds de trous de poteaux et des restes de poutres horizontales. Cette plate-forme pouvait peut-être supporter un *fanum* doté d'une architecture en bois. Il faut, en outre, noter qu'elle s'assoit

Figure 5 : Plate-forme gallo-romaine avec fosse et œuf de pierre.

sur une assez vaste dépression épousant la forme générale de la plate-forme, profonde d'environ 0, 50 m sous le niveau des pierres encore en place. Comblée des pierres du socle de la structure, cette large cuvette abrite et dissimule un gros œuf en granite, sans doute un galet de dimensions importantes (environ 0,50 m de longueur ; fig. 5). C'est la seule pierre de ce type découverte sur l'ensemble du site après 25 années de fouille. Il est impossible de ne pas reprendre l'évocation du rôle éventuel de l'oursin, d'œuf du serpent, à la création du monde et aux textes de Pline.

3.2. Enclos gaulois et gallo-romain ?

Mise au jour en 2012, une structure de 5 à 6 m de côté enclose par une tranchée de fondation de parois en clayonnage puis de planches assemblées est en cours d'étude (fig. 6). Son orientation, sa position stratigraphique dans l'histoire du site et le rare mobilier mis au jour incitent à dater cet enclos entre la fin de La Tène et le début de l'époque romaine. En revanche, l'érosion prive de tout accès aux superstructures d'un ensemble aux fondations remarquablement conservées. Il pourrait d'autant se rattacher aux vestiges à caractères religieux que la partie occidentale du secteur 1 livre de sérieux indices en faveur d'un vaste réaménagement durant l'époque romaine, ceci, sans que le moindre indice d'habitat ne soit perceptible.

Figure 6 : Enclos laténien et/ou gallo-romain

4. Le contexte géographique et topographique

Quittant le site de Mez-Notariou lui-même, il est possible d'aborder la question du sacré en la reliant à l'observation astronomique, dont chacun sait qu'elle a toujours pris une part très importante dans les civilisations anciennes. En Chine, dès le début de notre ère, l'astronome de l'empereur était le second personnage de l'État et risquait d'ailleurs sa tête s'il commettait quelque néfaste et grossière de prédiction. Ce sont en effet l'explication du monde et son fonctionnement, et partant, ceux de l'ordre social, qui sont en jeu. L'étroitesse du lien entre religion, science et mise en œuvre politique ne se discute guère ; le rôle primordial de la nature et de l'environnement, tout à la fois miroirs et guides, non plus.

Or, force est d'admettre que l'île d'Ouessant, un lieu d'autant plus impressionnant que l'on ne comprend pas la nature des forces qui l'animent, l'agitent et le transforment plusieurs fois par jour, sans même évoquer les tempêtes gigantesques, constitue un point d'observation exceptionnel de l'espace et de l'univers. À partir de multiples points de la côte élevée, comme du sommet de la colline de Mez-Notariou, se découvre un paysage très utile à la compréhension du cycle des astres, de la lune en particulier. Vers l'est et le sud, sous l'arc décrit dans le ciel par la Lune et le Soleil, de nombreux points remarquables, le continent, les îlots et les nombreux pointements rocheux, constituent autant de repères pour étudier l'évolution de la carte du ciel au fil des mois et des années. Après une observation méthodique, Yvon Georgelin, directeur du laboratoire d'astronomie de Marseille (Georgelin, 2010) considère que les astronomes de l'époque pouvaient ainsi prédire et annoncer les éclipses de Lune. La prévision d'un calendrier des grandes marées, très important pour l'acquisition de la nourriture, voire pour la préparation de cérémonies ou banquet, demeure évidemment attachée à de telles observations.

Inscrite dans cette réflexion, la présence du cromlec'h implanté à Arlan, au sommet de la pointe sud-est de l'île, devient très intéressante (fig. 7). Il faut rappeler que ce type de monument, qui inclut dix-neuf pierres, se rattache à l'étude et l'observation du cycle lunaire. L'état de délabrement du monument d'Arlan ne permet pas de compter exactement le nombre de ses pierres. On sait qu'il a subi de multiples réorganisations, de bonne ou mauvaise volonté, mais toujours est-il que le nombre de blocs encore dressés qui le ceinturent avoisine vingt.

Un témoignage personnel illustre parfaitement la position privilégiée d'Ouessant pour l'étude du déplacement apparent des astres. Le 31 juillet 2007, à 7 h 05 il a été possible à l'un d'entre nous (J.-P. Le Bihan) d'observer, du haut d'un rocher et simultanément, la plongée de la pleine lune dans l'Océan à l'ouest de l'île (pointe de Pern) et le lever du soleil à l'est, en direction de la pointe d'Arlan. Une telle opportunité ne se présente que tous les dix-neuf ans. Elle pouvait très bien servir de base pour des calculs aux astronomes friands de telles observations.

5. Navigation et religion

Dans les temps anciens, compte tenu des dangers et de la méconnaissance géographique des espaces fréquentés, la navigation à longue distance s'accompagne d'actes empreints de religion. De l'Odyssée à l'Énéide, remercier,

Figure 7 : Cromlec'h d'Arlan.

implorer consulter les dieux fait partie du voyage. Ouessant, une île d'un abord difficile mais située en position de premier ou d'ultime repère, selon que l'on descend de la Manche ou que l'on remonte l'Atlantique, peut être considéré comme un passage obligé de la navigation protohistorique et antique au long de cette façade océanique. La quantité et la diversité des objets découverts sur le site de Mez-Notariou créditent cette thèse : perles en verre d'Egypte ou d'Adriatique, céramique de provenance étrusque ou grecque (en cours d'étude) perles d'ambre, matière première pour la métallurgie du bronze, pour la fabrication des objets en lignite. Il faut, en outre, remarquer que ces biens précieux se découvrent quasi-exclusivement dans la zone des dépôts à caractères rituels. Il est très concevable qu'à cette époque les navigateurs en escale obligée aient offert des biens aux dieux pour les remercier à leur arrivée, autant qu'au moment de consulter les augures avant leur départ. Ce faisant, on payait les Dieux, mais aussi les habitants de l'île pour leur hospitalité. Ces actes purent être à l'origine de banquets et des vestiges organiques décrits précédemment.

Par ailleurs, quelques textes antiques font allusion aux difficultés rencontrées par les marins des régions armoricaines et aux relations qu'ils peuvent entretenir avec les dieux. Ainsi, sur l'île de Sein, à l'une des pointes extrêmes et dangereuses, mais inévitable de la Bretagne, des prêtresses, les Gallizena réservaient leurs bienfaits aux navigateurs et à ceux qui avaient fait le voyage pour les consulter (Pomponius Mela, *Chorographie*, livre III, 6 et 48). Sur les terres à peine rattachées au continent, à l'embouchure de la Loire (Strabon, livre IV, 4), des Furies se livraient à des rituels souvent violents et cruels mais avaient, à l'égard des hommes, une attitude ambivalente : agressivité et protection. Si elles ne semblaient guère exiger d'eux, elles s'attachaient au contraire « à désarmer le dieu qui les tourmente ». S'ils sont rares et prêtent surtout à spéculation, ces quelques récits font toujours référence à des prêtresses ou druidesses installées en des points particuliers, du rivage de la Bretagne continentale, des points de passage obligés du trafic mais aussi des lieux de changement de cap ou de mode de navigation (passage du fleuve à la mer à l'estuaire de la Loire).

Longtemps lues et perçues avec circonspection, ces mentions semblent retrouver de la crédibilité à la lumière des découvertes effectuées à Ouessant.

6. Conclusion

6.1. Des vestiges difficiles à interpréter

Il est évident que le site de Mez-Notariou et son étude longue et minutieuse, résumée ici à grands traits, dévoilent des aspects et des pistes de recherche extrêmement divers et nouveaux en ce qui concerne les activités rituelles protohistoriques et antiques. Certains faits, tels que la fabrication d'une patelle en bronze, qui plus est déposée dans un contexte très particulier, ou encore un traitement spécifique de tests d'oursins et leur affectation à un contexte religieux sont inédits. Toutefois, jusqu'aux études conduites par Patrice Méniel, la mise en évidence d'une sélection osseuse gauche-droite demeurait très rare et ne soulevait pas d'intérêt particulier avant que sa recherche ne devienne un passage obligé des observations d'amas d'ossements.

Même si, faute de texte, la raison de la présence de beaux objets « sacrifiés » n'est pas beaucoup plus simple à expliquer clairement, leur signification intrigue sans doute moins que celle des phénomènes évoqués ci-dessus. Le caractère singulier de leur mise en évidence y est pour beaucoup et renforce le désarroi qu'elle provoque. Certes le rapport à la faune existe et demeure familier des études des religions anciennes, mais le sens précis des dépôts, des découpes et des rejets ou expositions nous échappe toujours. Il peut tout aussi bien s'agir de restes de repas communautaires, de fêtes, que de gestes et rituels plus élaborés par lesquels la notion de sacrifice n'est pas à exclure. Nous avons aussi refusé d'exclure *a priori* et systématiquement des hypothèses d'exposition d'animaux sans consommation.

De la même manière, relier des observations de phénomènes entretenus entre les astres, l'Océan et la marée peut, par une sorte d'évidence, relever de l'explication du monde et de son fonctionnement cosmique, mais cela ne livre pas le scénario. De même, la relation entre science et croyance religieuse demeure floue. De ce point de vue, il aurait été très utile d'assister aux conversations qu'entretint certainement Pythéas avec les astronomes ou prêtres du littoral océanique, peut-être, en particulier, avec ceux d'Ouessant.

Même si l'on accepte de prendre en compte les quelques relations des auteurs anciens, relations qui, grâce à ces découvertes et perspectives nouvelles, semblent beaucoup moins fantaisistes que dans le cadre d'une archéologie et d'une histoire sans vestige, on se rend compte que l'on n'atteint guère que la nature globale des choses. Toutefois, si le contraste s'affirme entre la quantité des indices archéologiques et la précision de leur interprétation, une certaine cohérence se manifeste.

6.2 Une vie religieuse littorale intégrée

Les témoignages archéologiques livrés par Ouessant sont très importants, mais pas isolés. En effet, une vie religieuse liée à une interprétation du monde à laquelle l'océan, les astres, en particulier la Lune, les marées et la faune sont étroitement associés, se développe dans les autres îles et tout au long de la côte. Ainsi, on songe à des lieux d'exposition sur l'îlot des Haches (Bizien-Jacquelin, Laperas, 2004) ou aux Moutons (Daire, Hamon, 2013). Pouvons-nous faire l'économie d'une réflexion à propos des *Gallizena* de l'île de Sein évoquées par Pomponius Mela et déjà évoquées ? Là aussi, au début, cela peut faire sourire et douter.

Il faudrait, par ailleurs se méfier d'une interprétation strictement insulaire de ces pratiques et de leur diffusion, dans la mesure où ces vestiges demeurent encore exceptionnels. Il faut tenir compte d'autres découvertes. Marie-Yvane Daire a judicieusement révélé, dans le Léon, les décors d'oursins sur stèles gauloises. Il faut ajouter les lieux de dépôt comme le rocher Morgan (Le Bihan, inédit) à la pointe du Van ou celui de Karreg-ar-Skarriked sur la même pointe (Dutouquet *et al.*, 2010), les grottes marines du cap Sizun, la rive de Lividic (Hallegouët *et al.*, 1978), les grands sanctuaires gaulois et antiques de la pointe du Van dans le Cap Sizun (Merlat, 1956), Tronoën (Duval, 1990), Trogouzel (Clément, 1979). Nous avons déjà évoqué les hypothétiques Furies de l'embouchure de la Loire.

Ces quelques exemples laissent entendre que les manifestations rituelles mises en évidence sur le littoral de la Bretagne associent la présence de l'Océan autant à l'explication du monde qu'au rituel qui le célèbre. Ce point de vue n'a rien d'original en soi et l'on sait que des dieux ou déesses de la mer sont présents sur tous les rivages de la planète. La particularité des fouilles d'Ouessant provient de la possible association entre phénomène d'origine cosmique de la marée aux cultes et les croyances. C'est une nouvelle preuve de l'adaptation de ces croyances au milieu environnant.

Si la conception du monde et les pratiques religieuses sur les rivages atlantiques ont certainement été, depuis très longtemps, influencées par l'Océan, cela n'a pas été suffisamment pris en considération. Il conviendra de corriger le tir. Actuellement, le site d'Ouessant est le plus important et le plus complet révélateur de ces conceptions, mais des découvertes et réflexions en cours, en particulier sur les îles du littoral méridional de la Bretagne devraient modifier cet état des choses. En outre, il y a fort à parier qu'au fil des découvertes et des relectures, celles-ci quitteront rapidement le simple cadre armoricain. Se posera sans doute la question de l'intégration des croyances liées au littoral océanique, à des pratiques beaucoup plus générales de l'Europe toute entière, et au-delà.

Bibliographie

BIZIEN-JAGLIN C., LAPERAS J. (2004) - Les formations coquillières des Haches, *in* C. Bizien-Jaglin (dir.), *Les Haches en Saint-Jacut-de-la-Mer (Côtes d'Armor), Un site à caractère cultuel du début de notre ère*, Les Dossiers du Centre Régional d'Archéologie d'Alet, numéro spécial, p. 69-76.

CLÉMENT M. (1979) - Douarnenez - Trogouzel, cité par René Sanquer dans Sanquer R, Chronique d'archéologie antique et médiévale (année 1979), *Bulletin de la Société Archéologique du Finistère*, t. CVII, p. 66-69.

DAIRE M.-Y., HAMON G. (dir.) (2013) - *L'île aux Moutons (Fouesnant, Finistère), Un établissement gaulois dans son contexte atlantique, Étude pluridisciplinaire*, éd. Les Dossiers du Centre Régional d'Archéologie d'Alet, Saint-Malo, 234 p.

DAIRE M.-Y., VILLARD A., LE GOFF E., HINGUANT S. (1996) - Les stèles de l'Age du Fer à décors géométriques et curvilignes, état de la question dans l'ouest armoricain, *Revue Archéologique de l'Ouest*, 13, p. 123-156.

DUVAL A. (1990) - Quelques aspects du mobilier métallique en fer anciennement recueilli à Tronoën, en

Saint-Jean-Trolimon (Finistère), *in* A. Duval, J.-P. Le Bihan, Y. Ménez (dir.), *Les Gaulois d'Armorique ; la fin de l'âge du Fer en Europe tempérée*, Actes du XIIe colloque de l'Association Française pour l'Étude de l'Âge du Fer, Quimper, 1988, Revue Archéologique de l'Ouest, suppl. 3, p. 23-46.

DUTOUQUET L., DAIRE M.-Y. (2010) - Patrimoine culturel sur le littoral et dans les îles de Bretagne, *Bulletin de l'Association Manche Atlantique pour la Recherche Archéologique dans les Îles*, 23, p. 12-13.

GEORGELIN Y. (2010) - Astronomes et pilotes, ils scrutent l'horizon ; prédire les éclipses dans l'Antiquité, *in* J.-P. Le Bihan, J.-P. Guillaumet (dir.), *Routes du Monde et passages obligés*, Actes du colloque d'Ouessant 2007, Quimper, Éd. Centre de recherche archéologique du Finistère, p. 11-30.

HALLÉGOUËT B., GIOT P.-R., BRIARD J. (1971) - Habitat et dépôt de l'âge du Bronze au Lividic en Plonéour-Trez, Rennes, *Annales de Bretagne*, 78, p. 59-72.

LE BIHAN J.-P. (2011) - L'île d'Ouessant, les traces d'une mythologie océanes, *Archéologia,* n° 487, p. 26 - 37.

LE BIHAN J.-P. (2013) - *Voyage maritime et pratique religieuse sur les rivages de Bretagne, de l'Âge du Bronze à l'Antiquité*, Odessa, p. 369-379.

LE BIHAN J.-P., GUILLAUMET J.-P., MÉNIEL P., ROUSSOT-LARROQUE J, VILLARD J.-F. (2007) - Du Bronze moyen à l'Antiquité, un lieu de culte inscrit dans la longue durée : Mez-Notariou - Ouessant ; *Actes du colloque international de Bienne*, Association Française pour l'Étude de l'Âge du Fer, 2005.

LE BIHAN J.-P., GUILLAUMET J.-P., MÉNIEL P., ROUSSOT-LARROQUE J, VILLARD J.-F. (2007) - Du Bronze moyen à l'aube du Moyen-Âge, un lieu de culte révélateur de la fonction insulaire atlantique : Mez-Notariou - Ouessant ; *Actes de la journée d'archéologie antique*, UBO - CRBC, Brest, 2005.

LE BIHAN J.-P., MÉNIEL P. (2002) - Un dépôt d'ossements du premier âge du Fer sur l'île d'Ouessant, *in* : *Repas des vivants et nourriture pour les morts en Gaule*, Actes du XXVe colloque de l'Association Française pour l'Étude de l'Âge du Fer, mémoire n°16, Société archéologique champenoise, Charleville-Mézières, 2001, p. 303 - 316.

LE BIHAN J.P. (dir.), VILLARD J.-F. (2001) - *Archéologie d'une île à la pointe de l'Europe, Tome 1, Le site de Mez-Notariou et le village du premier âge du Fer*, Quimper, Éd. Centre de recherche archéologique du Finistère et Revue Archéologique de l'Ouest, 350 p.

LE BIHAN J.-P., VILLARD J.-P. (dir.) (2010) - *Archéologie d'une île à la pointe de l'Europe : Ouessant, Tome 2, l'habitat de Mez-Notariou des origines à l'âge du bronze*, Quimper, Éd. Centre de recherche archéologique du Finistère, 588 p.

LE BIHAN J.-P., VILLARD J.-F., MÉNIEL P., GUILLAUMET J.-P. (2010) - Ouessant, escale nécessaire sur la voie atlantique, évidence ou fantasme d'archéologue, Actes du colloque : *Routes du Monde et passages obligés*, Ouessant 2007, Quimper, Éd. Centre de recherche archéologique du Finistère, p. 275-292.

MÉNIEL P. (2008) - Cartographie des restes osseux et conservation différentielle dans l'amas coquillier d'Ouessant « Mez-Notariou » (du Bronze moyen à la période romaine), *Annales de Paléontologie*, 94, 4, p. 267-285.

MOREL J. (1977) - Encore les oursins fossiles perforés, *Bulletin de la Société Préhistorique Française*, 74, C.R.S.M., 7, p. 213-216.

L'ÎLE AUX MOUTONS ET L'ARCHIPEL DES GLÉNAN (FOUESNANT, FINISTÈRE), DE LA PRÉHISTOIRE À LA FIN DE L'INDÉPENDANCE GAULOISE

HAMON Gwenaëlle[1], DAIRE Marie-Yvane[2]

avec la collaboration de : Baudry Anna, Méniel Patrice, Dréano Yvon, Desse-Berset Nathalie, Desse Jean, Dupont Catherine, Gehres Benjamin, Guyodo Jean-Noël, Kerdivel Gwenolé, Pailler Yvan, Vissac Carole

1 - Collaboratrice, UMR 6566 CReAAH (Centre de Recherche en Archéologie, Archéosciences, Histoire), email : hamon.gwen@gmail.com

2 - Directeur de recherche, CNRS, UMR 6566 CReAAH (Centre de Recherche en Archéologie, Archéosciences, Histoire), email : marie-yvane.daire@univ-rennes1.fr

Résumé :

Les îles de l'archipel des Glénan et l'île aux Moutons (Fouesnant, Finistère) ont fait l'objet de mentions archéologiques depuis le XVIIIème siècle et d'inventaires au début du XXème siècle, dans lesquels est déjà mentionné un nombre important d'indices d'une fréquentation humaine dès la fin de la Préhistoire. Les recherches entreprises par Marthe et Saint-Just Péquart en 1926-27 confirmèrent l'attrait des hommes du Néolithique et des Gaulois pour ces espaces insulaires. Une redécouverte de ces travaux pionniers et de nouvelles campagnes de prospection ont donné lieu à une série de fouilles programmées, ayant permis la mise au jour d'importants vestiges immobiliers et mobiliers. Ils montrent une occupation quasi continue du Mésolithique jusqu'à la fin de l'époque gauloise. Suite à un premier important travail documentaire historiographique, l'intégration des données de prospections et des études pluridisciplinaires menées à l'issue des récents travaux de terrain, totalement achevée pour ce qui est de l'Âge du Fer, est encore en cours pour les époques antérieures. Ce qui permet de dresser un premier bilan. La nature et la fonction des différents sites ont pu être précisées et la place importante de ces espaces insulaires remise en perspective. Très discrète au Paléolithique, la fréquentation de l'île aux Moutons et de l'archipel des Glénan va s'intensifier au Néolithique moyen et à l'Âge du Bronze, pour devenir très dense à la fin de l'Âge du Fer. La perception des espaces insulaires s'avère tantôt très différente, d'un contexte à l'autre, tantôt étonnamment similaire. La submersion des sites les plus anciens peut sans doute permettre d'expliquer la faible présence des chasseurs-cueilleurs sur l'île, effective à partir de la fin du Mésolithique. Encore difficile à appréhender dans l'attente de l'achèvement des analyses, l'occupation préhistorique néolithique est dense et se caractérise par la construction puis l'utilisation de mégalithes et le développement d'activités spécialisées. Le lien avec les communautés littorales voisines est fort. Il faut attendre les débuts des âges des Métaux pour que l'occupation du territoire insulaire soit extensive. A l'Âge du Bronze, l'occupation de la totalité du complexe Glénan-Moutons est effective et s'accentue au début du 1er millénaire, où les nécropoles occupent un large territoire sur l'archipel. A la fin de La Tène, les Glénan et les Moutons sont densément occupés et pourraient s'intégrer au cœur de réseaux d'échanges à longue distance. La position géographique stratégique, d'une part entre le continent et l'Océan et, d'autre part, au sud de la pointe bretonne, leur confère depuis la fin de la Préhistoire un rôle déterminant dans le développement des sociétés atlantiques.

Mots clés :

île, archipel, Ile aux Moutons, Glénan, Mésolithique, Néolithique, Âge du Bronze, Âge du Fer

Abstract:

The islands of the Glénan archipelago and Moutons Island (Fouesnant, Finistère) have been the subject of archaeological references since the eighteenth century and inventories in the early twentieth century, in which numerous indices of human presence at the end of Prehistory are mentioned. Researches drawn by Marthe and Saint-Just Péquart in 1926-27 confirmed the attractiveness of Neolithic and Gaulish people for these island areas. A rediscovery of these pioneering works and new exploration campaigns have resulted in a series of planned excavations, leading to the discovery of important set of constructions remains and objects. They show an almost continuous occupation, from the Mesolithic until the end of the Iron Age. Following a first major historiographical documentary work, the integration of the surveys data and of the multidisciplinary studies drawn after the recent fieldwork, fully completed for that is the Iron Age, are still in progress for the earlier periods; this allows to propose an initial assessment. The nature and function of the different sites have been identified and the important part played by these insular places could be considered in a renewed perspective. If discreet for the Palaeolithic period, the occupation of the Moutons Island and Glénan archipelago will intensify through the Neolithic and the Bronze Age, to become very dense at the end of the Iron Age. The perception of space seems to be sometimes very different and sometimes strikingly similar. The marine submersion of the older sites can probably explain the low presence of hunter-gatherers on the islands, effective at the end of the Mesolithic. Still elusive because of the pending completion of analysis, the prehistoric Neolithic occupation is dense and characterized by the construction and use of megaliths and the development of specialized activities. The link with the neighbouring coastal communities is strong. It was not until the beginning of the Metal Ages to the occupation of the island territory is extensive. In the Bronze Age, the occupation of the entire complex Moutons-Glénan islands is effective and increases at the beginning of the first millennium, when the cemeteries occupy a large part of the archipelago. At the end of La Tène period, the Glénan and Moutons islands are densely occupied and could be integrated into a long-distance exchange networks. The strategic geographical position, on the one hand between the continent and the ocean and the other south of the tip of Brittany, gives them, from the Late Prehistoric time, a key role in the development of the Atlantic societies.

Key words:
island, archipelago, Moutons island, Glenan, Mesolithic, Neolithic, Bronze Age, Iron Age

PRÉSENTATION

L'archipel de Glénan et l'île aux Moutons sont situés dans la Baie de Concarneau (fig. 1), à l'extrémité occidentale de la « dépression prélittorale » sud-armoricaine (Delanoë et Pinot, 1977). Ils appartiennent à une plate-forme à écueils et à couverture de lithotamniées (maërl) prolongeant en mer le bloc basculé de Trégunc et Névez qui constitue un élément du grand décrochement Kerforne. Le substrat est un granite, présentant des filons de quartz, mais des affleurements de micaschiste existent dans les environs proches (massif de Karreg C'Haon). Les sédiments de la baie sont composés à l'ouest de sables et du maërl sur le flanc est. Le fond de la Baie de Concarneau est formé de vases et de sables vaseux qui se maintiennent malgré la relative faible profondeur moyenne (20 à 40 m) grâce à l'abri formé par l'échine rocheuse prélittorale qui porte les îles (*ibid.*). La Baie de Concarneau communique avec le large par plusieurs chenaux, dont celui de l'« Ile Verte », à l'est de la Basse Jaune (jusqu'à 50 m de profondeur) et celui entre la Basse jaune et les Glénan (35 m de profondeur), tapissé de sables coquiller. Entre les Glénan et l'île aux Moutons, la passe des Pourceaux est profonde de 22 m (Delanoë et Pinot, 1977).

Les Glénan, distants d'une dizaine de miles de la commune de Fouesnant, se composent de 22 îles et ilots et couvrent une superficie de 50,5 hectares. De nos jours, peu d'habitants sont présents à l'année : quelques pêcheurs et les gérants des deux bars restaurants et des viviers, soit une dizaine de personnes. Le centre de plongée (à Saint-Nicolas) est ouvert seulement en pleine saison de même que le Centre Nautique des Glénans (le - s terminal est utilisé seulement lorsqu'il est fait référence à l'école de voile) qui possède entre autres une base sur l'îlot de Bananec, que l'on peut rejoindre à marée basse à pied sec depuis Saint-Nicolas. Celle-ci est la seule île de l'archipel où arrivent les vedettes régulières venant du Continent et où peuvent mouiller les plaisanciers et donc très fréquentée de juin à septembre. Elle est classée en Zone de Protection Spéciale depuis janvier 1990 et fait partie du réseau Natura 2000 depuis le 26 octobre 2004, en raison d'un patrimoine naturel très riche et notamment de la présence d'une espèce endémique, le narcisse des Glénan.

L'île aux Moutons, à 5 km au N/NO de Saint-Nicolas comporte un îlot principal d'une superficie de 5 ha et deux petits *lédénez* (îlots reliés à marée basse), Trévarez et Enez ar Razed. L'îlot, inhabité depuis le départ du dernier gardien de phare en 1987, est une réserve naturelle, gérée par l'association SEPNB-Bretagne Vivante depuis 1960, où viennent se reproduire sternes Pierregarin et Caugek pour y former l'une des plus importantes colonies de sternes de Bretagne (Brigand, 2002). Un programme « LIFE » est également mis en place pour la préservation de la sterne de Dougall, espèce classée parmi les espèces nationales en danger. Le seul habitant temporaire de l'îlot est un garde de la réserve occupant le refuge de mer qui surveille les visiteurs débarquant sur l'île, les nids des oiseaux se trouvant à même le sol.

Depuis le Mésolithique, l'île aux Moutons et l'archipel des Glénan sont séparés du Continent (Marchand, 2013). C'est aussi durant cette même période que la coupure se fait entre les deux ensembles insulaires, les contacts ne pouvant désormais s'opérer que par voie maritime. A partir de cette époque, la configuration géographique des îles va se transformer considérablement, compte tenu d'une morphologie relativement plate (d'une hauteur moyenne de 10 m NGF), sur laquelle la transgression marine aura d'importantes répercussions en termes de perte de territoire. Ainsi au Néolithique, les îles de l'archipel n'en formaient probablement qu'une seule, d'une dimension comparable à celle de l'île de Groix, soit une quinzaine de km² (fig. 2a). Evaluer la position exacte du trait de côte au cours du Ier millénaire av. J.-C. demeure plus délicat, mais on peut estimer que, globalement, ces îles auraient perdu plus de la moitié de leur surface émergée sous l'effet d'une transgression marine de l'ordre de 2 m (fig. 2b).

1. RAPPEL HISTORIOGRAPHIQUE

En référence au vaste travail historiographique récemment publié (Daire et Hamon, 2013), nous rappellerons en substance que les premiers écrits témoignant de l'intérêt archéologique porté aux îles Glénan sont l'œuvre de Jacques Cambry, qui s'y rendit au cours de la seconde moitié du XVIIIe siècle (Cambry, 1836) mais surtout, du Baron Bachelot de la Pylaie, qui les visita en 1846 (Bachelot de la Pylaie, 1882). Paul du Chatellier, reprenant littéralement les écrits de ce dernier, évoque très rapidement le « menhir » de l'île aux Moutons et des fragments d'amphores découverts à l'occasion du début de la construction du phare en 1877 (Du Chatellier, 1907), mentionnés par Villiers du Terrage (Villiers du Terrage, 1905). En 1920, le Commandant Bénard, l'Abbé Favret, Georges Boisselier et Théodore Monod fouillèrent « le tumulus de l'Ile aux Moutons », à savoir une butte située sur Enez Ar Razed (Bénard *et al.*, 1921). Est également signalé, dans le cadre de cette expédition menée en compagnie de Théodore Monod, alors jeune étudiant (Daire *et al.*, 2013), un « menhir » mobile « *ne pouvant pas rester en équilibre dans la position absolument verticale* ». Une cartographie des sites avérés ou potentiels sur l'archipel est également réalisée par la même équipe et une fouille est menée sur une nécropole de petits coffres sur l'île du Loc'h (Bénard *et al.*, *opt. cit*). Cette fouille sera largement critiquée par les Péquart, qui explorèrent à leur tour les autres îles et îlots des Glénan (Péquart et Péquart, 1927). Sur l'île aux Moutons (fig. 3), ils mirent au jour des niveaux néolithiques et « barbares » (gaulois), livrant d'importants vestiges mobiliers, dont des restes organiques abondants (Large et Gilbert 1989 ; Daire, 1996) ainsi que des indices de fréquentation Campaniforme/Bronze ancien (Large et Gilbert *opt. cit.* ; Briard *et al.*, 1989). Le « menhir self standing » remarqué sur l'îlot est de nouveau évoqué par Bénard le Pontois (Bénard Le Pontois, 1929).

Les deux articles mentionnés *supra* (Large et Gilbert 1989 ; Daire, 1996), conjugués aux thèmes de recherches

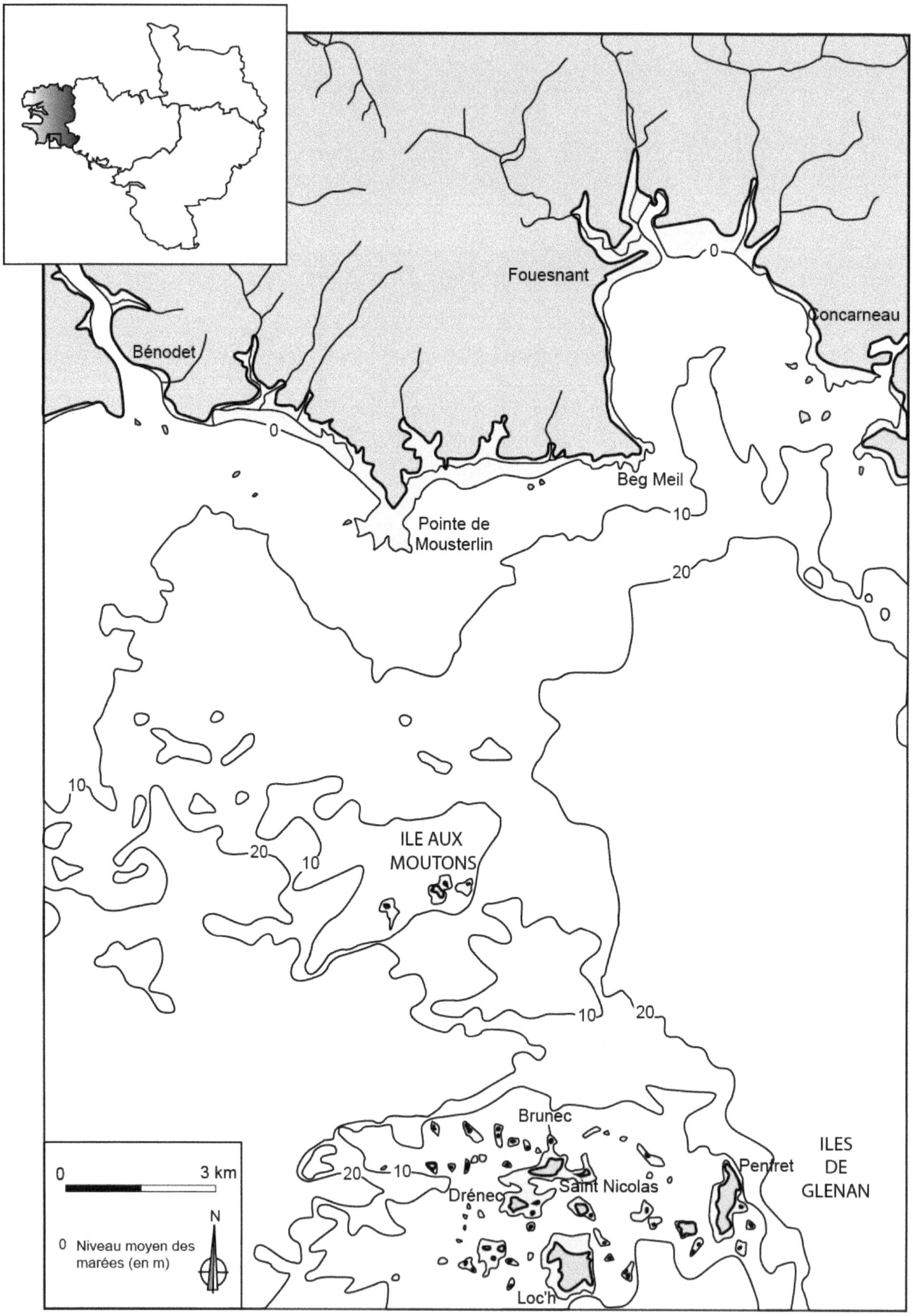

Figure 1 : Situation géographique de l'île aux Moutons et de l'archipel des Glénan, Fouesnant, Finistère (d'après la carte IGN 0519 0T).

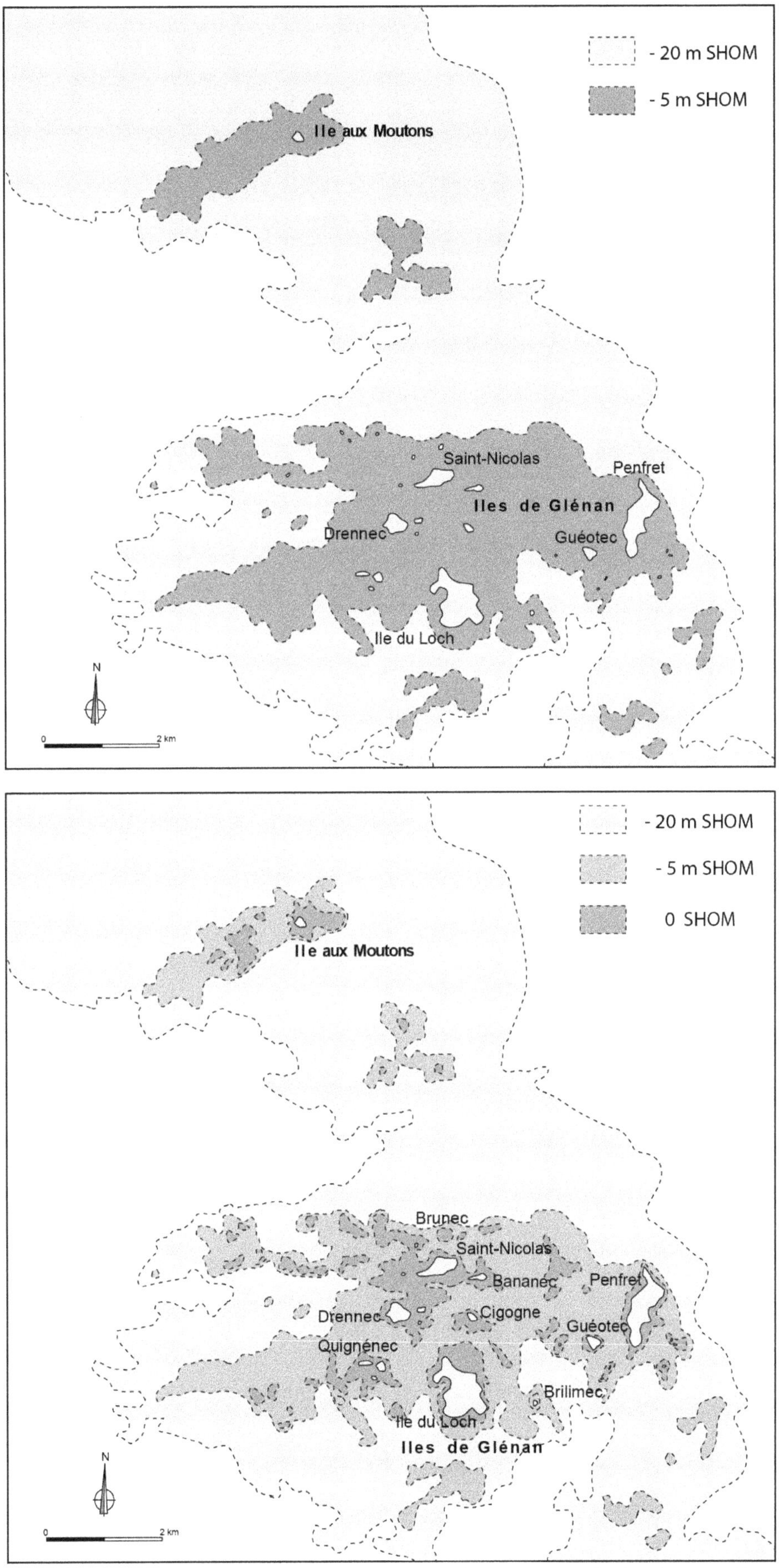

Figure 2 : Restitutions de l'espace insulaire de l'archipel des Glénan. 2a : à la fin de la Préhistoire (Néolithique), 2b : au début du premier millénaire avant J.-C. (d'après Daire et Hamon, 2013 ; doc. M.-Y. Daire, DAO L. Quesnel, d'après le SHOM).

Figure 3 : Île aux Moutons, 1927, tranchée 6 et le menhir au second plan (© Odette Péquart et Museum National d'Histoire Naturelle).

développés par les deux coordinatrices du présent article, marquèrent le début de la reprise des travaux de terrain sur l'île aux Moutons. En effet, si les demandes et responsabilités d'opérations de sondages puis de fouilles sur l'île aux Moutons puis à Saint-Nicolas furent engagées par l'une de nous (G.H.), elles induisaient d'emblée une collaboration étroite et la mise en place d'une équipe pluridisciplinaire, en raison de la diachronie des occupations et de la probable découverte de restes organiques.

Depuis 2002, plusieurs opérations de terrain ont été régulièrement réalisées sur le complexe Moutons-Glénan. Les fouilles programmées sur l'île aux Moutons, d'une emprise totale de 152 m², ont été opérées entre 2002 et 2007 (fig. 4). Trois secteurs ont livré des installations de la fin de La Tène et le secteur nord-ouest a permis la mise en évidence d'une succession d'occupations, de La Tène finale, du Bronze ancien et du Néolithique moyen (Daire et Hamon, 2013). A Saint-Nicolas (fig. 5), les petits sondages au bord de la falaise nord en 2006 ont confirmé la présence d'une implantation de la fin du Néolithique (Hamon *et al.*, 2006). En 2007, s'en est suivie une fouille de petite envergure (étant données les contraintes environnementales) qui a livré une alternance de niveaux anthropiques et stériles (Hamon *et al.*, 2007). Ces opérations de terrain ont été enrichies par les prospections engagées pendant les campagnes de fouille ou par la suite (Dutouquet *et al.*, 2012), mais aussi par les nombreuses découvertes fortuites (Daire et Hamon, 2013) et la veille attentive menée sur place par P. Malléjacq (commune de Fouesnant). Plus récemment, une campagne de mesures des fonds marins a été réalisée sur des vestiges de pièges à poisson (Langouët et Daire, ce vol.). Un conséquent travail de présentation exhaustive et de synthèse a vu le jour concernant les occupations du Ier millénaire av. J.-C. (Daire et Hamon, 2013). Dans l'attente d'un second volume monographique concernant la Préhistoire et le début des âges des métaux, il est possible de dresser un premier bilan de la nature des occupations humaines pré et protohistoriques sur les Glénan et l'île aux Moutons et leur évolution au sein des sociétés atlantiques anciennes auxquelles elles s'intègrent.

2. La fin de la Préhistoire et début des Âges des Métaux (fig. 6)

G. Bernier signale la découverte d'un chopper en quartz, trouvé au sein d'une couche de terre brune au nord de l'île Saint-Nicolas (Bernier, 1983), ce qui semble constituer le seul témoignage d'une occupation Paléolithique dans l'archipel, puisque typologiquement, l'outil est attribuable au Paléolithique ancien. Seule l'île aux Moutons a livré d'autres témoignages du passage de chasseurs-cueilleurs, mais bien postérieurs. En effet, un petit lot d'éléments lithiques taillés (principalement en silex) a été découvert bien concentré dans la partie méridionale du secteur nord-ouest sur l'île aux Moutons. Les artefacts se distinguent par une patine caractéristique, permettant de les distinguer des pièces néolithiques parmi lesquelles ils furent mis au jour. Les caractères du débitage, la présence des trapèzes et la faible représentativité du recours technique à la percussion posée sur enclume (Guyodo et Marchand, 2005) signalent la présence des populations de la fin du Mésolithique (Guyodo *in* Hamon *et al.*, 2004). En l'absence d'autres éléments plus significatifs et dans l'attente de la finalisation de l'étude de cet assemblage lithique, on pourra envisager, sur ces espaces alors déconnectés du Continent, une économie orientée vers l'exploitation des ressources marines (Marchand, 2013). La séparation des Glénan et des Moutons du Continent a été estimée au premier Mésolithique, entre 7500 et 6500 av. J.-C. soit en même temps que pour le complexe Houat-Hoedic, mais aussi Groix, Belle-Île, Jersey et Molène (Marchand, *ibid.*). La coupure entre les Moutons et les Glénan peut également être envisagée au cours de cette même période.

Par la suite, aucune trace d'occupation antérieure au milieu du Néolithique moyen n'a été (ou n'a pu être) caractérisée sur l'archipel des Glénan et aux Moutons. Dater le début de la construction des différents mégalithes est pour le moment impossible et les témoignages matériels les plus anciens renvoient cette étape autour de 4000 av. J.-C. Le « dolmen » situé sur le petit îlot de Brunec, au nord de Saint-Nicolas, est une tombe au plan assez classique à couloir étroit et allongé, menant à une chambre de plan sub-polygonal. Lors de son exploration par les Péquart en 1926 (Péquart et Péquart, 1927), quelques éléments céramiques du Néolithique moyen II y ont été découverts. Au regard de ces seuls artefacts, un lien est susceptible d'être entrevu avec la dense occupation Néolithique moyen de l'île aux Moutons, où les Péquart avaient mis au jour un important mobilier néolithique. Ce niveau d'occupation d'une dizaine de centimètres, bien caractérisé à l'issue des fouilles des années 2000 (couche 3, Hamon *et al.*, 2004), est surmonté de deux autres niveaux anthropiques. Près de

5000 tessons associent, outre certains éléments décorés reconnus dans les fouilles anciennes (Gilbert et Large 1989), des coupes à socle à décors en ligne brisée, des céramiques carénées ou décorées d'impressions à l'apex de gastéropode ou à la moule, évoquant les décors mis en évidence sur l'ensemble du littoral armoricain (Hamon, 2003). A cela viennent s'ajouter des décors incisés, dont certains connus sur le littoral proche (*ibid.*). Une dizaine de milliers d'éléments lithiques est issue du débitage de galet de silex côtier et d'éléments de quartz hyalin. Les armatures de flèche tranchantes trapézoïdales et triangulaires à retouches abruptes des deux bords, l'outillage, le macro-outillage et le lithique poli, de même que les caractères du débitage (dont la part peu importante de la percussion posée sur enclume) soumettent, comme pour le mobilier céramique, une affinité au seul Néolithique moyen (Guyodo *in* Hamon *et al.* 2004 et 2005) déjà pressentie lors de l'étude du mobilier « rescapé » de l'incendie des Péquart (Guyodo, 2001). Un nombre important de petites lames polies en fibrolite, dont deux pièces sciées se raccordant ont été mises au jour. Y. Pailler a confirmé l'origine lithologique finistérienne et une importation sur l'îlot, ainsi que la présence d'autres types de roches (analyses en cours, à paraître dans la monographie). Outre ces éléments mobiliers subsistent les restes de deux aménagements circulaires constitués de galets et de fragments de granite assez mal conservés, pouvant évoquer des foyers à plat (Gasco, 2002). A quelques mètres de là fut mise au jour une concentration importante d'éléments de macro-outillage brisés, dont une meule de très grande dimension, disposée face active contre le sol, sous laquelle ont été mis en évidence des restes de graines carbonisées.

Les tentatives de raccord physique laissent entrevoir un faible déplacement des éléments après leur abandon. Cette observation, corrélée au fait que les éléments céramiques sont assez fortement fragmentés mais montrent des surfaces en bon état de conservation, permet d'envisager

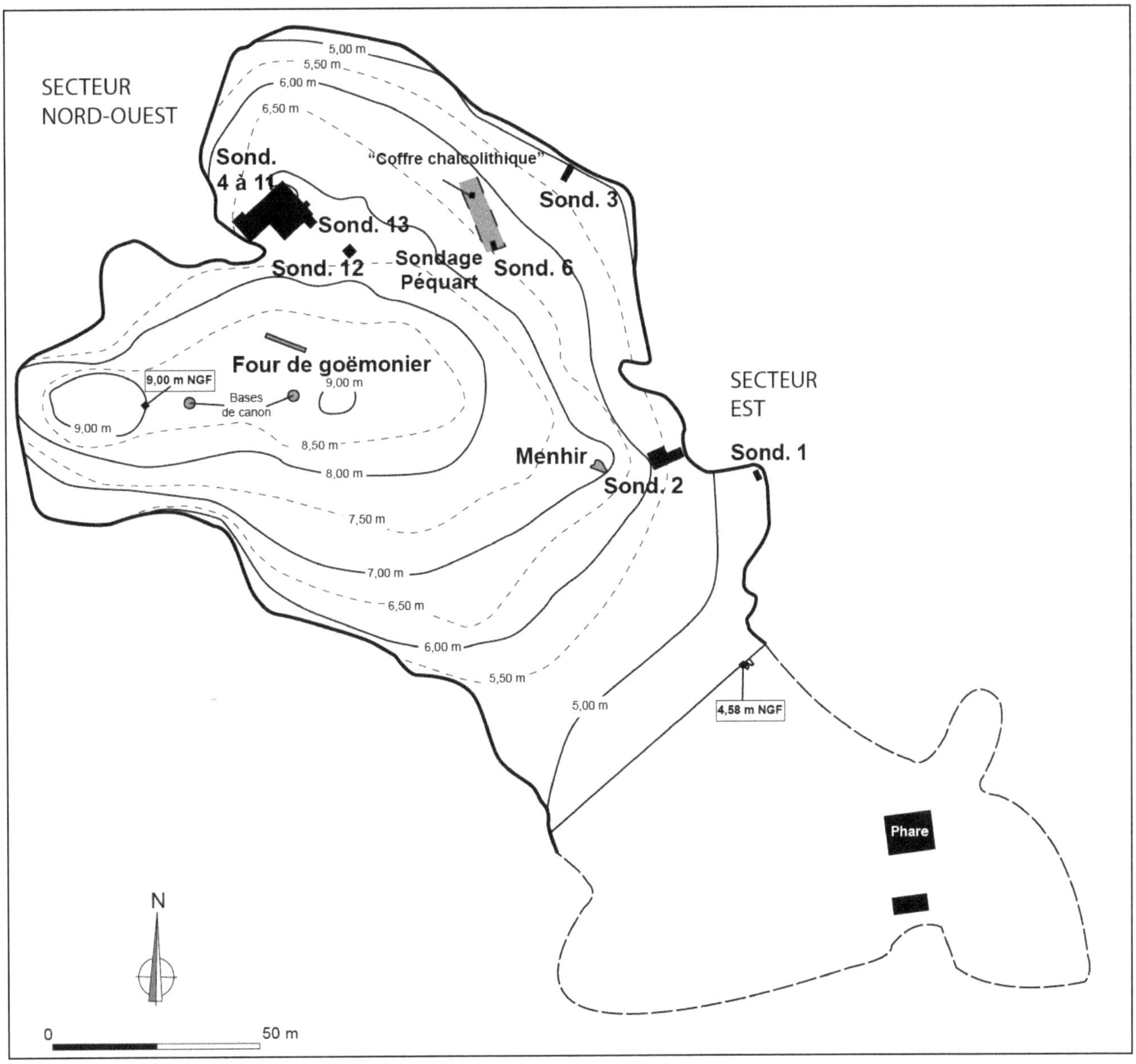

Figure 4 : relevé topographique de l'île aux Moutons avec emplacement des sondages et des entités archéologiques (relevé J.-N. Guyodo, J. Defaix, G. Hamon ; DAO G. Hamon).

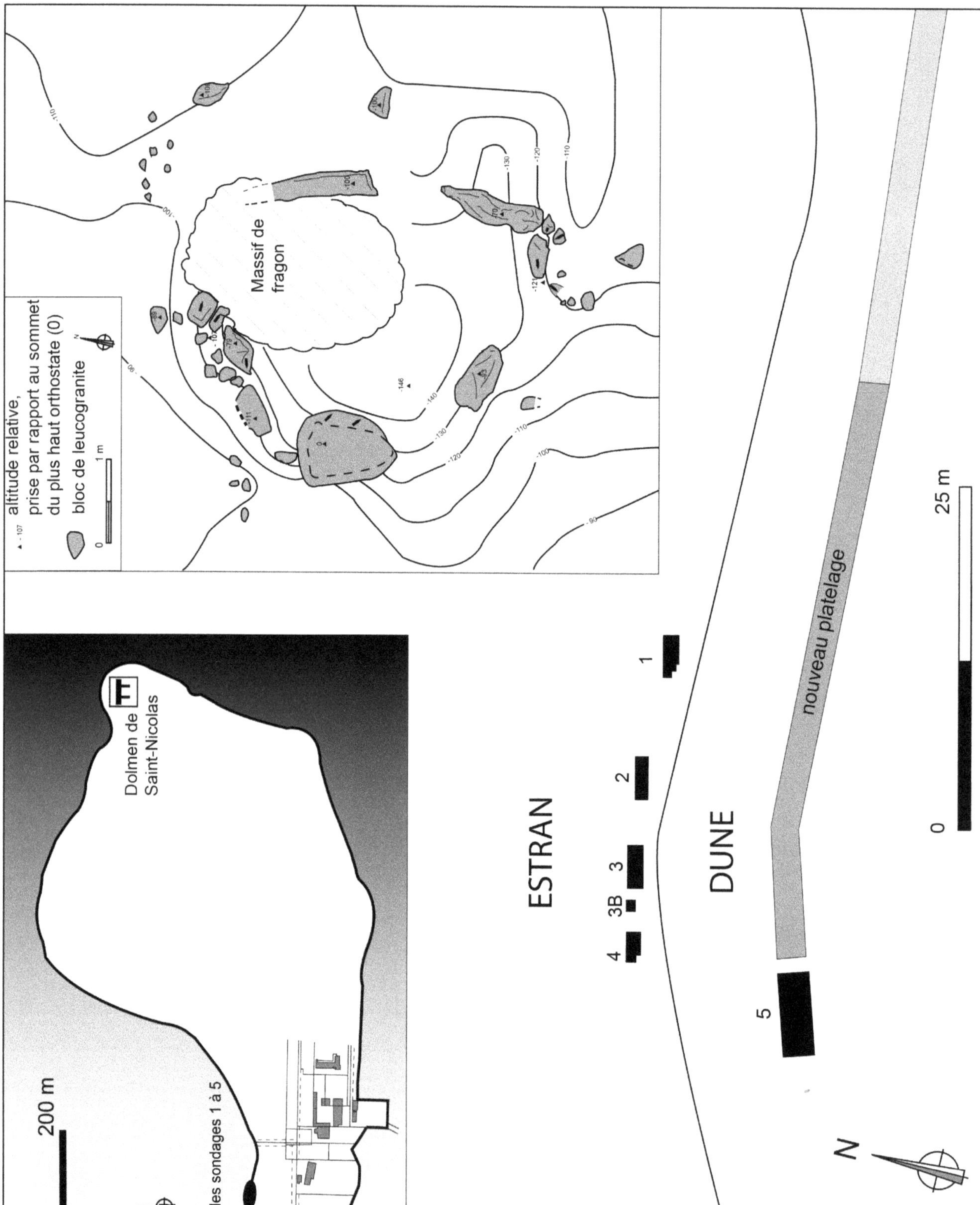

Figure 5 : localisation des sondages et du mégalithe de l'île Saint-Nicolas sur l'extrait cadastral (commune de Fouesnant, Finistère ; DAO G. Hamon, relevé du mégalithe M.-Y Daire, autres relevés G. Hamon).

la présence d'un niveau d'occupation en place ayant subi un piétinement et une compaction (caractère confirmé par les études micro-morphologiques de C. Vissac, *in* Hamon *et al.*, 2005) et une légère dispersion du mobilier avant une rapide sédimentation. Au sud de la zone étudiée, la mise en évidence d'une zone consacrée à la taille du silex et d'autres roches vient également confirmer une organisation spatiale du site. La quasi-absence de mobilier dans les anfractuosités de la roche, indiquant le développement d'une faible sédimentation, induit l'installation des Néolithiques sur une pelouse littorale. En l'attente de compléments d'informations des dernières analyses, notamment lithiques et pétrographiques, il est manifeste que l'association fibrolite - prismes de quartz - pierre ponce, est fréquente au sein d'assemblages funéraires ou « cérémoniels » datés du Néolithique moyen (Guyodo, 2005). De nombreuses céramiques décorées et carénées et des éléments de coupe-à-socle, rappellent du reste également, les découvertes de Z. Le Rouzic à Er Lannic (Guyodo, *ibid.* ; Hamon, 2009), mais aussi les vestiges mis au jour dans le paléosol d'Er Grah ou de la Table des Marchand à Locmariaquer (Le Roux dir., 2006 ; Cassen dir., 2009). Il est donc permis d'envisager dans ce secteur des pratiques spécifiques peut-être à caractère rituel si l'on admet une fréquentation longue et répétée du site et/ou l'installation de populations disposant de biens à forte valeur ajoutée.

C'est à l'occasion de la fouille de la tombe à couloir de Brunec que les Péquart ont redécouvert un autre monument mégalithique à Saint-Nicolas (Péquart et Péquart, 1927). Constitué de quelques orthostates encore en place et d'un cairn dont la base est encore visible, il se trouve à l'est de l'île, non loin de la bande de sable qui relie cette dernière à Bananec. Un relevé a montré que les piliers ont été organisés autour d'une roche naturelle (fig. 5), rappelant ce qui a été mis en évidence sur des monuments généralement attribués à la fin du Néolithique, le plus emblématique étant Conguel à Quiberon (Morbihan ; L'Helgouac'h, 1965) et d'autres en Armorique qui ont fait l'objet d'un récent inventaire (Gouézin, à paraître). M. Le Goffic signale la découverte de quelques silex et tessons au nord de l'île, suite au recul de la dune ayant mis au jour « *un vieux sol de type ranker reposant directement sur le bedrock* » (Le Goffic et Pichon, 1996). Il s'agit sans doute du même type de sol que celui qui est apparu dans la partie occidentale de la plage nord de l'île, dans un secteur où nous avons effectué des sondages ayant mis au jour un atelier de confection et d'utilisation de perçoirs. Ces sondages ont été suivis d'une fouille, à quelques mètres en arrière de la falaise, qui a révélé une stratigraphie inédite, montrant une succession d'occupations. Le niveau néolithique a été reconnu sous une puissance de 170 cm mais contenait très peu d'éléments mobiliers.

La production de petits perçoirs est attestée le long de la façade atlantique sur des sites de la fin du Néolithique pour la confection de parures en coquillage (Guyodo, 2005 ; Pailler *et al.*, 2010 ; Laporte, 2009) ; l'attribution chronologique est corroborée, à Saint-Nicolas, par la présence des éléments de la chaîne opératoire (étude G. Kerdivel) en association avec des fragments de céramiques à fond plat et à décors incisés, connus principalement dans le sud du Morbihan au Néolithique

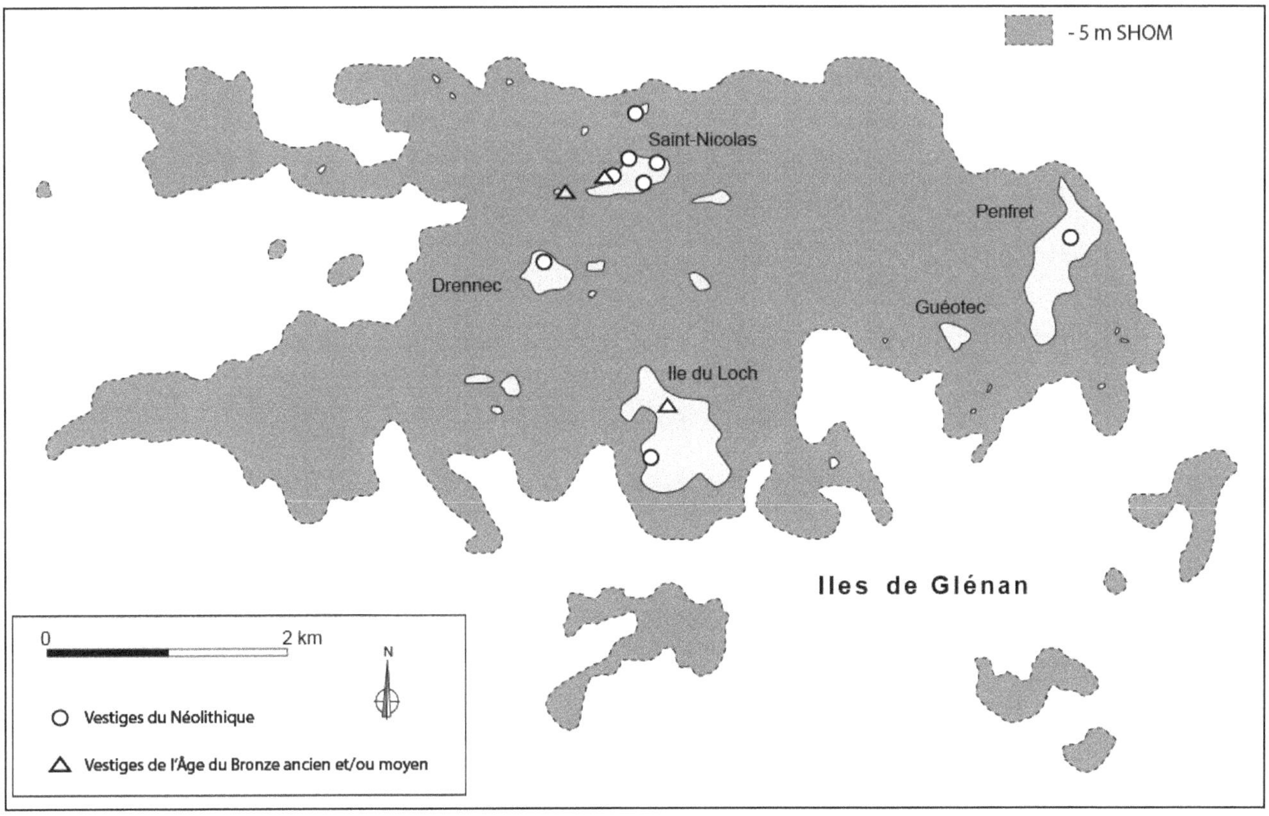

Figure 6 : répartition des vestiges du Néolithique et du début de l'Âge du Bronze aux Glénan (DAO G. Hamon).

final (Croh/Collé Conguel). La relative proximité entre l'espace funéraire et l'atelier peut laisser envisager une fréquentation longue, que vient peut-être étayer la présence de pièges à poissons dont certains pourraient avoir été utilisés dès le Néolithique (Langouët et Daire ce volume).

Les micro-falaises de l'île Saint-Nicolas ont également livré, sur le rivage méridional, de nombreux éléments lithiques ; mais, hormis la présence de quelques silex découverts en 2004 à Penfret et d'une énigmatique « lame de hache en jadéite » recueillie par Le Rouzic en 1914 (archives inédites Musée de Préhistoire de Carnac), les éléments mobiliers sont rares. Toutefois, outre le « menhir » de l'île aux Moutons et la tombe à couloir de Brunec, d'autres mégalithes ont été mentionnés. Parmi ceux recensés au début du XXe siècle (notamment dans l'inventaire de 1920), certains ont été « requalifiés » d'évènements naturels par les Péquart (Péquart et Péquart, 1927). D'autres vestiges, soit par leur architecture et le mobilier le plus ancien associé (Saint-Nicolas, fouille Péquart, 1927 et relevé fig. 5), soit par la présence d'un couloir d'accès (île du Loc'h) sont clairement datés du Néolithique. La validation de l'existence d'une tombe « mégalithique » (« tumulus à dolmen » pour Bénard *et al.*, 1921 et « dolmen » pour les Péquart, 1926) au centre de l'île de Drennec se pose.

La hache en cuivre trouvée aux Moutons, à proximité d'un coffre dit « chalcolithique », a une composition connue au Bronze ancien (Large et Gilbert, 1989). Elle diffère des individus armoricains et rappelle les productions campaniformes de la Péninsule ibérique en raison de la morphologie de son talon, pointu (Briard *et al.*, 1989). Il faut signaler que seuls de rares jalons sont signalés dans le sud-ouest de la France (*ibid.*). C'est à un horizon Bronze ancien qu'ont été attribués les éléments lithiques et céramiques issus de la couche 2 de l'île aux Moutons (Hamon *et al.*, 2004), notamment en raison de la présence de décors digités sur la lèvre ou sur des cordons préoraux et d'une pâte à inclusions grossières et triées, des caractéristiques très similaires ayant été identifiées à Hoëdic au Douët (Hamon *in* Large dir., 2014). Le même type de poterie a été découvert dans un niveau sombre sur l'île du Loc'h, dans l'archipel des Glénan (Daire et Hamon, 2013), mais aussi en contexte plus assuré à Saint-Nicolas, non loin de la structure dégagée au sein de la couche 7, calée entre un niveau gaulois et un niveau Néolithique final. La structure 2 a livré un fragment de bloc hémicirculaire portant deux débuts de perforations évoquant, au vu de ses dimensions, un poids de filet (nous remercions L. Langouët pour cette précision). Quelques tessons sur le Ledenez ouest de Saint-Nicolas, Beg-Lec'h, pourraient être attribués à cette même phase (Daire et Hamon, 2013). Sur l'île de Penfret, trois haches à talon du Bronze moyen ont également été découvertes, peut-être associées à un niveau d'occupation mis au jour en même temps que les éléments métalliques (Le Roux, 1979 ; Briard *et al.*, 1989).

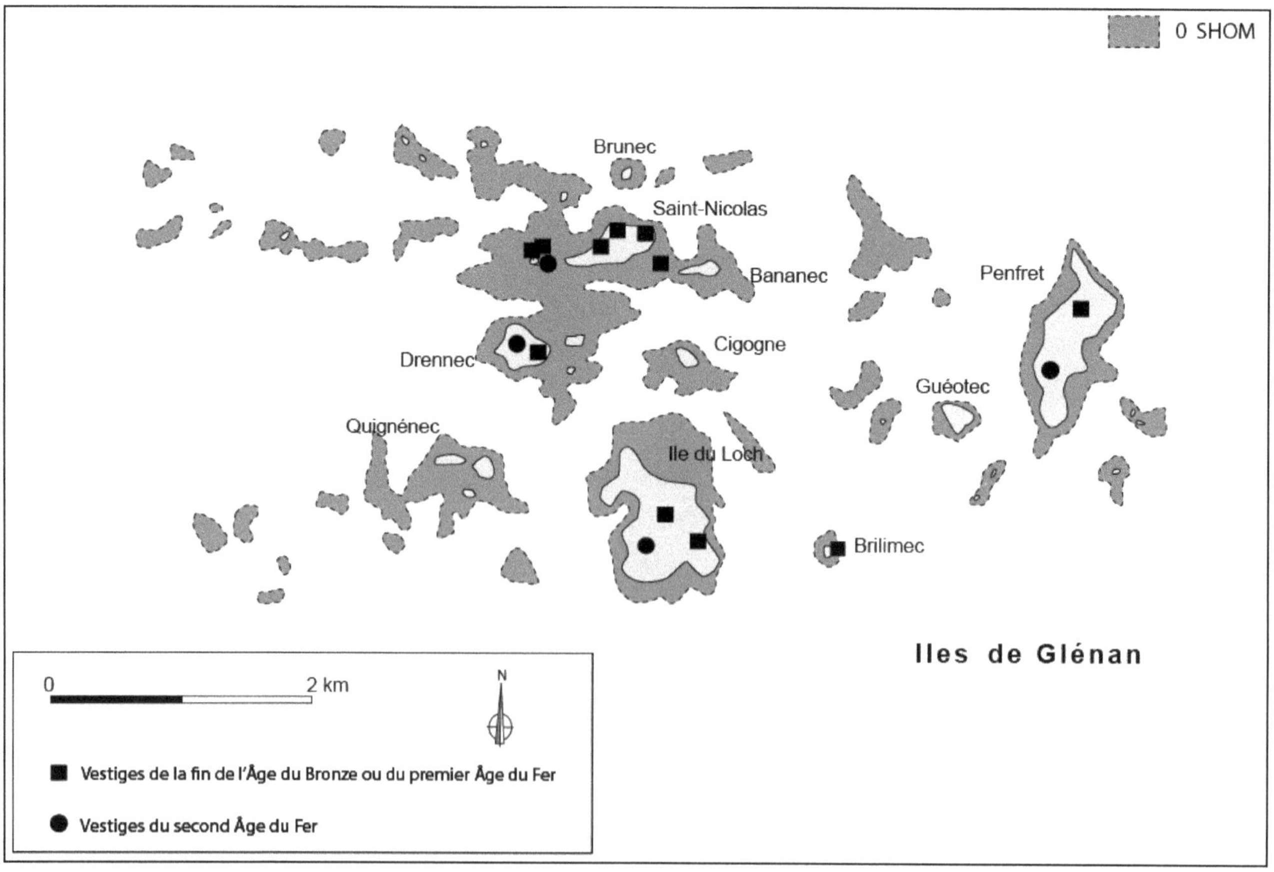

Figure 7 : répartition des vestiges de la fin de l'Âge du Bronze ou du premier Âge du Fer à La Tène finale aux Glénan (d'après Daire et Hamon, 2013 ; DAO M.-Y. Daire et L. Quesnel).

3. Le premier millénaire avant notre ère (fig. 7)

Une analyse critique des données de prospections et de fouilles anciennes a permis de mettre en évidence quelques points essentiels du peuplement des Glénan au cours du Ier millénaire avant notre ère (Daire et Hamon, 2013).

Le premier Âge du Fer est représenté par trois sites à vocation funéraire, respectivement localisés sur l'île du Loc'h, à Drennec et à Penfret ; il s'agit de nécropoles composées de petits coffres en pierre, au nombre de « plusieurs dizaines » voire plusieurs centaines sur l'île du Loc'h (selon Bénard *et al.*, 1921) et de trois « cairns bas » de 8 mètres de diamètre à Penfret, mis à nu à la suite d'un incendie en 1976 (Le Roux, 1979). Malgré l'importance de ces sites archéologiques, leur datation entre l'Âge du Bronze et le premier Âge du Fer reste quelque peu flottante (Bénard *et al.*, 1921 ; Briard *et al.*, 1989). Un « *morceau de lec'h* » aurait été découvert sur cette île (Bénard *et al.*, 1921, p. 37, fig. 3, L), que l'on pourrait interpréter comme un possible fragment de stèle de l'Âge du Fer compte tenu de la terminologie utilisée par l'auteur. Le seul site d'habitat probable, identifié à ce jour dans l'archipel, est celui de Beg Lech, où une première phase de peuplement semblerait attribuable à la même tranche chronologique (Bronze final ou début du premier Âge du Fer), au vu du mobilier céramique inédit.

Du point de vue de la chronologie, les divers ensembles de mobiliers archéologiques, découverts isolément ou sous la forme de gisements plus importants dans l'archipel, montrent une nette prédominance chronologique pour la phase finale du second Âge du Fer (plus précisément aux IIe-Ier siècles av. J.-C.). Ce phénomène a été assez largement constaté sur le littoral de l'ouest de la France, région pour laquelle il est plus difficile d'identifier les occupations du premier Âge du Fer, et où celles des débuts de La Tène semblent émailler moins densément le territoire qu'à la fin de la période (Daire, *et al.*, à paraître).

Au-delà des découvertes erratiques de mobiliers archéologiques, nous sommes aujourd'hui en mesure d'identifier quelques gisements conséquents, sur l'île Saint-Nicolas et sur Drennec, traduisant l'existence d'occupations relativement stables de certains îlots de l'archipel. A Saint-Nicolas, il ne paraît pas douteux qu'au moins deux habitats ont existé sur l'île, l'un à la pointe ouest (Beg Lech) l'autre au nord-ouest qui a pu être accompagné d'un atelier de bouilleur de sel dont nous n'avons pu retrouver de traces.

L'habitat de Beg Lech est l'un des seuls sites de l'archipel témoignant d'une probable continuité d'occupation avec une présence marquée au premier Âge du Fer. Le caractère relativement pérenne de cet habitat insulaire est confirmé par la présence de meules rotatives dont on sait aujourd'hui que les usages pouvaient être multiples, domestiques et artisanaux (broyage des céréales, mais aussi des minerais pour la métallurgie, des dégraissants pour les arts de la terre…).

Les fouilles menées aux Moutons ont permis de caractériser précisément le type d'occupation sur cet îlot (Daire et Hamon, 2013). Deux murs à double parement, de 1 m de largeur et conservés sur près de 30 cm de hauteur, formant un angle de bâtiment y ont été mis au jour. Ils incluent des dalles posées à plat et d'autres verticales marquant la présence de poteaux internes et reposent directement sur le substrat rocheux. Leur morphologie et les matériaux de construction utilisés, combinant galets, meules en réemploi et blocs de granite évoquent des constructions littorales de la fin de l'Âge du Fer Bretagne, à Goulvars à Quiberon, à l'île d'Yoc'h à Landuvez, dans le Finistère et Landrellec à Pleumeur-Bodou dans les Côtes d'Armor (Daire, 2004). A l'extérieur du bâtiment, le niveau d'occupation comprend des céramiques fines à cordons attribuables à la fin de La Tène et des fragments d'amphores Dressel 1 venant confirmer cette attribution. Ce niveau a livré de très nombreux restes fauniques, terrestres et marins. Parmi la faune terrestre, chevaux et caprinés dominent, suivis par le bœuf et le porc. Pour les trois derniers taxons, la distribution anatomique des restes permet d'envisager élevage, abattage et consommation sur place, contrairement au cheval, dont seules certaines parties (les pattes) ont été retrouvées (Baudry et Méniel *in* Daire et Hamon, 2013). Les poissons les plus consommés sont principalement la vieille commune, suivie de loin par la daurade royale et le bar. Les vieilles, de taille moyenne, ont été sélectionnées, ce qui pourrait impliquer la pratique d'une pêche à la ligne, par ailleurs attestée sur le site par la présence d'hameçons en fer (Dréano, Desse et Desse-Berset *in* Daire et Hamon, 2013). La malacofaune n'est pas en reste, avec une forte consommation de patelles, ce qui est commun sur les autres sites de l'Âge du Fer, et de monodontes, spécificité partagée avec le site de Port Blanc à Hoedic (inédit, Dupont com. pers. et Dupont *in* Daire et Hamon 2013). L'un des apports de cette étude est la mise en évidence d'une activité de production de colorant, déterminée par les cassures caractéristiques au niveau du plus grand tour de spire (le dernier) des pourpres et des murex (Dupont *in* Daire et Hamon 2013). Un autre indice de production artisanale locale réside en la présence de nombreuses scories de fer. Ces différents éléments mobiliers et immobiliers permettent de conclure à la présence de population implantée de manière durable sur l'île et montrent une très bonne adaptation au milieu.

Le type d'occupation mise en évidence de l'autre côté de l'île, en bordure d'une falaise abrupte et très exposée au nord-ouest, indique des activités d'un tout autre type, bien que contemporaine. Le niveau gaulois, au sein duquel un phasage a été perceptible sur le terrain et confirmé par les études micromorphologiques, a en effet livré un ensemble architectural caractérisé par une enceinte hémicirculaire de 10 m de diamètre. Celle-ci est délimitée par une série de 10 trous de poteaux ou fosses et un poteau central et dont l'architecture a légèrement évolué au cours de sa fréquentation. L'enceinte évoque de semblables aménagements, quoique légèrement plus anciens, en arrière du proche littoral à Kerviguerou, Melgven

(Finistère ; Villard *in* Bouvet, Daire *et al.*, 2003) ou, contemporains, sur le site des Sept-Perthuis à Saint-Malo (Ille-et-Vilaine) (Bizien-Jaglin et Lejars, 2003) ou encore sur celui de Gournay-sur-Aronde (Oise) (Brunaux *et al.*, 2005). Une structure accompagnée d'un dépôt de vases entiers complète l'ensemble, et est interprétée comme une tombe sans corps ou un vestige de la pratique d'un culte chtonien (Boulestin *et al.*, 2002). Autour de ces différentes structures s'organisent des dépôts de céramiques brisées volontairement, dont certaines sans doute importées ou plutôt apportées du proche continent armoricain (Gehres *in* Daire et Hamon, 2013), ainsi que des éléments mobiliers remarquables tels qu'un bracelet en lignite (provenant du gisement de Kimmeridge, Dorset, Angleterre) et un fragment de bracelet en verre jaune similaire à ceux produits en Europe centrale (Baron *in* Daire et Hamon, 2013). Le tout évoque un espace consacré, en liaison avec l'espace domestique.

Outre une fonction d'abri et d'escale « technique », ayant pu favoriser la rencontre entre les populations insulaires et les voyageurs au long cours, les Moutons et les Glénan ont donc eu un rôle important à jouer dans les circuits d'échanges et de distribution, grâce à leur situation privilégiée en Haute-Mer entre les îles de Groix, de Belle-Ile et de Ouessant (Le Bihan *et al.*, 2010).

Conclusions

Sur le complexe Moutons-Glénan, l'occupation des lieux, dense et continue, constitue un espace d'investigation privilégié. Certes, une grande partie du territoire occupé avant le Ier millénaire ayant disparue sous l'effet de l'érosion et des transgressions marines, il est relativement difficile d'apprécier l'étendue de l'occupation de l'archipel pendant la Préhistoire récente. Les découvertes effectuées sur l'île aux Moutons ont toutefois permis d'établir avec certitude la présence des derniers chasseurs-cueilleurs sur un petit territoire assurément insulaire, qui laisse envisager, du moins pour ce qui est de la subsistance, le même type d'économie que celle développée sur les autres îles armoricaines. Plus tard, la situation topographiquement dominante de l'îlot est sans nul doute un attrait pour les populations du Néolithique moyen qui jalonnent le littoral de monuments mégalithiques. Qu'elle soit naturelle ou anthropique, l'imposante et hiératique longue pierre dressée de l'île aux Moutons contribue à sacraliser l'espace. La nature des éléments mobiliers sur la partie occidentale de l'île aux Moutons dans le secteur le plus exposé, où des groupes en lien avec le littoral proche sont revenus régulièrement, autour du IVe millénaire av. J.-C., invite à se tourner, à titre de comparaison, vers de grands centres mégalithiques littoraux morbihannais, comme ceux de Gavrinis/Er Lannic et de la Table des Marchands. A Saint-Nicolas, l'hypothèse de l'existence d'un atelier de production et d'utilisation de perçoirs pour la confection de parures, sub contemporain du proche dolmen, peut-être avancée. Il s'agit là de l'un des rares types de sites bien caractérisés sur la façade atlantique. Les liens avec les groupes culturels du sud du Morbihan sont encore plus explicites du fait de la présence d'un style céramique propre à cette entité géographique.

En rappelant les limites dues à la configuration morphologique de l'archipel, on peut envisager une fréquentation accrue au début des Âges des Métaux. Alors qu'il n'est pas encore permis de cerner les modalités de l'habitat, la présence de nécropoles et de dépôts, sur les îles les plus au sud, « sous le vent », les plus tournées vers le large, témoignent du choix volontaire d'un emplacement d'autant plus particulier qu'il se trouve déjà sur un espace lointain, difficile à aborder mais apaisé une fois abordé.

A la fin de La Tène, les communautés armoricaines installent habitats et ateliers de manière accrue sur la côte. L'archipel des Glénan et les Moutons sont densément occupés. Habitats et espaces sacrés se partagent le territoire. Les études menées sur les restes organiques, notamment fauniques, en très bon état de conservation, montrent l'exploitation des ressources marines pour la consommation mais aussi pour la fabrication de produits rares et à forte valeur ajoutée, comme le pourpre. La situation privilégiée et la bonne adaptation au milieu donnent la possibilité aux populations de vivre non seulement, en tant qu'insulaires, de manière autarcique, mais aussi de s'intégrer dans des systèmes d'échange et de redistribution de différents produits.

Certes les limites de l'étude de ce complexe insulaire ont été d'emblée posées. Elles sont, d'une part, dues à une occupation dense sur un territoire restreint, amenant parfois une destruction des occupations antérieures. D'autre part, la configuration géomorphologique des îles et la remontée du niveau marin ont eu pour conséquence d'oblitérer une grande partie des occupations les plus anciennes et en menacent les dernières traces, ainsi que celles témoignant des installations plus « récentes », des premiers métallurgistes aux derniers Gaulois. Les tempêtes de l'hiver 2013-2014 ont provoqué un recul des microfalaises encore jamais observé. Pour ne prendre qu'un exemple, l'atelier néolithique de Saint-Nicolas, découvert à la faveur de l'érosion est désormais en quasi-totalité détruit et le gisement de La Tène Finale, sur Beg Lec'h, se dégrade de saison en saison. Chaque site est en danger constant. Il est ainsi toutefois remarquable d'avoir pu mettre en évidence des séquences stratigraphiques tout à fait inédites en Armorique, aux Moutons et à Saint-Nicolas, comprenant niveaux de sols et structures exceptionnellement bien conservés, et incluant des éléments organiques préservés. Toutes les îles principales ont été fréquentées quasiment sans interruption depuis la fin de la Préhistoire et les indices de sites, en proportion de l'espace encore disponible, sont extrêmement nombreux et offrent une variabilité fonctionnelle importante. Il est donc plus que jamais nécessaire de continuer cette veille menée sur les Glénan et les Moutons, qui représentent un formidable terrain d'étude mais dont le potentiel n'a d'égal que la fragilité.

Bibliographie

BACHELOT DE LA PYLAIE, Baron (1882) - Procès-verbal, *Mémoires de la Société archéologique du Finistère*, p. 215.

BENARD LE PONTOIS Ch. (1929) - *Le Finistère préhistorique*, Publications de l'Institut International d'Anthropologie, 3, Librairie E. Noury, Paris.

BENARD (Cdt), FAVRET (Abbé), BOISSELIER G., MONOD Th. (1921) - Deuxième campagne de fouilles dans la région de la Torche et les Iles Glénans, *Bulletin de la Société Archéologique du Finistère*, t. XLVII, 191, p. 22-44.

BERNIER G. (1983) - Découverte d'un chopper préhistorique dans l'île Saint-Nicolas de Glénan, *Bulletin de la Société Archéologique du Finistère*, t. CXII, p. 17-19.

BRIARD J., GUEGUEN M., LE ROUX C.T. (1989) - L'âge du Bronze aux îles Glénan, Fouesnant, Finistère, *Bulletin de l'Association Manche Atlantique pour la Recherche Archéologique dans les Îles*, 2, p. 47-54.

BOULESTIN B., BUISSON J.-F., GOMEZ DE SOTO J. (2002) - « Tombes » sans défunt laténiennes et du Haut-Empire en Gaule : pour une relecture hérétique, *in* V. Guichard et F. Perrin. (dir.) : *L'aristocratie celte à la fin de l'Âge du Fer (IIe siècle av. J.-C. - Ier siècle ap. J.-C.)*, Actes de la Table-Ronde de Glux en Glenne, 10-11 juin 1999, Éd. Centre archéologique européen du Mont-Beuvray, (Bribracte 5), p. 189-197.

BIZIEN-JAGLIN C., LEJARS T. (2003) - Les Sept-Perthuis près de Saint-Malo en Ille-et-Vilaine et la question des installations à caractère cultuel en Gaule occidentale, *in* B. Mandy et A. De Saulce (dir.), *Les marges de l'Armorique à l'Âge du Fer,* Actes du XXIIIe colloque de l'Association Française pour l'Étude de l'Âge du Fer, Revue Archéologique de l'Ouest, suppl. 10, p. 119-140.

BOUVET J.-P., DAIRE M.-Y., LE BIHAN J.-P., NILLESSE O., VILLARD A. (2003) - Lieux et pratiques des cultes dans l'Ouest de la Gaule (Bretagne et Pays-de-la-Loire) *in* : Arcelin P. et Brunaux J.-L. : Cultes et sanctuaires en France à l'Âge du Fer, *Gallia*, t. 60, éd. CNRS, p. 75-105.

BRIGAND L. (2002) - *Les îles du Ponant. Histoires et géographie des îles et des archipels de la Manche et de l'Atlantique*, Quimper, Éd. Palantines, 479 p.

CAMBRY J. 1836 (1999) - *Voyage dans le Finistère ou état de ce département en 1794 et 1795*, Édition critique et commentée par D. Guillou-Beuzit, Quimper, Société Archéologique du Finistère, 504 p.

CASSEN S. (dir.) (2009) - *Autour de la Table. Explorations archéologiques et discours savants sur des architectures néolithiques à Locmariaquer, Morbihan (Table des Marchands et Grand Menhir)*, Actes du colloque international, Vannes, Université de Bretagne-Sud, 5-7 octobre 2007, Nantes : Université de Nantes, LARA, 918 p.

DAIRE M.-Y. (1992) - *Les céramiques armoricaines de la fin de l'Âge du Fer*, Travaux du Laboratoire d'Anthropologie, Université de Rennes 1, 39, 313 p.

DAIRE M.-Y. (1996) - Les documents de la famille Péquart sur l'île aux Moutons (Finistère), *Bulletin de l'Association Manche Atlantique pour la Recherche Archéologique dans les Îles*, 9, p. 53-70.

DAIRE M.-Y. (2004) - Architecture littorale à l'Âge du Fer : ateliers artisanaux et autres constructions, *Bulletin de l'Association Manche Atlantique pour la Recherche Archéologique dans les Îles*, 17, p. 55-70.

DAIRE M.-Y., LOPEZ-ROMERO E., LE GALL C. (2013) - Théodore Monod (1902-2000) et l'archéologie bretonne : note sur un épisode méconnu de la vie du « fou du désert », *Revue Archéologique de l'Ouest*, 30, p. 289-302.

DAIRE, M.-Y., HAMON, G. (dir.) (2013) - *L'île aux Moutons (Fouesnant, Finistère) : un établissement gaulois dans son contexte atlantique*, Dossiers du Centre Régional d'Archéologie d'Alet, supplément AJ., Saint-Malo. 234 p.

DAIRE M.-Y., LE BIHAN J.P., LORHO T. (à paraître) - Une première approche des modes d'occupation du littoral Manche-Atlantique à l'Âge du Fer, *Les Gaulois au fil de l'eau*, Actes du XXXVIIe colloque de l'Association Française pour l'Étude de l'Âge du Fer, Montpellier, 8-11 mai 2013, Presses Universitaires des Lettres de Montpellier.

DELANOË Y., PINOT J.-P. (1977) - Littoraux et vallées holocènes submergés en Baie de Concarneau (Bretagne méridionale), *Bulletin de l'Association française pour l'Étude du Quaternaire*, 3, p. 27-38.

DU CHATELLIER P. (1907) - *Les époques préhistoriques et gauloises dans le Finistère*, Rennes et Quimper, p. 251-252.

DUTOUQUET L., HAMON P. (2012) - *Atlas du Patrimoine micro-insulaire breton*, Conservatoire du Littoral et Fondation Total, Plérin, 912 p.

GASCO J. (2002) - Structures de combustion et préparation des végétaux de la Préhistoire récente et de la Protohistoire en France méditerranéenne, *Civilisations*, 49, p. 285-309.

GOUEZIN P. (à paraître) - Maisons des morts et rochers naturels, Nouvelles données dans l'ouest de la France, *Proceedings of the IVth meeting of the European Megalithic Studies Group*, Rennes.

GUYODO J.-N. (2001) - *Les assemblages lithiques des groupes néolithiques sur le Massif armoricain et ses marges*, thèse de Doctorat, Université de Rennes I, 466 p.

GUYODO J.-N. (2005) - Les assemblages lithiques de la fin du Néolithique ancien et du Néolithique moyen sur le Massif armoricain et ses marges *in* Marchand G., Tresset A. (dir.), *Unité et diversité des processus de néolithisation sur la façade atlantique de l'Europe (VIe – IVe millénaires av. J.-C.),* Actes de la table-ronde de Nantes, 26-27 avril 2002, Société Préhistorique Française, mémoire n° 36, p. 213-224.

HAMON G. (2003) - *Les productions céramiques au Néolithique ancien et moyen dans le nord-ouest de la France*, thèse de Doctorat, Université de Rennes I, 329 p.

HAMON G. (2009) - Modalités et finalités des dépôts céramiques au Néolithique moyen (4600-3800 av. J.-C.) entre Loire et Normandie. *in* Bonnardin S. *et al.*, (dir.) : *Actes des XXIXe Rencontres Internationales d'archéologie et d'Histoire d'Antibes,* 16-18 octobre 2008 - Palais des Congrès de Juan-les-Pins, p. 119-129.

HAMON G., BAUDRY A., DAIRE M.-Y., DEFAIX J., DUPONT C., GUYODO J.-N. (2004) - *L'île aux Moutons, Fouesnant (29). Rapport de fouille programmée*, Service Régional de l'Archéologie de Bretagne, 35 p.

HAMON G., BARON A., DAIRE M.-Y., DEFAIX J., GUYODO J.-N. (2005) - *L'île aux Moutons, Fouesnant (29), Rapport de fouille programmée,* Service Régional de l'Archéologie de Bretagne, 34 p.

HAMON G. (2014) - Étude de la production céramique Néolithique *in* Large J.-M. (dir.) : *La file dressée du Douet (Hoedic, Morbihan)*, Melvan, p. 122-146.

HAMON G. avec la collaboration de DAIRE M.-Y., GUYODO J.-N, MENS E. (2006) - *Sondages sur l'Île Saint-Nicolas. Rapport de sondages archéologiques,* Service Régional de l'Archéologie de Bretagne, 13 p.

HAMON G. avec la collaboration de LEMOULAND Q., MENS E., VISSAC C. (2007) - *L'Île St. Nicolas, fouille programmée du 9 au 21 septembre 2007*, Service Régional de l'Archéologie de Bretagne, 13 p.

LAPORTE L. (dir.) (2009) - *Des premiers paysans aux premiers métallurgistes sur la façade atlantique de la France. L'habitat peu richardien de la Prise de l'Atelier (La Tremblade, Charente-Maritime), les habitats artenaciens de Ponthezières (Saint-Georges-d'Oléron, Charente-Maritime et de la Perroche (Saint-Pierre-d'Oléron, Charente-Maritime), l'habitat campaniforme de l'Ecuissière (Dolus-d'Oléron,Charente-Maritime), dans leur contexte régional,* Association des Publications Chauvinoises, Chauvigny, Mémoire XXXVIII, 810 p.

LARGE J.-M., GILBERT J.-M. (1989) - Le Néolithique de l'Île aux Moutons (Fouesnant, Finistère), *Bulletin de l'Association Manche Atlantique pour la Recherche Archéologique dans les Îles*, 2, p. 39-46.

LE BIHAN J.-P., VILLARD J.-F., GUILLAUMET J.-P.,MENIEL P. (2010) - Ouessant, escale nécessaire sur la voie atlantique : évidence ou fantasme d'archéologue ?, *in* Le Bihan J.-P., Guillaumet J.-P. (dir.) : *Routes du monde et passages obligés de la Protohistoire au haut Moyen Âge*, Actes du colloque international d'Ouessant, 27-28 septembre 2007, Quimper : Centre de recherche archéologique du Finistère. p. 275-292.

LE GOFFIC M., PICHON C. (1996) - Observations réalisées sur les îles Saint-Nicolas et Brunec, archipel des Glénan, commune de Fouesnant, *Bulletin de la Société Archéologique du Finistère*, t. CXXV, p. 77-82.

LE ROUX C.-T. (1979) - Informations archéologiques, Circonscription de Bretagne, *Gallia préhistoire*, t. 22, fasc. 2, p. 525-556.

LE ROUX C.-T. (dir.) (2006) - Monuments mégalithiques à Locmariaquer (Morbihan), *Le long tumulus d'Er Grah dans son environnement. Paris*, Éd. CNRS, XXXVIIIe suppl. Gallia Préhistoire, 308 p.

L'HELGOUAC'H J. (1965) - *Les sépultures mégalithiques en Armorique*, Travaux du Laboratoire d'Anthropologie, Université de Rennes I, 220 p.

MARCHAND G. (2013) - Le Mésolithique insulaire atlantique : système technique et mobilité humaine à l'épreuve des bras de mer ?, *in* M.-Y. Daire, C. Dupont, A. Baudry, C. Billard, J.-M. Large, L. Lespez, E. Normand et C. Scarre (dir.), Actes du colloque HOMER 2011, *« Anciens peuplements littoraux et relations homme/milieu sur les côtes de l'Europe atlantique »,* Oxford, British Archaeological Reports, BAR Publishing, International Series 2570, p. 359-369.

PAILLER Y., GANDOIS H., IHUEL E., NICOLAS C., SPARFELL Y. (2010) - Le bâtiment en pierres sèches de Beg ar Loued, Île Molène (Finistère). Evolution d'une construction du Campaniforme à l'âge du Bronze ancien, *in* Billard C. et Legris M. (dir.) : *Premiers néolithiques de l'Ouest : Cultures, réseaux, échanges des premières sociétés néolithiques à leur expansion,* Actes du XXVIIIe Colloque interrégional sur le Néolithique, Le Havre, 9-10 novembre 2007. Rennes, Presses Universitaires de Rennes, Archéologie et Cultures, p. 415-439.

PEQUART M., PEQUART ST.-J. (1927) - Dolmen de Brunec (Iles Glénan), *Bulletin de la Société Archéologique du Finistère*, t. LIV, p. 73-83.

PEYRON P., ABGRALL J.-M. (1913) - Notices sur les paroisses du Diocèse de Quimper et de Léon, Iles Glénans, *Bulletin diocésain d'histoire et d'Archéologie*, p. 236.

VILLIERS DU TERRAGE Vte. 1905 (rééd. 2003) - *L'archipel des Glénan en Basse-Bretagne*, Éd. La Découvrance, coll. Les Inédits de Marine, Bouhet, 77 p.

INVENTAIRE DU PATRIMOINE MICRO-INSULAIRE BRETON, ENTRE NATURE ET CULTURE

DUTOUQUET Louis[1], DAIRE Marie-Yvane[2]

1 - Chargé de mission « Ilots », délégation Bretagne du Conservatoire du littoral (2001-2012), étudiant en Master 2 pro « Métiers de l'archéologie », Université de Nantes (2013-2014) email : dutouquet@netcourrier.com
2 - CNRS, UMR 6566 CReAAH (Centre de Recherche en Archéologie, Archéosciences, Histoire), Laboratoire Archéosciences, Rennes, email : marie-yvane.daire@univ-rennes1.fr

Résumé :
Représentant 1/3 du littoral français et ceinturée par plus de mille îles et îlots, la région Bretagne brille par la grande diversité de ses rivages. Créé en 1975, le Conservatoire du littoral est un établissement public sous tutelle du Ministère de l'Écologie, du Développement Durable et de l'Énergie. Il a pour vocation la protection (par une acquisition foncière définitive) des terrains littoraux, leur éventuelle restauration et leur valorisation. Ainsi depuis sa création, la délégation Bretagne du Conservatoire du littoral a acquis plus de 6 620 hectares répartis sur 88 sites des quatre départements bretons. Conscient de la richesse insulaire mais aussi de certaines menaces l'affectant, la délégation Bretagne a d'abord mené, de 2001 à 2007, un programme de restauration écologique sur certains îlots bretons lui appartenant et présentant un intérêt avifaunistique majeur. Pour compléter sa connaissance des îlots bretons et affiner sa stratégie d'acquisition, la délégation a développé, de 2008 à 2012, un programme d'inventaire du patrimoine micro-insulaire breton en partenariat avec plusieurs institutions administratives, universitaires et associatives dont l'AMARAI pour le volet « archéologie ».

Dans ce cadre, 565 îlots ont été inventoriés en 4 campagnes de terrain, représentant 600 jours de prospection. L'information recueillie est d'ordres naturaliste (géomorphologie, habitat, flore vasculaire, avifaune, mammifère, reptile, invertébré terrestre) et culturel (vestiges historiques et archéologiques, infrastructures, traces d'usages passés et présents), elle a été transmise et validée par les partenaires scientifiques associés au programme. Les résultats ont ensuite fait l'objet d'une synthèse s'attachant à restituer les données recueillies pour chaque îlot (Dutouquet et Hamon, 2012) mais aussi pour chaque domaine inventorié (Bouet-Leboeuf, 2012 ; Brigand, 2012 ; Fichaut et Dutouquet, 2012 ; Bioret et Dutouquet, 2012 ; Fortin, 2012 ; Chevalier 2012 ; Daire et Dutouquet, 2012 ; Hamon, 2012a et 2012b ; Large, 2012 ; Courtial et Le Toquin, 2012).

Le Séminaire d'Archéologie de l'Ouest du 1er avril 2014 intitulé « Les îles bretonnes : perspectives archéologiques, géographiques et historiques » a réuni un panel d'acteurs menant des recherches sur les îles de la façade occidentale de l'Europe, dans une démarche interdisciplinaire (archéologie, géographie, histoire...). Il avait pour objectif la mise en valeur des réflexions en cours en confrontant les diverses approches du monde insulaire. Dans ce cadre, cet article, s'attachant au programme d'inventaire du patrimoine micro-insulaire breton, vient s'inscrire comme une contribution à la connaissance de la richesse insulaire, en alimentant les recherches en cours, mais aussi comme un retour d'expérience, abordant les principales difficultés rencontrées lors de l'inventaire.

C'est pourquoi, après avoir rappelé la genèse du programme et la structuration des partenariats, nous présenterons quelques résultats pour les principaux domaines inventoriés, à la fois en insistant sur le volet « archéologie », en mettant en valeur la richesse patrimoniale des îlots bretons et en révélant, parfois, certaines menaces les affectant. Nous aborderons ensuite les contraintes, les limites et les difficultés rencontrées lors de la réalisation des inventaires ainsi que les moyens mis en place pour les surmonter. Enfin, nous montrerons l'intérêt de la pluridisciplinarité d'un tel programme et les perspectives de recherche qu'il engendre.

Mots-clés :
Conservatoire du littoral, îlots, partenariats, biodiversité, patrimoine culturel

Abstract:
Representing one third of the French coastline and with more than a thousand islands and islets, Brittany is remarkable for the diversity of its shores. Established in 1975, the Coastline Conservation Authority is a public body that works for the Ministry of Ecology, Sustainable Development and Energy. Its mission involves the protection (by final land acquisition) of coastal land, as well as its eventual restoration and promotion. Since its inception, the Brittany delegation of the Coastline Conservation Authority has acquired more than 8,620 hectares spread out over 88 sites in the four departments of Brittany. Being aware of the richness of Brittany's islands, but also the existence of some threats, the

Brittany delegation first conducted an ecological restoration programme from 2001 to 2007 on some islands belonging to the Authority and displaying a major avifaunal interest. To supplement its knowledge of Brittany islands and refine its acquisition strategy, the Delegation developed, from 2008 to 2012, an inventory of micro-island heritage in partnership with several government agencies, universities and associations, including the AMARAI as regards the "archaeology" component.

In this context, 565 islets were surveyed during four field campaigns, representing 600 days of prospection. The information collected was naturalistic (geomorphology, habitat, vascular flora, birds, mammals, reptiles, terrestrial invertebrates) and cultural (historical and archaeological remains, infrastructures, traces of past and present use), and was submitted to and validated by the scientific partners of the programme. The results were then summarized, compiling data not only collected for each island (Dutouquet and Hamon, 2012) but also for each area surveyed (Bouet - Leboeuf, 2012; Brigand, 2012; Fichaut and Dutouquet, 2012; Bioret and Dutouquet, 2012; Fortin, 2012; Chevalier 2012; Daire and Dutouquet, 2012; Hamon, 2012a and 2012b; Large, 2012; Courtial and Le Toquin, 2012).

The Seminar on the Archaeology of Western France held on 1 April 2014 entitled "Les îles bretonnes : perspectives archéologiques, géographiques et historiques" brought together a range of workers conducting research on islands of the western coast of Europe, in an interdisciplinary approach (archeology, geography, history, etc.). It aims at the development of current thinking by comparing various approaches for studying the insular world. In this context, the present article focuses on the micro-island heritage inventory programme for Brittany. As such, it not only represents a contribution to our knowledge of the richness of islands, thus fueling ongoing research, but also offers some feedback from experience, addressing the main problems encountered during compilation of the inventory.

For this reason, after outlining the genesis and the structure of the programme, we present some results for the main areas surveyed, emphasizing the archeological aspects and highlighting the rich heritage of Brittany islands; in some cases, we point out some threats affecting these spaces. We then discuss the various constraints, limits and problems encountered in compiling inventories and the means employed to overcome these difficulties. Finally, we demonstrate the benefit of adopting such a multidisciplinary programme and the research opportunities that it generates.

Keywords:
Conservatoire du littoral, islets, partners, biodiversity, cultural heritage

Remerciements :
Les auteurs tiennent à remercier chaleureusement l'ensemble des partenaires mentionnés dans cet article pour leur implication dans ce programme destiné à améliorer la connaissance du patrimoine micro-insulaire breton. Un grand merci également à Ellen Bazin, institutrice d'origine anglaise à l'école publique de Plomodiern (Finistère) pour la relecture du résumé en anglais et à Jocelyne Chapelle, chargée des acquisitions foncières à la délégation Bretagne du Conservatoire du littoral, pour ses apports et corrections sur les aspects foncier et législatif.

1. Contexte et genèse du projet

Créé en 1975, le Conservatoire du Littoral (Cdl), établissement public, sous tutelle du Ministère de l'Écologie, du Développement durable et de l'Énergie, a pour vocation la protection, la restauration et la valorisation des terrains littoraux métropolitains et outre mer. La protection des sites est assurée par les acquisitions et l'inaliénabilité de son patrimoine (Dutouquet *et al.*, 2013, p. 85).

La délégation Bretagne du Conservatoire du Littoral a acquis, depuis sa création, plus de 7 664 ha de littoral (sur 24 159 ha d'intervention foncière autorisée), ce qui représente 137 sites répartis sur le pourtour de la région Bretagne (Chapelle, communication personnelle). La gestion de ces sites (aménagement, restauration, entretien, ouverture au public) est assurée par une structure gestionnaire (collectivité, association, agriculteurs…).

De 2001 à 2012, la délégation Bretagne a développé différents programmes ayant trait à la connaissance, à la gestion et à la restauration écologique d'îlots bretons. C'est ainsi que de 2008 à 2011, le Conservatoire a dressé un inventaire du patrimoine (naturel et culturel) micro-insulaire breton en mobilisant différents spécialistes en géographie, géomorphologie, toponymie, mammalogie, entomologie, ornithologie, botanique et archéologie.

La loi du 27 février 2002 permet au Conservatoire du Littoral de se faire affecter les biens du domaine public ou privé de l'État. Il s'agit de biens appartenant à l'État que celui-ci a décidé de transférer au Conservatoire du littoral pour en garantir la protection, la mise en valeur en conformité avec les objectifs de l'établissement et, surtout, la détention définitive.

Cette disposition ne s'appliquait, avant la loi du 27 février 2002, qu'au domaine privé de l'État. Elle est désormais étendue au domaine public (code de l'environnement, article L.322-6) : « Le Conservatoire de l'espace littoral et des rivages lacustres peut être affectataire, à titre gratuit, d'immeubles dépendants du domaine public ou privé de l'État ».

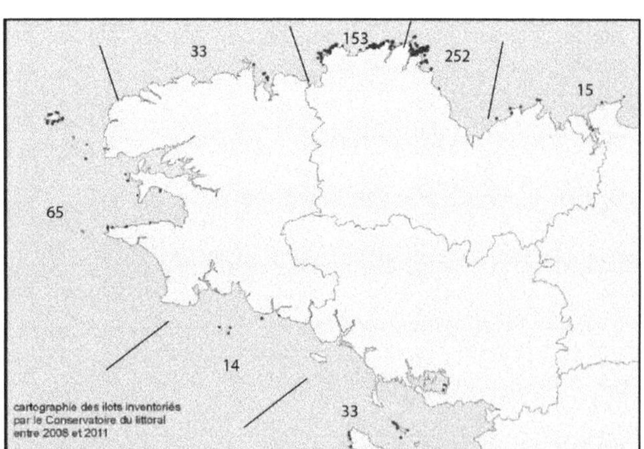

Figure 1 : Dénombrement des îlots inventoriés par secteur géographique. Source : Conservatoire du littoral (DAO : L. Dutouquet).

En Bretagne, l'un des enjeux de conservation du patrimoine se situe notamment sur les îlots administrés par le Ministère de l'Équipement. Le projet initial portait sur une centaine d'îlots gérés par Bretagne Vivante et identifiés d'après les données de la littérature comme intéressants en terme de biodiversité, notamment pour l'avifaune marine (Fortin, 2012, p. 34-35). Les inventaires se sont progressivement étendus pour, finalement, concerner 565 îlots (fig. 1) distribués sur les quatre départements bretons : Côtes-d'Armor, Finistère, Ille-et-Vilaine et Morbihan (Dutouquet *et al.*, 2013, p. 86).

2. Pourquoi intervenir sur les îlots ?

La Bretagne, avec plus de 2000 kilomètres de côtes, représente approximativement 1/3 du littoral français. Environ 800 îles et îlots marins parsèment le pourtour de la région ce qui représente 85 % des entités insulaires de la façade métropolitaine Manche-Atlantique (Brigand, 2012, p. 16). L'intérêt patrimonial des îlots bretons est le résultat conjugué de leur isolement géographique, d'une grande diversité géomorphologique et de la spécificité du climat marqué par des conditions maritimes fortes.

300 d'entre eux sont inventoriés en ZNIEFF[1] et 397 sont inclus dans des ZICO[2]. 40 espèces végétales, protégées au niveau régional ou national, sont par ailleurs présentes sur les îles bretonnes. De par l'isolement géographique, certaines d'entre elles se différencient de leurs « cousines » du continent donnant parfois naissance à des espèces endémiques.

D'un point de vue avifaunistique, les îlots bretons abritent 17 des 26 espèces d'oiseaux marins nicheurs de France. 7 d'entre elles ne se reproduisent d'ailleurs que sur les îlots bretons (Cadiou, 2002). En effet, les oiseaux y trouvent la tranquillité nécessaire à leur reproduction ainsi que les ressources alimentaires indispensables à l'élevage des poussins. Ainsi, l'archipel des Sept-Îles (Perros-Guirec, Côtes-d'Armor), classé en Réserve Naturelle Nationale depuis 1976 et géré par la LPO[3], accueille les plus importantes populations d'oiseaux marins de France (25 000 couples *in* Fortin, 2012, p. 34). De la même manière, le seul archipel de Molène (Finistère) abrite 75 % des effectifs nationaux du très discret océanite tempête (*Hydrobates pelagicus in* Fortin, 2012, p. 34).

Depuis maintenant 2,5 millions d'années, la plupart des îlots bretons auront été tantôt rattachés au continent pendant les périodes froides où un abaissement du niveau marin est constaté du fait du développement de glaciers en Scandinavie et Angleterre, soit isolés par la mer, au cours des périodes de réchauffement où le niveau marin était proche de l'actuel (Menier et Ballèvre, 2004, p. 25). Ces modifications climatiques ont évidemment eu des répercussions environnementales fortes auxquelles l'Homme a du constamment s'adapter. Les îlots actuels ont alors pu constituer, à différentes époques, de précieux abris et des postes stratégiques pour l'observation des troupeaux d'herbivores ou d'éventuels prédateurs dans les phases les plus anciennes de la Préhistoire, ou pour d'autres raisons d'ordres socio-économique ou culturel aux périodes les plus récentes (Préhistoire récente, Protohistoire et périodes historiques). Il n'est donc pas surprenant qu'ils abritent d'importants vestiges archéologiques. Du fait de leur isolement et de leur relative inaccessibilité, ils sont généralement épargnés des principales perturbations anthropiques (urbanisation, agriculture intensive, surfréquentation...) ce qui n'est pas sans intérêt pour leur conservation. Enfin aux époques moderne et contemporaine, les îlots ont également été le siège de quelques activités artisanales et/ou traditionnelles qui ont laissé leur empreinte dans le paysage et qui font aujourd'hui partie du patrimoine culturel insulaire.

3. Structuration des partenariats

Pour les différents domaines mentionnés *supra*, le Cdl a sollicité les compétences d'institutions administratives, scientifiques, universitaires et associatives notamment pour la définition de protocoles standardisés adaptés au contexte insulaire et pour la validation des données recueillies dans chaque domaine (Dutouquet et Hamon, 2012, p. 10-13).

Ainsi, un partenariat avec le SHOM[4] a permis d'effectuer des recherches sur la toponymie insulaire bretonne sur la base des enquêtes de toponymie nautique (Ters, 1955 ; Le Berre et Omnès, 1971) et des cartes marines anciennes, complétant ainsi la documentation toponymique des îlots bretons.

Le CBNB[5] est intervenu sur la détermination et la dénomination des habitats naturels ou semi-naturels ainsi que sur la validation des données botaniques recueillies sur le terrain.

Le laboratoire GEOMER (UMR 6554, LETG[6], IUEM[7]) et notamment L. Brigand, spécialiste des îles de la façade Manche-Atlantique, a pris en charge la structuration et l'adaptation de la base de données BASILES© au contexte du programme. B. Fichaut, géomorphologue attaché au même laboratoire, fut le référent pour l'identification des figures géomorphologiques remarquables détectées sur les îlots tandis que F. Bioret, botaniste et phytosociologue au laboratoire GEOMER, nous a apporté une aide précieuse lors de la détermination des habitats naturels et semi-naturels rencontrés sur les îlots.

Vivarmor Nature, association de protection de l'environnement en Côtes-d'Armor, a activement participé à la réalisation des inventaires entre 2008 et 2012 en mettant à disposition du programme, dans le cadre d'une prestation de services, un technicien naturaliste (P. Hamon). Celui-ci s'est notamment chargé du recensement de la flore, de certains groupes d'invertébrés, des mammifères et des reptiles.

Concernant l'archéologie insulaire, un partenariat a été établi avec les archéologues de l'association AMARAI[8]. Cette structure est apparue comme le partenaire privilégié pour ce domaine, dans la mesure où cette association (loi 1901) regroupe, depuis 1988, un grand nombre de chercheurs professionnels et collaborateurs bénévoles investis dans l'archéologie côtière et insulaire sur les façades Manche et Atlantique de la France. En mobilisant une douzaine de chercheurs tout au long du programme, l'AMARAI a assuré la formation des personnes chargées des inventaires, l'expertise du mobilier recueilli lors des prospections, effectuant le cas échéant, des analyses complémentaires sur le terrain ou en laboratoire, ainsi que la transmission des informations recueillies à la DRAC[9] en vue de leur intégration au sein de la Carte Archéologique Nationale.

Bretagne Vivante, principale association de protection de l'environnement en Bretagne, nous a fourni les résultats des suivis avifaunistiques effectués sur certains îlots et nous a assistés lors des sorties de terrain sur les îlots dont elle assure la gestion.

Le GRETIA[10] (C. Courtial et R. Le Toquin) s'est chargé de l'inventaire de certains groupes d'invertébrés (2008, 2009, 2010) et de la validation des données 2011 tandis que le GMB[11] a mis à disposition ses compétences pour la détermination des espèces mammaliennes.

4. Contraintes

4.1. Le statut foncier des îlots

Concernant le transfert d'affectation de la centaine d'îlots appartenant à l'État, affectés à l'ex-ministère de l'Équipement et gérés par Bretagne Vivante, la délégation Bretagne du Conservatoire a sollicité France Domaine afin de confirmer les statuts des îlots l'intéressant et a requis leur référencement cadastral, s'agissant d'îlots non cadastrés relevant du domaine de l'État. Ce travail a révélé le statut privé de certains îlots. Ainsi l'îlot Morgol (Le Conquet, Finistère), supposé appartenir à l'État, s'est révélé être une propriété privée, à l'instar de l'îlot Est des Baguenères (Bangor, Morbihan). À l'inverse, l'îlot « Petit Litiry » (Le Conquet, Finistère), réputé appartenir à un propriétaire privé, appartient en réalité au domaine privé de l'État. Ces quelques résultats issus de l'étude foncière révèlent à quel point le statut foncier de ces îlots reste incertain et montrent l'intérêt d'une telle démarche. Ce type de procédure pourrait être étendu à l'ensemble des îlots inventoriés ce qui permettrait de clarifier leur situation foncière, leur référencement cadastral permettant par ailleurs de les identifier et de les cartographier clairement.

4.2. Le débarquement sur les îlots

La Bretagne, de par sa situation géographique, est régulièrement soumise à des conditions maritimes fortes, ce même en dehors des évènements tempétueux hivernaux. Ainsi, les inventaires, même s'ils ont été réalisés au printemps-été des années 2008, 2009, 2010, 2011, ont été contraints par ces dernières. L'absence d'infrastructures de débarquement (cale, digue) sur la quasi-totalité des îlots couplée à des conditions de navigation difficiles ont parfois rendu leur accès délicat voire impossible (fig. 2) limitant ainsi la réalisation des prospections de terrain.

Figure 2 : Conditions de débarquement sur l'îlot Youc'h Meur (Ouessant, Finistère). Cliché : R. Le Toquin.

4.3. L'accès aux îlots

Une fois la contrainte du débarquement levée, l'accès à la partie sommitale d'un îlot au relief marqué peut constituer une autre difficulté. Celle-ci est conditionnée par son relief. Généralement peu marqué pour les îles du Trégor-Goélo et du Léon et pour les archipels des Glénan, de Molène et du golfe du Morbihan, le relief des îlots a représenté une contrainte physique majeure sur les secteurs d'Ouessant, de la presqu'île de Crozon, de Belle-Ile-en-Mer et du Cap-Sizun (fig. 3) limitant parfois nos investigations. Dans de rares cas (Les Tas de Pois en presqu'île de Crozon et un îlot du cap Sizun), nous avons fait appel à la société Face-Ouest, spécialisée dans l'accès en milieu difficile, pour parvenir à la partie sommitale des îlots afin de réaliser les inventaires.

4.4 La localisation et la dénomination des îlots

Le repérage géographique des îlots s'est fait sur la base du jeu de cartes marines éditées par le SHOM. Pour les secteurs particulièrement riches en îlots (Trégor et Goélo), il est apparu que certains d'entre eux étaient mal positionnés, voire non répertoriés, sur les cartes marines. Des échanges avec J.-L. Bouet-Leboeuf, spécialiste de la toponymie nautique au SHOM, ont révélé que la levée des parties terrestres et intertidales des cartes marines ne peut s'effectuer que par reconnaissance de photographies aériennes de l'IGN[12] et sans procéder à une validation de terrain. En réalité, lorsque la photographie est prise à basse mer, il est fort difficile de distinguer la présence d'îlots d'estran au milieu de la zone intertidale notamment lorsque les îlots sont de taille restreinte et que l'estran est vaste, ce qui est particulièrement le cas dans le Trégor et le Goélo. Pour préciser ou corriger la localisation de certains îlots, le Cdl a procédé à leur relevé au GPS différentiel permettant ainsi de déterminer les coordonnées précises des îlots problématiques et d'en informer le SHOM en vue de corriger les cartes marines concernées.

Une autre difficulté à laquelle nous avons été confrontés concerne la dénomination des îlots. Les cartes marines,

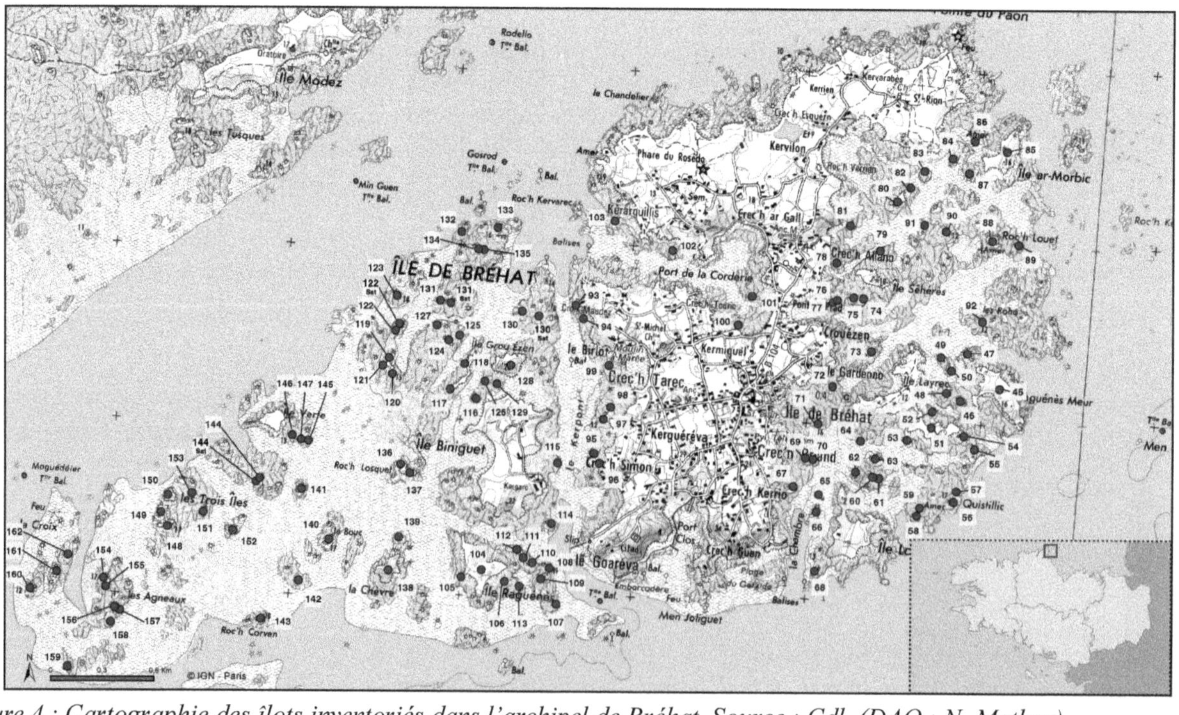

Figure 4 : Cartographie des îlots inventoriés dans l'archipel de Bréhat. Source : Cdl, (DAO : N. Mothay).

Figure 3 : Conditions d'accès à la partie terrestre des îlots, (1) : Iniz en Oulm (Bangor, Morbihan), (2) : Abords des Tas de Pois (Crozon, Finistère), (3) : conditions d'accès à l'île Guénéron (Crozon, Finistère), (4) : Vue sur Ar Blohis, Morgan et le Vorlenn (Cléden-cap-Sizun, Finistère), (5) : accès à Karreg ar Denved par l'estran (Cléden-cap-Sizun, Finistère), condition d'accès à Ar Vann (Cléden-cap-Sizun). Clichés : L. Dutouquet sauf (1) : C. Blot.

pour des raisons de lisibilité, ne peuvent mentionner l'ensemble des toponymes (Bouet-Leboeuf, comm. pers.). Seules les grandes îles ou les îlots majeurs en sont alors pourvus. Pour des secteurs denses en îlots, comme le Trégor ou l'archipel de Bréhat (fig. 4), l'absence de toponyme constitue une difficulté majeure pour la détermination et la localisation géographique de chaque entité micro-insulaire. Le partenariat développé avec le SHOM a permis, en couplant les enquêtes de toponymie nautique (Ters, 1955 ; Le Berre et Omnes, 1971) aux cartes marines anciennes, de retrouver 70 toponymes d'îlots bretons.

5. Les résultats par domaine inventorié

Les inventaires de terrain se sont cantonnés à certains domaines naturalistes (géomorphologie, flore et habitats naturels, mammifères, avifaune, reptiles, invertébrés terrestres) et culturels (occupation humaines présentes et passées, infrastructures). Les recherches liées à la géographie, à la toponymie, au statut foncier et aux protections réglementaires régissant chaque îlot ont été effectuées sur la base de la bibliographie existante et des informations consignées dans le système d'information géographique (SIG) du Conservatoire du littoral.

Il n'est pas question dans cet article de présenter l'ensemble des résultats issus des inventaires mais plutôt de mettre en valeur les principaux intérêts des îlots pour certains domaines.

5.1. Géomorphologie

Quatre figures géomorphologiques remarquables ont été prises en compte lors de cet inventaire. Il s'agit des queues de comète[13] (fig. 5), des tombolos[14], des cordons[15] de galets et des plages anciennes[16]. 249 figures géomorphologiques ont ainsi été recensées (Fichaut et Dutouquet, 2012, p. 22-23).

D'un point de vue typologique, il apparaît que les tombolos sont les figures géomorphologiques les plus représentées (39,1 %) sur le panel d'îlots inventoriés. Suivent ensuite, les queues de comète (25,8 %), les cordons de galets (23,4 %) et enfin les plages fossiles (11,7 %). La taille des figures est variable et ce, pour l'ensemble des accumulations rencontrées (tombolos, cordons de galets ou queues de comète), elles varient de 10 à 1500 mètres de long.

En terme sectoriel, on note une franche disparité dans la répartition des figures géomorphologiques entre le nord et le sud de la Bretagne. En effet, la partie septentrionale (de Cancale à l'aber Ildut) en comptabilise 92 %. Le Trégor-Goélo (de Plouha à Plestin-les-Grèves) rassemble plus de 91 % des accumulations. Enfin, le seul Trégor (de l'estuaire du Jaudy à Plestin les Grèves) apparaît comme le secteur le plus riche de notre région, rassemblant 44 % des figures géomorphologiques remarquables.

J.-P. Pinot, géomorphologue ayant particulièrement étudié les accumulations de la côte trégoroise, nous éclaire sur l'origine de l'extraordinaire richesse de ce secteur (Pinot, 1963).

Tout d'abord, l'abondance de matière première issue de l'érosion périglaciaire est propice à la formation d'accumulations de galets. Par ailleurs, la protection du Trégor par rapport aux houles permet le dépôt de matériaux sédimentaires et enfin, les nombreux chicots et platiers rocheux parsemant l'estran ainsi que les indentations mêmes de la côte sont autant de points d'ancrage pour ces accumulations.

5.2. La flore vasculaire et les habitats naturels ou semi-naturels

Chaque îlot visité a fait l'objet d'un inventaire floristique réalisé sur la base des bordereaux développés par le CBNB, initialement conçus pour uniformiser les données des collaborateurs des Atlas Floristiques de Bretagne (Hamon, 2012a, p. 18). Ainsi, 576 espèces végétales ont été répertoriées dont 11 sont protégées au niveau régional ou national et 16 sont considérées comme introduites et représentent potentiellement une menace pour la flore autochtone. La richesse floristique des îlots dépend de plusieurs facteurs. D'abord, les conditions maritimes régissant le secteur ne sont pas sans incidences sur la richesse et l'épaisseur du sol. Soumis à la déflation éolienne et aux projections d'embruns salés, les îlots ne recèlent qu'un nombre réduit de taxons (15 à 40 pour les îlots de taille modérée) mais particulièrement adaptés à ces conditions extrêmes. Pour cela, ils développent diverses stratégies : crassulence, nanisme, formation en coussinet, pilosité des feuilles et des tiges. Même si les îlots n'offrent généralement qu'une richesse spécifique limitée, ils font cependant office de banque de graines et participent à la préservation de milieux d'intérêt patrimonial majeur au niveau régional voire européen (Hamon, 2012a, p. 18).

Le recensement des habitats naturels et semi-naturels, fondé sur la typologie européenne CORINE Biotopes, a permis d'identifier quelque 44 habitats parmi lesquels 28 sont considérés comme d'intérêt communautaire et dont 3 sont des habitats prioritaires au titre de la directive Habitats Natura 2000 (Bioret et Dutouquet, 2012, p. 20). En dépit de la faible surface des îlots marins, les inventaires révèlent souvent des mosaïques d'habitats naturels. Pour les grands types de milieux côtiers présents sur les îlots, la quasi-totalité des habitats caractérisant la zonation écologique de la mer vers la terre sont représentés, à l'exception des habitats forestiers dont la dynamique est souvent bloquée au stade du manteau arbustif.

Sur l'ensemble des secteurs géographiques inventoriés, ce sont les habitats de falaise qui sont les plus représentés suivis par les habitats de cordons de galets, les prés-salés et enfin les milieux dunaires. Pour les végétations de falaise, la situation de micro-insularité favorise une hyperhalophilie

Figure 5 : Type de figures géomorphologiques remarquables recensés lors des inventaires, (1) : Queue de comète de l'île Guiriden (Fouesnant, Finistère), (2) : cordon de galets de l'île Ziliec (Penvénan, Côtes d'Armor), (3) : Plage fossile de l'île Téviec (Saint-Pierre-Quiberon, Morbihan), (4) : Sillon de Talbert et archipel d'Olonne (Pleubian, Côtes d'Armor). (Clichés et DAO : L. Dutouquet).

liée à des expositions maritimes extrêmes (Bioret et Dutouquet, 2012, p. 20). Sur les zones les plus aspergées par les embruns, certaines végétations d'une grande originalité sont caractérisées par des plantes habituellement inféodées aux vases salées. C'est notamment le cas de placages à obione (*Halimione portulacoides*), des pelouses à soude maritime *Suaeda maritima* et frankénie lisse *Frankenia laevis*, ou des remarquables prés salés suspendus à salicorne rameuse *Salicornia ramosissima*, association végétale endémique des îlots de la côte nord-ouest de Belle-Ile-en-mer.

5.3. Les mammifères

16 espèces mammaliennes ont été listées sur les îlots inventoriés. Certaines espèces présentent un intérêt patrimonial (phoque gris, grand dauphin) mais 5 espèces sont considérées comme introduites et/ou invasives (rat surmulot *Rattus norvegicus*, lapin de garenne *Oryctolagus cuniculus*, ragondin *Myocastor caypus* et mouflon de Corse *Ovis Gmelinii*, vison d'Amérique *Mustela vison*) et représentent généralement une menace pour la faune (micro-mammifères, reptiles, avifaune) ou la flore autochtone. Ainsi, la moitié des îlots inventoriés abritent au moins une de ces 5 espèces. À titre d'exemple, 80 % des îlots de Bréhat sont colonisés par le rat surmulot (*Rattus norvegicus*) ce qui n'est pas sans poser des problèmes d'ordre sanitaire mais aussi en termes de préservation de la faune autochtone.

5.4. L'archéologie

Au terme de 4 années d'inventaire, 230 sites archéologiques, gisements ou indices de sites ont été répertoriés et expertisés donnant lieu à la découverte de 352 ensembles archéologiques (Daire et Dutouquet, 2012, p. 36). Dans plusieurs cas, des sites apparaissant comme majeurs, car recelant un potentiel archéologique riche et inédit, ont été découverts lors de l'inventaire. C'est notamment le cas de l'île Séniz dans l'archipel de Houat (Large *et al.*, 2009a et 2009b ; Large, 2012), de l'archipel d'Olonne à Pleubian, de l'îlot Beg Lemm et de l'île Ricard dans la baie de Morlaix ou encore Karreg ar Skariked dans le cap Sizun (Daire et Dutouquet, 2012, p.36). La répartition géographique des points de découverte laisse apparaître une majorité de sites (66 %) dans les Côtes d'Armor (sans doute à mettre en lien avec le nombre d'îlots inventoriés dans ce département), 19 % dans le Finistère, 11 % dans le Morbihan, les découvertes en Ille-et-Vilaine étant minoritaires du fait de la façade maritime réduite de ce département et donc du faible nombre d'îlots inventoriés.

La nature des découvertes est principalement représentée par des assemblages de mobiliers de natures différentes correspondant souvent à des sites ayant connu plusieurs phases d'occupations distinctes, ne montrant généralement pas une continuité de peuplement mais des horizons chrono-culturels divers ; les assemblages lithiques constituent cependant une part très importante (40 % des cas) des découvertes (Daire et Dutouquet, 2012, p. 36).

Les datations des gisements s'étalent du Paléolithique inférieur à l'époque moderne. Les ensembles archéologiques datent majoritairement de la Préhistoire (46 % des cas), toutes périodes confondues, mais les époques protohistoriques (âges du Bronze et du Fer) sont également bien représentées (17 % des découvertes). Si les vestiges antiques sont très peu présents (4 % des ensembles), les autres périodes historiques (médiévales et moderne) sont-elles aussi relativement peu documentées (respectivement 6 % et 7 %).

En l'état actuel des recherches, il reste difficile d'interpréter ces chiffres en terme d'évolution des occupations humaines littorales, car divers autres facteurs (conditions taphonomiques, résistance des vestiges, détection différentielle des vestiges en prospection...) peuvent biaiser l'échantillonnage.

5.5. Les occupations humaines modernes et contemporaines

La plupart des îlots bretons ont été occupés de la Préhistoire à nos jours (Daire et Dutouquet, 2012, p. 36-37). Pour les périodes moderne et contemporaine, ces occupations sont liées à diverses activités développées par l'Homme sur les îlots (Brigand, 2012, p. 16-17). Ainsi, les îlots du Trégor et du Léon sont fortement marqués par les activités de carriers (Chauris, 2009, 2010, 2011, 2012) exercées jusqu'à la moitié du XXe siècle (fig. 6). Celles-ci ont particulièrement modifié les paysages, par la construction de lourdes infrastructures (ports, cales, digues, rampes d'accès, bâtiments d'exploitation) et le relief, en creusant des carrières et en accumulant des déchets de taille à la périphérie des îlots. Elles ont donc affecté indirectement l'ensemble de l'écosystème insulaire. Les perturbations passées peuvent parfois favoriser une certaine diversité paysagère et/ou floristique. Ainsi, les innombrables déchets de taille provenant du rabotage des sites insulaires étaient déposés en périphérie de l'îlot. L'hydrodynamisme et la courantologie les ont généralement remaniés et ont donné naissance à des cordons, des queues de comète ou des tombolos, permettant ainsi l'apparition d'espèces végétales inféodées aux accumulations de galets, comme le chou marin qui est protégé au niveau national.

Dans le Léon, en Iroise et dans l'archipel des Glénan, le paysage est encore empreint de l'activité goémonière insulaire. Ce mouvement a connu son apogée dans les années 1920. On dénombrait ainsi, dans le seul archipel de Molène, 130 bateaux soit environ 280 hommes (Arzel, 1987, p. 225). Témoignant de cette exploitation, Il n'est pas rare de croiser des restes de fours à goémon, d'anciennes zones de séchage d'algues ou des ruines d'habitations en pierre sèche. Cette activité était souvent associée à une agriculture vivrière (matérialisée par les vestiges de murets en pierre sèche délimitant les anciennes parcelles cultivées), à l'élevage d'animaux domestiques (ovidés, bovidés principalement) et à la pêche à pied ou embarquée comme ce fût le cas sur l'île Kéménez (Le Conquet, Finistère) jusque dans les années 1970. L'association de ces différentes activités permettait à plusieurs familles et ouvriers de mener une vie insulaire en autarcie.

Constituant des lieux stratégiques pour l'observation et la défense des côtes, certains îlots ont par ailleurs, fait l'objet d'imposants aménagements militaires, et ce à différentes époques comme en témoignent la construction d'un fort Vauban sur l'île des Landes (Cancale, Ille-et-Vilaine), la présence de blockhaus et de tourelles de la seconde guerre mondiale sur l'île Longue (Landéda, Finistère) ou sur l'île Cézembre (Saint-Malo, Ille-et-Vilaine) ou encore les vestiges du fortin construit en 1862 sur l'île de l'Aber (Crozon, Finistère).

Figure 6 : Le rabotage de l'îlot Ar Vrann (Pleumeur-Bodou, Côtes-d'Armor) par les carriers a donné naissance à un vaste platier rocheux artificiel. Cliché : L. Dutouquet.

6. Intérêts et menaces

L'intérêt patrimonial des îlots est souvent multiple. La variété des faciès géomorphologiques des îlots couplée à des conditions maritimes extrêmes sont à l'origine d'une certaine diversité des habitats et de la flore vasculaire s'y développant. Par ailleurs, certains îlots représentent des lieux de vie privilégiés pour des espèces animales à forte valeur patrimoniale tel le phoque gris (archipel de Molène et archipel des Sept-Iles) ou la musaraigne des jardins. De plus, les îlots ont de tout temps été occupés par l'Homme aux périodes pré et protohistoriques mais aussi historiques. De nombreux vestiges témoignant de ces différentes occupations sont encore préservés sur ces sites qui, du fait de leur isolement géographique, sont relativement épargnés des dégradations d'origine anthropique. Cependant, différentes menaces ont été identifiées sur le panel d'îlots inventoriés.

Tout d'abord, l'érosion marine ou éolienne, outre la réduction de l'espace insulaire et des habitats qui s'y développent, a un impact direct sur les vestiges archéologiques et historiques. Ainsi, les évènements tempétueux hivernaux peuvent avoir des conséquences désastreuses et rapides sur les vestiges mobiliers et immobiliers comme il l'a été constaté sur Roc'h Louet dans l'archipel d'Ollone (Pleubian, Côtes-d'Armor) où des sépultures du Moyen-Âge sont régulièrement grignotées par la mer.

D'un point de vue faunistique, la présence d'espèces introduites voire invasives n'est pas sans conséquence sur la flore et la faune autochtones. Leur éradication, sur une vingtaine d'îlots bretons, réalisée entre 2001 et 2007 par le Conservatoire du littoral, a d'ailleurs révélé une augmentation significative des effectifs d'oiseaux marins et terrestres, des reptiles et des micro-mammifères autochtones.

Par ailleurs, les espèces végétales introduites ou envahissantes (généralement issues de jardins privés comme c'est le cas dans l'archipel de Bréhat ou celui des Glénan) peuvent se développer massivement et se substituer aux espèces littorales originelles, réduisant inévitablement la diversité spécifique du site. On les rencontre généralement sur les îlots d'estran, peu éloignés du continent ou d'une île principale (Bioret et Dutouquet, 2012, p. 21).

La fréquentation humaine massive, généralement constatée sur les îlots d'estran, facilement accessibles, n'est pas sans conséquence sur la conservation des habitats naturels (sur-piétinement) mais également sur la faune autochtone notamment lorsqu'elle est pratiquée avec un chien en liberté (dérangement important pour l'avifaune nicheuse).

La dynamique d'embroussaillement (développement des ronces, des fougères et des fourrés pré-forestiers), généralement liée à l'abandon des pratiques agricoles ou pastorales, tend à limiter les habitats littoraux originels à la périphérie du site. Cette dynamique est d'autant plus marquée que le secteur est abrité (archipel de Bréhat, îlots de fond de baie ou d'estuaire). Cette dynamique a pour conséquence une fermeture des milieux, une banalisation des paysages et une perte de biodiversité.

La présence d'importantes colonies d'oiseaux marins s'accompagne d'un enrichissement du milieu en nitrates et phosphates lié aux déjections des oiseaux marins. Il est souvent accompagné d'une altération physique du substrat du fait du piétinement des oiseaux et de l'arrachage de la végétation pour la confection des nids, ce qui favorise l'apparition et le développement d'espèces nitrophiles (*Beta maritima*, *Matricaria maritima*, *Lavatera arborea*). Si cette pression se maintient, le tapis végétal peut être totalement anéanti, le substrat se retrouvant à nu est directement mobilisable par les éléments éoliens et peut lui-même disparaître, conduisant au stade ultime de dégradation caractérisé par la roche mère à nu (Bioret et Dutouquet, 2012, 21).

7. Intérêt du programme

L'inventaire réalisé, même s'il ne peut être considéré comme exhaustif, s'inscrit comme une contribution à la connaissance du patrimoine insulaire. Il offre un panorama de la richesse naturelle et culturelle d'un échantillon représentatif d'îlots bretons tout en identifiant les principales menaces les affectant.

Au-delà de la connaissance du patrimoine insulaire qu'il permet d'enrichir, il constitue un outil de suivi et de gestion pour le Conservatoire du littoral dans la mise en œuvre de son action de protection et de restauration de la biodiversité insulaire et dans la définition de sa stratégie d'acquisition. Il lui offre, par ailleurs, des données utiles à la compréhension des paysages côtiers, de leur histoire et de leur fonctionnement écologique.

Concernant l'archéologie, le partenariat mis en place avec l'AMARAI a permis un bénéfice bilatéral, pour les deux structures :

- d'une part, les archéologues ont pu accéder à des informations et à des territoires qui étaient jusque-là exclus des zones d'investigation et de prospection. En effet, le classement de certains îlots et archipels en réserve naturelle en réduit l'accès à une période de l'année, sans compter l'accès aux îlots qui est la plupart du temps assez problématique du point de vue de la navigation (absence de structures d'accostage, conditions de navigation et d'abordages complexes…).
- d'autre part, le Conservatoire du littoral a pu améliorer sa connaissance du patrimoine micro-insulaire, à travers une approche globale intégrant la dimension anthropique. En effet, la compréhension des processus de formation des paysages insulaires requiert l'intégration de tous les paramètres, y compris celui des anciennes occupations humaines qui ont pu conditionner l'évolution de cet environnement, dans le spectre des espèces animales et végétales (introduction de nouvelles espèces, éradication d'autres, par exemple) ou encore dans les composantes du paysage (transformations liées à des activités humaines telles que les carrières, l'agriculture, l'occupation militaire) ; les milieux insulaires et micro-insulaires apparaissent alors comme des laboratoires d'observation scientifique particulièrement pertinents dans ce domaine.

Enfin, cet inventaire a aussi pour vocation d'inciter les pouvoirs publics, les naturalistes, les associations de protection de la nature et des patrimoines historique et archéologique, les propriétaires et les promeneurs avertis à s'y intéresser et à les protéger.

Notes :

1. Zone Naturelle d'Intérêt Écologique, Floristique et Faunistique : Classement attribué à des espaces naturels exceptionnels du fait des habitats qu'ils abritent ou du fait de la présence d'espèces animales ou végétales, rares, menacées ou protégées.
2. Zone d'Importance Communautaire pour les Oiseaux : site défini sur la base d'une convention internationale visant à repérer les zones les plus favorables pour la conservation des oiseaux sauvages.
3. Ligue pour la Protection des Oiseaux.
4. Service Hydrographique et Océanographique de la Marine.
5. Conservatoire Botanique National de Brest.
6. Littoral, Environnement, Télédétection, Géomatique.
7. Institut Universitaire Européen de la Mer, technopôle Brest-Iroise, Plouzané.
8. Association Manche-Atlantique pour la Recherche Archéologique dans les Îles.
9. Direction Générale des Affaires Culturelles.
10. Groupe pour l'Étude des Invertébrés Armoricains.
11. Groupe Mammalogique Breton.
12. Institut Géographique National.
13. Plage située à l'abri des houles, en position de fuite, ancrée à un obstacle (île, îlot ou écueil) qui au fil du temps et des apports sédimentaires tend à s'étirer dans la direction opposée aux houles.
14. Queue de comète rattachée à une île ou à la côte située en arrière
15. Accumulation reliant entre eux un ou plusieurs îlots, ou un îlot à la côte. Les cordons peuvent avoir la même forme que les tombolos, mais contrairement à ces derniers, qui sont toujours en abri d'un obstacle par rapport à la direction d'où proviennent les vagues, ils font face aux houles.

16. Elles se présentent le plus souvent au-dessus des plages actuelles, à la base de falaises, sous forme d'accumulations de galets altérés et liés entre eux par de l'argile.

BIBLIOGRAPHIE :

ARZEL P. (1987) - *Les Goémoniers*, le chasse-marée éditions de l'estran, Douarnenez, 305 p.

BIORET F., DUTOUQUET L. (2012) - Diversité, originalité et facteurs de dégradation des habitats naturels et semi-naturels des îlots marins des côtes bretonnes, *in* L. Dutouquet, P. Hamon, *Atlas du patrimoine micro-insulaire breton*, Éd. Conservatoire du Littoral, p. 20-21.

BOUET-LEBOEUF J.-L. (2012) - Le SHOM, Service Hydrographique et Océanographique de la Marine, *in* L. Dutouquet, P. Hamon, *Atlas du patrimoine micro-insulaire breton*, Éd. Conservatoire du Littoral, p. 14-15.

BRIGAND L. (2012) - Condition géographique des îles et îlots de Bretagne, *in* L. Dutouquet, P. Hamon, *Atlas du patrimoine micro-insulaire breton*, Éd. Conservatoire du Littoral, p. 16-17.

CADIOU B. (2002) - *Oiseaux marins nicheurs de Bretagne*, Les cahiers naturalistes de Bretagne, Bretagne Vivante-SEPNB/Conseil régional de Bretagne, 135 p.

CHEVALIER G. (2012) - Préhistoire et prospection archéologique sur le littoral du Trégor-Goélo, *in* L. Dutouquet, P. Hamon, *Atlas du patrimoine micro-insulaire breton*, Éd. Conservatoire du Littoral, p. 40-41.

CHAURIS L. (2009) – Pour une géoarchéologie du patrimoine : pierres, carrières et constructions en Bretagne (I), *Revue Archéologique de l'Ouest*, 26, p. 259-294.

CHAURIS L. (2010) - Pour une géoarchéologie du patrimoine : pierres, carrières et constructions en Bretagne (II), *Revue Archéologique de l'Ouest*, 27, p. 171-208.

CHAURIS L. (2011) - Pour une géoarchéologie du patrimoine : pierres, carrières et constructions en Bretagne (III), *Revue Archéologique de l'Ouest*, 28, p. 219-246.

CHAURIS L. (2012) - Pour une géoarchéologie du patrimoine : pierres, carrières et constructions en Bretagne (IV), *Revue Archéologique de l'Ouest*, 29, p. 287-316.

COURTIAL C., LE TOQUIN R. (2012) - Pré-inventaire des invertébrés terrestres insulaires (Arachnides, Coléoptères, Hémiptères, Mantoptères, Phasmoptères, Hyménoptères, Myriapodes et Isopodes), *in* L. Dutouquet, P. Hamon, *Atlas du patrimoine micro-insulaire breton*, Éd. Conservatoire du Littoral, p. 28-29.

DAIRE M. Y, DUTOUQUET L. (2012) - Des îlots, témoins d'anciens peuplements humains, *in* L. Dutouquet, P. Hamon, *Atlas du patrimoine micro-insulaire breton*, Éd. Conservatoire du Littoral, p. 36-37.

DAIRE M. Y., DUTOUQUET L., GEHRES B., QUERRE G. (2012) - Des céramiques et des îles ; approche pluridisciplinaire de quelques séries protohistoriques inédites, *Bulletin de l'Association Manche Atlantique pour la Recherche Archéologique dans les Îles*, 25, p. 21-44.

DUTOUQUET L., DAIRE M. Y. (2009) - *Rapport relatif aux découvertes archéologiques sur les îlots bretons*, Conservatoire du Littoral et Association Manche Atlantique pour la Recherche Archéologique dans les Îles, 15 p.

DUTOUQUET L., DAIRE M. Y. (2010a) - Patrimoine naturel et culturel sur le littoral et dans les îles de Bretagne, *Bulletin de l'Association Manche Atlantique pour la Recherche Archéologique dans les Îles*, 23, p. 5-16.

DUTOUQUET L., DAIRE M. Y. (2010b) - *Projet « Inventaire de la Biodiversité et du Patrimoine insulaire breton 2008-2010, Mission Îlots bretons »*. Rapport multigraphié, Association Manche Atlantique pour la Recherche Archéologique dans les Îles et Conservatoire du Littoral, avec les contributions de L. Audouard, G. Chevalier, K. Donnart, J. Feydeau, P. Hamon, L. Langouët, J.-M. Large, K. Le Nagard, L. Quesnel, 180 p.

DUTOUQUET L., DAIRE M.-Y., BREDIN D. (2013) - Patrimoine insulaire de Bretagne (France), naturel et culturel, *in* M.-Y. Daire, C. Dupont, A. Baudry, C. Billard, J.-M. Large, L. Lespez, E. Normand et C. Scarre (dir.), Actes du colloque HOMER 2011, *« Anciens peuplements littoraux et relations homme/milieu sur les côtes de l'Europe atlantique »*, Oxford, British Archaeological Reports, BAR Publishing, International Series 2570, p. 85-94.

DUTOUQUET L., HAMON P. (2012) - *Atlas du patrimoine micro-insulaire breton*, Éd. Conservatoire du Littoral, 912 p.

FICHAUT B., DUTOUQUET L. (2012) - Mode de formation et recensement des figures géomorphologiques remarquables sur plusieurs îlots bretons, *in* L. Dutouquet, P. Hamon, *Atlas du patrimoine micro-insulaire breton*, Éd. Conservatoire du Littoral, p. 22-23.

FORTIN M. (2012) - Des oiseaux et des îles, *in* L. Dutouquet, P. Hamon, *Atlas du patrimoine micro-insulaire breton*, Éd. Conservatoire du Littoral, p. 34-35.

HAMON P. (2012a) - Les inventaires floristiques, *in* L. Dutouquet, P. Hamon, *Atlas du patrimoine micro-insulaire breton*, Éd. Conservatoire du Littoral, p. 18-19.

HAMON P. (2012b) - Les mammifères insulaires, *in* L. Dutouquet, P. Hamon, *Atlas du patrimoine micro-insulaire breton*, Éd. Conservatoire du Littoral, p. 24-25.

HAMON P. (2012c) - Amphibiens et reptiles, *in* L. Dutouquet, P. Hamon, *Atlas du patrimoine micro-insulaire breton*, Éd. Conservatoire du Littoral, p. 27.

HAMON P. (2012d) - Commentaires sur quelques groupes et familles d'invertébrés, *in* L. Dutouquet, P. Hamon, *Atlas du patrimoine micro-insulaire breton*, Éd. Conservatoire du Littoral, p. 30-33.

LARGE J.-M. (2012) - Houat-Hoëdic et la chaussée de Béniguet, *in* L. Dutouquet, P. Hamon, *Atlas du patrimoine micro-insulaire breton*, Éd. Conservatoire du Littoral, p. 38-39.

LARGE J.-M., BIROCHEAU P., BUTTIN P., DUTOUQUET L., FORTIN M. (2009a) - Une archéologie des îlots de la chaussée du Béniguet et autour de Houat, *Bulletin de l'Association Manche Atlantique pour la Recherche Archéologique dans les Îles*, 22, p. 5-30.

LARGE J.-M., BIROCHEAU P., BUTTIN P., DUTOUQUET L., FORTIN M. (2009b) - Approche archéologique des îlots de l'archipel de Houat. *Melvan, la revue des deux îles*, 8, p. 25-44.

LE BERRE A, OMNES A. (1971) - Toponymie nautique de la côte nord de Bretagne entre le plateau de la Méloine et les Héaux de Bréhat, *Annales Hydrographiques* - 4e série, t. 17, p. 636-842.

MENIER D., BALLEVRE M. (2004) - Quand Groix n'était pas encore une île, Penn Ar Bed, *Bulletin trimestriel de Bretagne Vivante*, 190 - 191, p. 22-27.

PINOT J.-P. (1963) - Quelques accumulations de galets de la côte trégoroise, *Annales de Géographie*, vol. 72, p. 13-31.

TERS F. (1955) - Toponymie nautique de la côte du Goélo (Le Trieux-Bréhat-Paimpol), *Annales Hydrographiques*, 4e série, t. 6, p. 371-435.

LES PÊCHERIES INSULAIRES DE BRETAGNE : DIVERSITÉ ET ORIGINALITÉS

LANGOUËT[1] Loïc et DAIRE Marie-Yvane [2]

1 - Professeur des Université (ER), A.M.A.R.A.I.
(Association Manche Atlantique pour la Recherche Archéologique dans les Îles)
email : langouet.loic@wanadoo.fr
2 - CNRS UMR 6566 CReAAH « Centre de Recherche en Archéologie, Archéosciences et Histoire » Université de Rennes 1,
email : marie-yvane.daire@univ-rennes1.fr

Résumé

Sur les 752 barrages de pêcherie connus à ce jour en Bretagne, 176 sont physiquement rattachés aux îles actuelles, soit presque le quart ; ils revêtent donc une importance particulière en Bretagne. Or cette région est entourée de 797 îles et terres émergées, dont 15 seulement sont habitées actuellement. À ces dernières, sont attachés 72 barrages de pêcheries ; la majorité des barrages est donc liée à des îles peuplées anciennement mais pratiquement désertées aujourd'hui ; ce lien entre des habitats et les barrages de pêcheries est d'autant plus probable lorsque ces îles sont éloignées de la côte. La notion d'île ancienne mérite d'ailleurs d'être revue en relation avec la variation du niveau marin.

Ce patrimoine sera analysé de Belle-Île à l'archipel de Chausey, surtout pour identifier à coup sûr les exploitants insulaires. Les barrages liés aux îles suscitent des observations sur les plans géographique et historique. Les pêcheries des estrans continentaux, des îles de haute mer et des archipels, séparés du continent ont été analysées. On a identifié les pêcheries qui étaient exploitées sur 152 îles bretonnes ; des textes médiévaux et des sites archéologiques de différentes périodes ont même permis d'identifier et/ou de dater l'exploitation de 22 de ces installations fixes de pêche.

Mots-clés :
Barrages, pêcheries, îles, Bretagne, niveau marin

Abstract:

Among the 752 prehistoric and historic fish-traps currently known in Brittany, 176 are physically connected with the present-day islands, that is to say almost a quarter. Therefore, these island fish-traps take on a particular importance in the Brittany region. However, the land territory of this region includes 797 islands and islets, only 15 of which are at present inhabited. In the latter category, there are 72 fish-weirs. Thus, most of the fish-traps are associated with formerly inhabited islands that are practically abandoned today. This link between former settlements and fish-traps is all the more likely when these islands, which are located relatively far offshore, have become even more remote from the coast. Moreover, the definition of former islands needs to be revised in view of the variations in sea level.

These aspects of heritage are considered over an area extending from Belle-Île to the archipelago of Chausey, with the special aim of clearly identifying the owners, users and developers of the traps. The fish-traps connected to islands are likely to provide data from observation of local geographical maps and historic records. We successively consider weirs belonging to islets on the continental foreshore, offshore islands of the open sea and archipelagoes separated from the continent. We can identify fish-traps which were exploited on 152 islands in Brittany; medieval texts and archaeological sites dating back to various periods allow us to identify and/or date the exploitation of 22 of these fixed fishing installations.

Keywords:
Fish-weirs, fish-traps, islands, Brittany, sea-level

Introduction

Sur les 752 pêcheries connues à ce jour en Bretagne, 176 sont physiquement rattachées aux îles actuelles, soit presque le quart[1] ; elles revêtent donc une importance particulière en Bretagne et méritent une étude spécifique, dans une perspective d'approche de l'économie de subsistance des populations insulaires. Dans la pratique, pour la surveillance, l'entretien et la collecte des prises, les marayants[2] constituaient une population sédentaire, implantée à proximité des pêcheries exploitées. Il est certain que, plus un barrage a demandé de l'énergie pour sa construction, plus l'exploitation devrait être intense et liée à une demande des populations voisines de la pêcherie. Ce lien physique et géographique entre des insulaires et les barrages de pêcheries est d'autant plus probable lorsque ces îles sont éloignées de la côte ; il est peut-être moins évident pour des îles proches du littoral.

La Bretagne est entourée de 797 îles et terres émergées (Dutouquet et Hamon, 2012), dont 15 grandes sont actuellement densément habitées. À ces dernières, sont attachés 41 barrages de pêcheries ; la majorité de ces pièges est donc liée à des îles éventuellement peuplées autrefois, mais souvent désertes aujourd'hui.

L'objectif de la présente étude est de tenter d'analyser la nature des liens entre certaines pêcheries insulaires et les habitants des îles auxquelles elles sont rattachées physiquement, en fonction de la typologie géographique et environnementale des territoires considérés. En effet, un barrage de pêcherie maritime nécessite une surveillance quotidienne, voire bi-quotidienne en Bretagne du fait du régime des marées, et un entretien régulier. La proximité des marayants est donc nécessaire dans ce genre de pêche, qui a l'avantage de ne pas recourir à des moyens nautiques. Les sources exploitées dans cette approche sont majoritairement des textes médiévaux, mais les contextes et vestiges archéologiques offrent également des éléments de réflexion sur ce lien entre les pêcheries et leurs exploitants.

1. Les différents types d'îles (fig. 1)

Dans la base de données PEP « Pêcheries d'estran de Bretagne »[1], chaque installation est géo-référencée et attachée à un lieu-dit littoral ou une roche d'estran, généralement le plus proche. C'est ainsi que 176 barrages sont rattachés à des îles ou îlots, autour de la Bretagne. Mais il est nécessaire d'analyser préalablement les conditions géographiques et caractéristiques des îles qui peuvent réellement être associées à des pêcheries (fig. 1) ; cette approche est d'autant plus importante que la configuration du trait de côte a beaucoup varié au cours des derniers millénaires, notamment sous les effets des transgressions holocènes (Stéphan *et al.*, 2009), ce qui a eu pour effet d'isoler des territoires autrefois continentaux. L'analyse des conditions d'exploitation des pêcheries doit donc tenir compte de cette évolution environnementale.

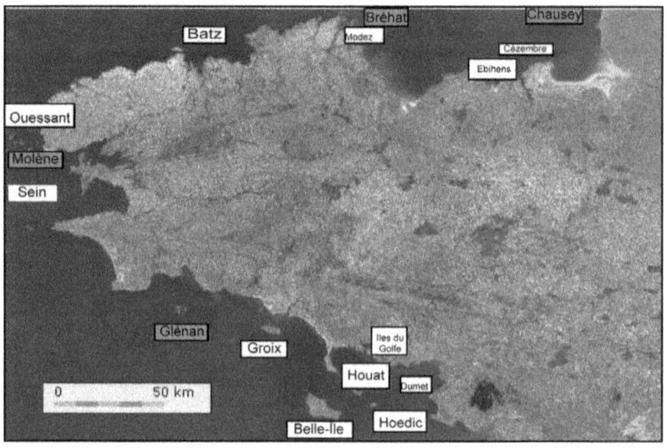

Figure 1 - Les principaux archipels et îles de haute mer et quelques autres îles en Bretagne.

Ainsi, les pêcheries littorale implantées sur les estrans continentaux, aujourd'hui localisés à proximité d'une « île d'estran » (Brigand 2012) n'ont pas lieu d'être systématiquement retenues dans la présente étude ; d'une part, ces îles, très proches de la côte, perdent leurs caractères insulaires à marée basse et sont de ce fait, sont très accessibles depuis la côte. Leur exploitation peut et pouvait se faire, même anciennement, aussi facilement par des insulaires ou par des continentaux. Dans de tels cas, les environnements sont à examiner en détail, afin de tenter de déterminer ceux qui exploitaient de telles pêcheries, des continentaux ou des insulaires. La notion d'île ancienne mérite également d'être analysée en relation avec la variation du niveau marin, ainsi que nous l'avons évoqué supra. Les pêcheries de la bande intertidale, surtout celles du haut de l'estran, nécessitent une prospection archéologique de leurs environnements, insulaire et littoral.

Les îles du large ou de haute mer (Ouessant, Sein, Groix, Houat, Hoedic et Belle-île et, dans une certaine mesure, Batz) sont, par définition, éloignées de la côte continentale et la situation est alors plus claire, puisque l'exploitation de leurs pêcheries n'ont pu être assurée que par les insulaires.

Il en va de même pour les archipels, tels ceux de Chausey, Bréhat, Molène et Glénan, également qualifiables de « haute mer » car ils sont nettement séparés du continent et éloignés de la côte. Mais, si nous pouvons être assurés que les pêcheries de ces archipels, éloignés de la côte, étaient exploitées par des habitants de l'archipel, il est plus difficile d'affirmer qu'ils appartenaient à l'île la plus proche du barrage ; dans plusieurs cas, la circulation entre îles et îlots d'un même archipel est assez aisée, notamment à marée basse et plus encore si on se réfère à des temps où le niveau de la mer était inférieur à l'actuel.

2. Le cas des pêcheries « pseudo-insulaires »

La question de l'origine géographique de l'exploitant d'une pêcherie se pose surtout pour les îlots de faible surface, très proches de la côte, *ie* en haut de l'estran. Parmi les nombreux sites examinés, on se contentera de citer quelques cas représentatifs. Les deux barrages de pierres qui ont pris appui sur l'île de la Comtesse, à Saint-Quay-Portrieux (Côtes d'Armor), n'étaient pas forcément exploités par les habitants de cette petite île, tant le rivage et ses habitants en sont proches. La pêcherie de l'îlot inhospitalier de Rollic, à Ploubazlanec (Côtes d'Armor), ne pouvait être exploitée, même anciennement, que par des habitants du littoral, seule zone hors d'eau, à 400 m au plus proche.

Mais, en présence de textes explicites ou de vestiges archéologiques non ambigüs, on peut retrouver l'origine, voire la motivation des marayants. Ainsi, les deux barrages de pierres qui reliaient l'île Sainte-Catherine à la rive gauche du Blavet, à Locmiquelic (Morbihan) (Carte des Ingénieurs-Géographes du Roi, 1771-1776), propriétés du monastère de l'île, étaient exploités par les religieux en 1636 (Croix, 2006, p. 296). Les prises des pêcheries, poissons et crustacés, trouvaient un débouché partiel, sinon total, dans les besoins du monastère dont les religieux suivaient un régime alimentaire particulier.

De même, en remontant plus loin dans le temps, l'occupation osisme de l'île d'Yoc'h, à Landunvez (Finistère), comprenant un atelier de bouilleur de sel intégré dans un hameau avec habitat et installations annexes (Daire 2001), a été identifiée pour la fin du Ier siècle av. J.-C. et est certainement liée aux deux barrages de pêcheries implantées entre l'île et le littoral, proche à de 700 m au plus près.

D'après son niveau d'implantation, le barrage de pêcherie, implanté dans le haut de la grève entre Enez Vihan et le rivage de Pleumeur-Bodou (Côtes d'Armor), a pu être exploité aussi bien par des littoraux que par les occupants de l'île. Des fouilles ont mis en évidence une fréquentation de l'îlot au Néolithique (sépulture ; Daire et Lepage 1994) et à la fin de l'Âge du Fer (atelier de bouilleur de sel ; Daire *et al.* 2001). Toutefois ces données sont suffisamment ambigües pour empêcher de trancher nettement sur l'origine des marayants[2], même si l'exploitation par des riverains parait beaucoup plus probable, au vu des facilités d'accès.

En l'absence de données, claires, précises et univoques, certaines pêcheries des hauts de grève, n'ont pas été retenues dans l'inventaire des pêcheries insulaires (*cf. infra*). N'ont été ainsi prises en compte que les pêcheries qui ne pouvaient qu'être assurément exploitées par les insulaires voisins ou étaient attachables, sans ambigüité, souvent par des textes, à leur île de localisation figurant dans la base PEB. Dans la catégorie « pseudo-insulaires », après un examen global et critique, 15 pêcheries des hauts d'estran ont été retenues (*cf.* annexe).

3. Les îles d'estrans continentaux

Pour les barrages qui sont relativement au bas des estrans, on ne rencontre pas les mêmes problèmes. Dans le Finistère, 17 pêcheries ont été exploitées sur l'estran ; la multiplicité des îles, de Porspoder à Plouguerneau, y explique le grand nombre des barrages insulaires, souvent liés à des fréquentations anciennes. Les exemples les plus pédagogiques existent près des îles d'Yoc'h, Wrac'h, Staladon, ...

Le barrage de pêcherie en pierres de la Roche Martin, en Plérin (Côtes d'Armor), roche inhospitalière localisée à 750 m de la côte, semble n'avoir pu être exploitée que par des habitants continentaux. Cependant, la Roche Martin a pu être habitée à l'époque néolithique et ses habitants éventuels ont pu exploiter cette pêcherie, dont le niveau d'implantation semble corresponde à une montée du niveau marin de l'ordre 4,85 m. Mais on ne peut pas reconstituer les couches meubles qui ont pu être emportées par la houle et lors de tempêtes depuis l'aménagement de la pêcherie.

L'île Modez, à Lanmodez (Côtes d'Armor), possède une grande pêcherie alors que l'habitat semble y avoir été modeste ; une origine monastique des deux barrages qui la définissent sur l'estran est très probable (Langouët *et al.*, 2008).

Le barrage en pierres qui barre un talweg sablonneux à La Nellière, à Saint-Jacut-de-la-Mer (Côtes d'Armor), est contemporain du village coriosolite tout proche, implanté sur l'île des Ebihens ; là, un atelier de bouilleur de sel pourrait être lié à cette pêcherie, offrant une solution au problème de conservation des pêches (Langouët, 1989, p. 9-23). Pour la même période, le Ier siècle av. J.-C., la même association (pêcherie-atelier de bouilleur de sel) a été observée au Logui, à Pénestin (Morbihan), et évoquée *supra* à l'île dYoc'h.

Pour une très grande majorité, les barrages insulaires repérés sont en pierres ; pour les derniers siècles, l'exception vient des anciens bouchots, en bois et matières végétales, dans la vallée sablonneuse et alluvionnaire de l'Arguenon (Saint-Jacut-de-la-Mer), dans la baie de Cancale ou dans les valles du Blavet et du Scorff (Langouët *et al.*, 2010). Pour le XVIIIe siècle les inventaires de F. Lemasson du Parc, en 1723-1729, indiquaient indirectement que, sur les côtes septentrionales de la Bretagne, les bouchots bretons en bois étaient aussi nombreux que les parcs ou écluses en pierres (Levasseur, 2008, p. 15), même en ne tenant pas compte des 66 pièges en bois et matières végétales de la baie de Cancale. Ainsi les chiffres de l'échantillonnage des barrages en pierres (66 barrages insulaires retenus) est-il probablement très inférieur à l'ancienne réalité : des barrages en bois devaient coexister avec ces barrages en pierres, mais leurs vestiges nous sont relativement peu parvenus.

4. Les îles du large

Cette appellation désigne les îles suffisamment éloignées du littoral pour que l'exploitation de leurs pêcheries ait été certainement assurée par des insulaires. On pourrait s'attendre à ce que, pour les 41 pêcheries de ces îles, le nombre des pêcheries fixes (N) soit en corrélation avec la surface de l'île (S) ou, indirectement, avec le nombre d'habitants, or il n'en est rien puisque pour beaucoup de ces îles du large, le rapport de S/N varie de 2425 à 14 (hors les archipels ; tab. 1).

Îles de haute mer	Archipel	Nombre de pêcheries (N)	Surface(S) (ha)	S/N
Belle-Île		2	8451	2425
Ouessant		2	1558	779
Groix		2	1520	760
Batz[3]		12	357	30
Houat		2	288	140
Molène		4	60	15
Sein		1	58	58
Maudez[3]		1	22	22
Hoedic		15	209	14
	Bréhat	19	318	17
	Chausey	10	65	6
	Les Sept Îles	2	40	20
	Les Glénan	18	21	1,1
	Molène	9	180	20

Tableau 1 - Nombre de pêcheries connues à ce jour dans les îles ou archipels principaux autour de la Bretagne.

Les îles de Ouessant, Groix, Belle-Île et Houat ont livré relativement peu de pêcheries par rapport à la surface de leur territoire (tab. 1). Par contre, pour Hoedic (Morbihan), île de faible surface, on connait 16 barrages de pêcheries. L'explication repose au moins sur les deux remarques suivantes :

- les habitants d'îles éloignées du continent étaient des marins, habitués à naviguer, ne serait-ce que pour garder un lien avec le continent. Ils auraient préféré la pêche en mer à celle, relativement sédentaire, des pêcheries, pour se fournir en poissons ;
- les caractéristiques géographiques des îles apportent des arguments supplémentaires à ce déficit. Belle-île, Ouessant et Groix, sont entourées, sur plus de la moitié de leur périmètre, de falaises rocheuses peu propices à l'implantation de pêcheries d'estran ; s'y ajoute souvent une face très exposée à de fortes houles. Par contre, à Hoedic, les pêcheries sont surtout implantées sur un grand platier rocheux, situé au sud de l'île, donnant un large estran propice à l'installation de barrages de pêcheries en pierres. Mais, sur le grand platier similaire du sud-est de l'île de Groix, aucune pêcherie n'a été détectée ; chaque île a eu manifestement ses préférences de pêche et ses traditions culturelles.

D'une manière surprenante, si on met en parallèle, d'une part, l'île d'Hoedic avec ses 16 pêcheries en pierres (Daire et Langouët 2011a) et, d'autre part, les îles voisines de Houat et Belle-île, la situation est différente d'après les nombres de pêcheries.

Sur Hoedic, pour l'instant, aucune n'est liée avec évidence à un des sites connus de l'île. Une attribution chronologique très schématique a utilisé les niveaux d'implantation des barrages (tab. 2 ; Daire et Langouët 2011b), ce qui permet de distinguer quatre groupes :

- le premier, entre 1,30 et 1,70 m,
- le second, autour de 0 m
- le troisième entre 0,50 t 0,80 m,
- le quatrième entre 1,60 et 2,50 m.

Nom de la pêcherie	Nb (m/0 SHOM)	δ(BMME) (m)[4]	Type	Groupes
Le Grand Mulon-1	-1,30	3,70	DC	1
Le GrandMulon-2	-1,70	4,10	DC	1
Le Grand Mulon-3	-1,60	4,00	AL	1
Madavoar	-1,30	3,70	AC	1
Men Du	-1,50	3,90	AC	1
Beg er Faut	0	2,40	AC	2
Port de la Croix-1	0	2,40	AC	2
Men-Gren	0	2,40	AC	2
Roc'h Melen-est	+0,50	1,90	AL	3
Beudjeul	+0,60	1,80	AL	3
Port Parnec	+0,80	1;60	BL	3
Port de la Croix-3	+1,60	0,80	AL	4
Roc'h Melen-ouest	+1,60	0,80	AL	4
Beg Lagad	+2,0	0,40	AL	4
Port de la Croix-2	+2,50	-0,10	AL	4
Roc'h Melen-nord	+2,50	-0,10	AL	4

Tableau 2 - Essai de classement chronologique des pêcheries de l'île d'Hoedic.

Trois périodes anciennes de fréquentation de l'île d'Hoedic sont attestées par l'archéologie : le Mésolithique, le Néolithique et l'Âge du Fer. Si on admet que le groupe 4, au vu des faibles valeurs de δ(BMME), correspond à des époques récentes, médiévales tout au plus, les groupes 1, 2 et 3 pourraient dater respectivement et logiquement du Mésolithique (δ(BMME) ≈ 4 m), du Néolithique (δ(BMME) ≈ 2,40 m) et de l'Âge du Fer (δ(BMME) ≈ 1,80 m).

Le cas de l'archipel de Molène mérite un commentaire particulier. L'archipel comprend 9 pêcheries inventoriées, tandis que l'île de Molène, proprement dite, n'en possède que 4. Mais les rapports S/N sont très proches (tab. 1), pour les deux entités, et du même ordre les valeurs obtenues pour l'île d'Hoedic. Cependant, dans le cas de l'archipel de Molène, ces chiffres correspondent probablement à un minimum, dans la mesure où l'importante couverture algale des fonds peut constituer un masque pour la détection des structures. En tout état de cause, il semble qu'à Molène et dans son archipel, les insulaires n'aient pas

négligé les pêcheries fixes, contrairement à Ouessant.
Les caractéristiques environnementales (peu de reliefs du littoral, zones de galets, ...) de l'île de Sein (Finistère), sont probablement à même d'expliquer le faible nombre de pêcheries. Pour des îles bretonnes de taille moyenne, telle que celle-ci, il n'y a pas de règle générale et la présence de pêcheries fixes semble aléatoire, à première vue.

Autour de l'île de Cézembre (Saint-Malo, Ille-et-Vilaine), aucun barrage n'a été identifié alors qu'elle fut habitée à différentes périodes (Néolithique, haut Moyen Âge, Moyen Âge) ; la falaise septentrionale et se plage méridionale, peu profonde et sujette à la houle du nord-ouest sont peu propices à l'installation de pêcheries fixes. Par contre la plaine sédimentaire entre Cézembre et Saint-Malo a pu accueillir autrefois des parcs ou des bouchots car la topographie ancienne indique un large estran alluvionnaire sur lequel un gué submersible permettait d'accéder à l'île de Cézembre jusqu'au XVe siècle (Langouët, 1996).

Deux pêcheries de pierres sont connues sur l'île Saint-Rion à Ploubazlanec (Côtes d'Armor ; fig. 2). Des textes anciens les mentionnent à partir du XVIe siècle. Mais l'abbaye de Saint-Rion fut créée à la toute fin du XIIe siècle par des chanoines réguliers de Saint-Augustin. Ils migrèrent ensuite sur le continent pour créer l'abbaye de Beauport en début du XIIIe siècle. Les pêcheries, propriétés de l'abbaye de Beauport, ont pu être construites dès la fin du XIIe ou au début du XIIIe siècle. L'abbaye de Beauport construisit de nombreuses pêcheries dont plusieurs, à la pointe de Guilben, à Paimpol, et une sur la rive droite du Trieux.

L'île de Batz (Finistère) n'a pas toujours été pas une réelle île du large car il suffisait d'un niveau marin plus bas de quelques mètres pour qu'elle fût accessible depuis Roscoff à marée basse. 11 barrages de pêcheries y ont été reconnus. Les barrages les plus anciens, *ie* le plus bas dans l'estran, sont situés, à l'abri des vents d'ouest et de la houle, soit à l'est de l'île soit dans une anse abritée du sud. Ainsi les pêcheries les plus anciennes pouvaient être en principe exploitées aussi bien par des « continentaux » que par des habitants du territoire de Batz ; mais ces derniers étaient mieux placés. Par contre les installations les plus récentes n'ont pu être exploitées que par les insulaires.

Il faut préciser que certaines îles du domaine breton sont apparemment dépourvues de pêcheries. Ainsi, on ne connait pas de barrage lié à l'île Dumet (Morbihan), mais des biais peuvent toujours exister, par exemple si ces pêcheries étaient en bois (problème de conservation des matériaux), ou si elles ont été volontairement détruites (les ordonnances de 1584 et 1681 et les missions de F. Le Masson du Parc, entre 1726 et 1730 ; Levasseur, 2008), ce qui constitua une démarche historique avérée à l'époque moderne.

Les deux pêcheries de l'île de Groix (Morbihan ; fig. 3) sont également liées à un prieuré, celui du Saint-Gunthiern, fondé au IXe siècle avec l'aide de Nomioë (Guigon et Molines, 1997, 70-71). Le rapport entre l'une des installations (*Men ar Venech*) et le prieuré est matérialisé par la dénomination locale de la pêcherie et par un ancien chemin de liaison directe. Les deux pêcheries ont été crées probablement au même moment, d'après leur niveau d'implantation. Il semble qu'elles aient été aménagées avant le XVIe siècle puisque Jean de Vendôme vendit l'île de Groix en décembre 1382, avec sa « sécherie de Locmaria » (AD 44, E 224). Or les sécheries sont souvent liées aux pêcheries (*cf.* le cas des pêcheries de Binic (Côtes d'Armor) et d'Ouessant (Finistère)).

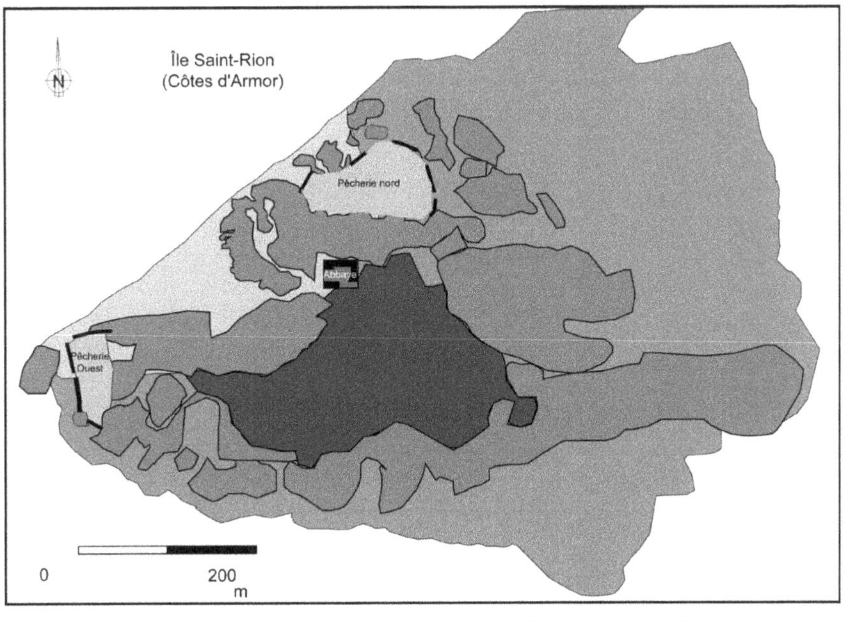

Figure 2 - Les deux pêcheries monastiques de l'île Saint-Rion, à Ploubazlanec (Côtes d'Armor) (DAO Langouët).

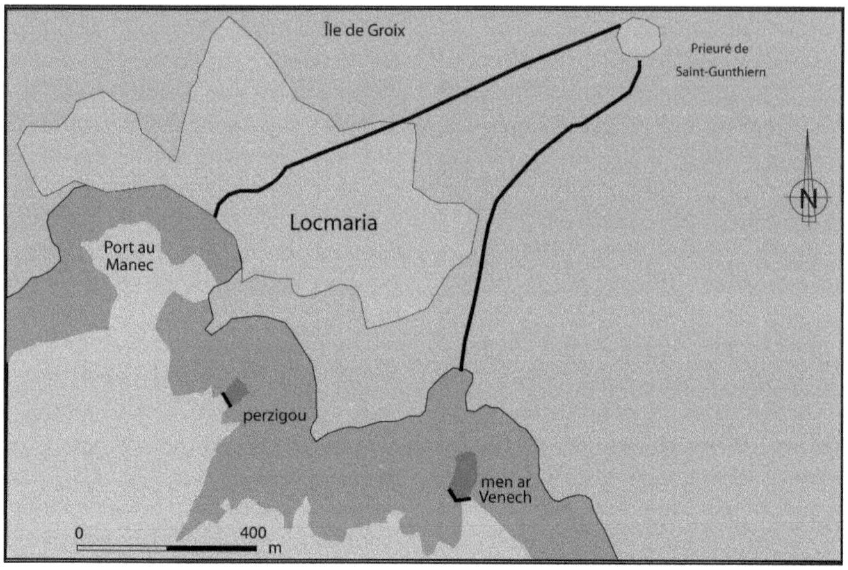

Figure 3 - Les deux pêcheries de l'île e Groix (DAO Langouët).

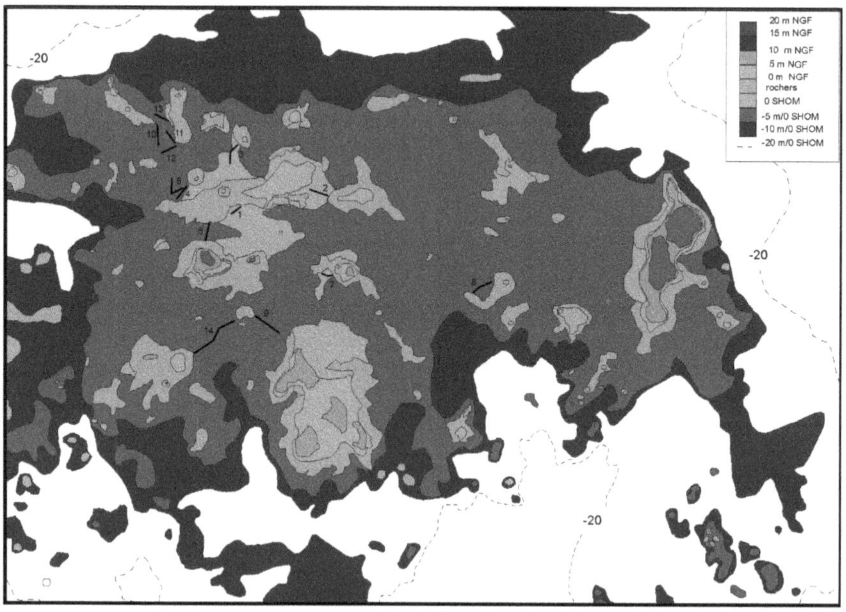

Figure 4 - Localisation des barrages de pêcheries dans l'archipel des Glénan (DAO Langouët).

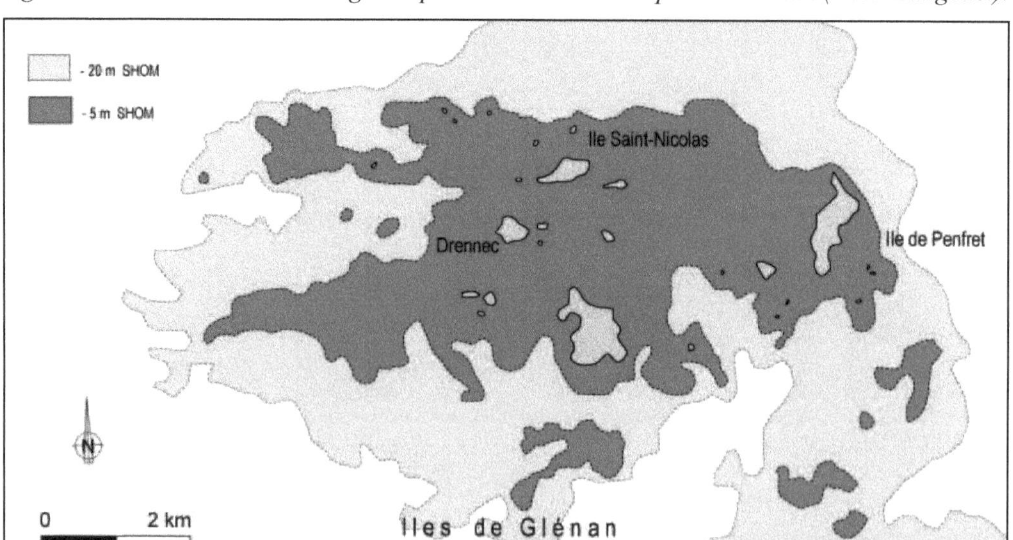

Figure 5 - Avec des niveaux marins inférieurs de 5m, l'île Saint-Nicolas s'agrandit et les pêcheries situées alors au dessus de ce niveau (fig. 10) ne peuvent qu'être postérieures au Néolithique (DAO Langouët).

Les îles du golfe du Morbihan ont révélé quelques barrages, récents pour la plupart : 2 pour l'Île-aux-Moines, 1 pour les îles d'Arz, de Goedic, de Boed et de la Jument. Mais dans ce cas, comme dans celui des pêcheries d'estran, le lien entre exploitants potentiels et barrages est plus difficile à établir, compte tenu de la configuration des lieux.

5. Les archipels

Les 57 barrages connus des principaux archipels ont une distribution et une densité variables selon les ensembles considérés (tab. 1). Bien que ces archipels soient à la fois riches en pêcheries et en vestiges archéologiques, la datation se heurte à une difficulté liée à la multiplicité chronologique des fréquentations humaines, débouchant sur des ambigüités d'attribution, ce qui empêche généralement des attributions sûres.

Ainsi, l'étude des 18 pêcheries de l'archipel des Glénan (fig. 4) est relativement décevante, malgré une abondance de données archéologiques (Langouët *et al.*, 2014). Aucun barrage n'a pu être daté avec sûreté, précision et sans ambigüité. On y pu constater qu'avec un niveau main inférieur de 5 m, l'île Saint-Nicolas était une grande île intégrant ses voisines (fig. 5) ; ainsi les 6 pêcheries qui s'y trouvent au dessus de la ligne des -5m/0 SHOM (fig. 10), ne peuvent qu'être postérieures au Néolithique (fig. 11). Par ailleurs, il faut envisager une circulation aisée entre les îles de l'archipel, liée à sa configuration naturelle en atoll, non seulement à marée basse mais plus encore avec un niveau marin inférieur de quelques mètres.

Les 8 barrages de pêcherie, connus dans l'archipel de Chausey (fig. 6) sont regroupés à l'ouest, près des îles habitables, La Grande Île en particulier, mais le peu d'informations archéologiques a empêché toute tentative de datation. On peut simplement remarquer que leurs niveaux d'implantation sont pratiquement les mêmes (*cf.* annexe), ce qui tendrait à prouver une quasi-contemporanéité de leurs installations.

C'est plutôt la difficulté d'attribution d'un barrage de pêcherie à des sites archéologiques bien datés et caractérisés qui a empêché, à quelques exceptions près, la datation des 18 barrages de l'archipel de Bréhat. Deux pêcheries ont cependant pu être datées sans ambigüité (Langouët *et al.*, 2009 et 2010). La grande pêcherie de l'île Lavret est à relier à la fréquentation de l'île par une communauté monastique aux VIe-VIIIe siècle (fig. 7). De même, le barrage de l'île Verte est assurément lié à la présence d'un monastère à partir de 1434. Le grand barrage de Roc'h Verrien dans le nord de l'île de Bréhat est peut-être à associer à un établissement monastique dont il ne reste que la chapelle Saint-Riom, mais la datation reste incertaine.

Il est donc difficile de dater objectivement des barrages en pierres dans les archipels. De plus les changements des fonds anciens, liés à la variation du niveau marin depuis le Mésolithique, compliquent la recherche de rapprochements nets, certaines îles isolées actuellement pouvant être intégrées dans une île plus grande. On rencontre ce phénomène autour de l'île Saint-Nicolas aux Glénan.

Conclusions

L'un des objectifs à long terme de l'étude des pêcheries est de pouvoir relier chaque barrage à son contexte chrono-culturel d'origine, afin d'apporter un éclairage supplémentaire sur l'économie de subsistance des populations littorales et insulaires de l'Ouest de la France. Cela suppose de disposer des données fiables dans la détermination des anciens niveaux marins et du trait de côte de Bretagne. Il est encore impossible aujourd'hui d'utiliser cette variation du niveau marin à des fins de datation précises tant qu'une courbe fiable et continue n'a pu être établie pour chaque secteur géographique. Les pêcheries peuvent contribuer à la construction de ces courbes, mais il faudrait pouvoir multiplier les datations précises. Or, les obstacles rencontrés pour la datation de la construction des barrages de pêcherie, insulaires ou non, sont principalement les suivants :

- l'absence de techniques de laboratoire pour dater en grand nombre les barrages en pierres,
- le manque de textes ou de vestiges archéologiques, bien identifiés, liés univoquement à une pêcherie,
- une multiplicité chronologique des vestiges archéologiques potentiellement associés, notamment dans certains contextes insulaires, les archipels en particulier,
- le niveau ancien des fonds marins lors de la construction d'un barrage.

Des datations relativement fiables de barrages empierrés, plus ou moins précises, n'ont été possibles que dans deux cas :

- lorsqu'on dispose de données textuelles, médiévales (Saint-Riom en Ploubazlanec, île Verte à Bréhat, Saint-Sauveur, en Pleumeur-Bodou, etc.),
- grâce à la présence de vestiges archéologiques associés sans ambigüité à une pêcherie fixe (Groix, Lavret à Bréhat, Yoc'h à Landunvez, La Nellière à Saint-Jacut-de-la-Mer, Plomarc'h, à Dournenez, Les Daviers à Saint-Malo, etc.).

Analysés du point de vue spatial, les inventaires départementaux mettent en évidence des disparités de répartition :

- en Ille-et-Vilaine (3 barrages en pierres), un barrage de pêcherie, lié à deux sites mésolithiques, a été identifié à 2 m sous le niveau actuel 0/SHOM. Illustrant une montée de niveau marin de l'ordre de 7 m depuis l'époque de sa mise en place (Saint-Malo, rochers des Daviers), cette pêcherie date très certainement du Mésolithique car liée à deux sites de cette période

dominant le barrage (Kayser et Faguet, 1991) ;
- dans le Morbihan (26 barrages), nous avons souligné que le nombre de pêcheries insulaires n'est pas proportionnel à la superficie des îles (2 à Belle-île et 15 à Hoedic). La nature des côtes a eu une grande influence sur l'aménagement de barrages. Une côte limitée par de hautes falaises, exposées parfois en plus aux vents dominants, n'est pas favorable à l'installation d'un barrage. Par contre l'existence d'un platier rocheux, même petit, a pu favoriser l'implantation de barrages (Groix, Hoedic). Les pêcheries du Golfe du Morbihan, toutes liées à des îles habitées, se trouvent sur des estrans sableux (Ilur) ou ont bénéficié d'une petite anse naturelle (Île-aux-Moines, Île de la Jument).

À l'échelle de la Bretagne, certaines portions du littoral s'avèrent plus riches en pêcheries car mieux abritées des tempêtes et des fortes houles. Les Côtes d'Armor ont livré 28 % des installations connues actuellement. On put se rendre compte de l'effet destructeur des houles et tempêtes en indiquant à titre d'exemple que les pierres du barrage de la Neilière, à Saint-Jacut-de-la-Mer, sont étalées actuellement sur 7m alors qu'une évaluation des volumique de ces pierres a indiqué un barrage initial de 0,80 m de haut et d'environ 0,60 m de large.

Les niveaux d'implantation des barrages sont très variables. Les pêcheries d'époque historique sont généralement visibles sur l'estran à marée basse. Mais, plusieurs barrages ne découvrent plus jamais, illustrant la montée du niveau marin et leur relative ancienneté. Ces anciennes pêcheries sont plus accessibles à la détection dans les zones à fort marnage. Ainsi les rivages du Morbihan avec ses marnages maximaux de l'ordre de 6 m n'ont pas livré de très anciennes pêcheries.

Pour certaines îles, les pêcheries peuvent être liées d'une manière univoque à l'occupation d'une île prouvée par des textes ou éventuellement par des vestiges archéologiques (Hoedic par ex.).

Au total, il apparait que, rattachées à des îles bretonnes 149 pêcheries (84 %) étaient autrefois exploitées par des insulaires. 15 étaient associées à des établissements religieux chrétiens. De plus, cette étude a permis de comptabiliser 7 pêcheries datées uniquement grâce à des vestiges archéologiques associés (1 du Mésolithique, 2 du Néolithique, 3 de l'Âge du Fer et 1 gallo-romaine).

NOTES

1. La base de données PEB « Pêcheries d'estran de Bretagne », réalisée par l'AMARAI (Association Manche Atlantique pour la Recherche Archéologique dans les Îles) comprend deux éléments complémentaires : un fichier communal papier regroupant toutes les données disponibles (géolocalisation, caractéristiques physiques, cartes, photographies et documents d'archives, ...) et un fichier informatique Excel regroupant toutes les données sous forme numérique. Dans le cadre d'une convention entre L'AMARAI et l'ADRAMAR (Association pour le Développement de la Recherche en Archéologie MARitime), cette base de données PEB, a été exploitée afin d'alimenter l'Atlas du Patrimoine Maritime, accessible en ligne.

2. Terme désignant les exploitants des pêcheries de l'Île d'Oléron (Lafon, 1993, p. 13).

3. Les îles de Batz et Maudez ne sont pas, à proprement parler, des îles de haute mer, mais figurent dans le tableau 1, avec les archipels, au titre des comparaisons.

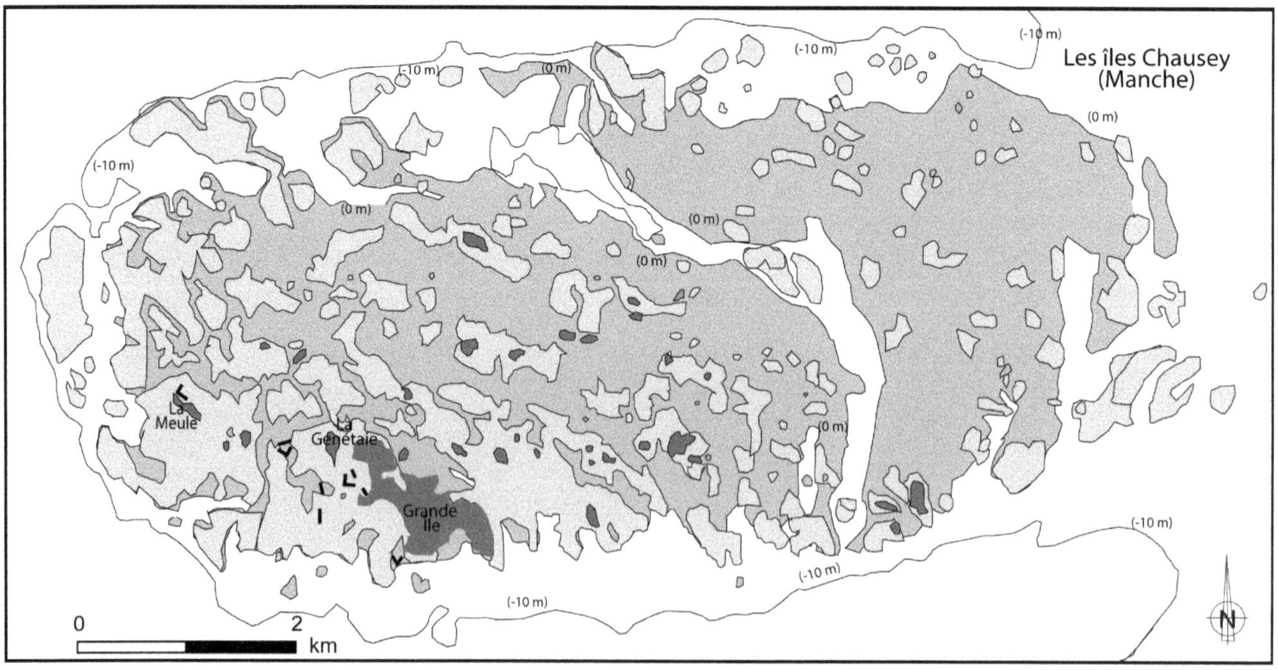

Figure 6 - Localisation des 8 pêcheries connues dans l'archipel de Chausey (DAO Langouët).

4. Dans le tableau 2, δ(BMME) est la différence entre le niveau ancien de plus basse mer de morte eau, nécessaire pour pouvoir exploiter un barrage de pêcherie quel que soit le coefficient de marée et ce même niveau actuel. δ(BMME) fournit, dans cette hypothèse, une idée de la montée du niveau marin depuis l'aménagement d'un barrage de pêcherie (Daire et Langouët, 2010, p. 31-32).

BIBLIOGRAPHIE

BRIGAND L. (2012) - Condition géographique des îles et îlots de Bretagne, *in* L. Dutouquet, P. Hamon, *Atlas du patrimoine micro-insulaire breton,* Éd. Conservatoire du Littoral, p. 16-17.

CROIX A. (2006) - *La Bretagne d'après l'Itinéraire de Monsieur Dubuisson-Aubenay*, Éd. Presses Universitaires de Rennes - Société d'Histoire et d'Archéologie de Bretagne, 1117 p.

DAIRE M.Y. (2001) - Un hameau armoricain de la fin de l'Âge du Fer sur l'île d'Yoc'h, *in* : J. Collis (dir.), *Society and settlement in Iron Age Europe,* Actes du XVIIIème Colloque de l'Association Française pour l'Étude de l'Âge du Fer, Winchester, april 1994, Éd. J. Collis, Université de Sheffield, p. 159-189.

DAIRE M.Y., HAUTENAUVE H., LE BOZEC E., LE NAGARD K., NÉDÉLEC F., et al. (2001) - Un complexe artisanal de l'Âge du Fer à Enez Vihan en Pleumeur-Bodou, Côtes d'Armor, *Revue Archéologique de l'Ouest*, 18, p. 57-94.

DAIRE M.-Y., LANGOUËT L. (dir.) (2008) - *Les Pêcheries de Bretagne ; archéologie et histoire des pêcheurs d'estran*, Coéd. CeRAA-AMARAI, Les Dossiers du Centre Régional d'Archéologie d'Alet, AE, 144 p.

DAIRE M.-Y., LANGOUËT L. (2010) - *Les anciens pièges à poissons des côtes de Bretagne ; un patrimoine au rythme des marées*, Coéd. CeRAA-AMARAI, Les Dossiers du Centre Régional d'Archéologie d'Alet, AG, 165 p.

DAIRE M.-Y., LANGOUËT L. (2011a) - Les anciens pièges à poissons de l'île d'Hoedic (Morbihan), *Melvan, La Revue des deux Îles*, 8, p. 9-24.

DAIRE M.-Y., LANGOUËT L. (2011b) - Dater les anciennes pêcheries par les niveaux marins : approche méthodologique et perspectives géoarchéologiques, Le Bas Léon, nord Finistère, Bretagne, *Norois*, 220-3 sp. « Géoarchéologie dans l'Ouest de la France », p. 69-93.

DAIRE M.-Y., LANGOUËT L., LE PACHE M., LE PACHE J.-L. (2010) - Les anciens pièges à poissons de l'archipel de Bréhat, *Bulletin de l'Association Manche Atlantique pour la Recherche Archéologique dans les Îles*, 22, p. 93-105.

DAIRE M.-Y., LANGOUËT L., MAHÉO M. (2013) - Une archéologie au rythme des marées : actualité des recherches sur les anciens barrages de pêcheries maritimes en Bretagne (France), *in* M.-Y. Daire, C. Dupont, A. Baudry, C. Billard, J.-M. Large, L. Lespez, E. Normand et C. Scarre (dir.), Actes du colloque HOMER 2011, *« Anciens peuplements littoraux et relations homme/milieu sur les côtes de l'Europe atlantique »,* Oxford, British Archaeological Reports, BAR Publishing, International Series 2570, p. 151-162.

DAIRE M.Y., LE PAGE G. (1994) - Un monument mégalithique sur Enez-Vihan en Pleumeur-Bodou (22), *Bulletin de l'Association Manche Atlantique pour la Recherche Archéologique dans les Îles*, 17, p. 49-56.

DUTOUQUET L., HAMON L. (2012) - *Atlas du patrimoine micro-insulaire breton,* Éd. Conservatoire du Littoral, 912 p.

GUIGON P., MOLINÈS N. (1997) - *Les églises des îles de Bretagne*, Coll. Patrimoine Archéologique de Bretagne, Coéd. ICB - AMARAI, 92 p.

KAYSER O., FAGUET G. (1991) - Les sites mésolithiques de la Pointe de la Varde (35-Saint-Malo), *Les Dossiers du Centre Régional d'Archéologie d'Alet*, 19, p. 5-20.

LAFON P. (1993) - *Souvenirs de l'île d'Oléron, Tome II : les écluses à poissons*, Éd Rupella, 169 p.

LANGOUËT L. (1989) - *Un village coriosolite su l'île des Ebihens (Saint-Jaut-de-la-Mer)*, Les Dossiers du Centre Régional d'Archéologie d'Alet, L, 173 p.

LANGOUËT L. (1996) - Le gué de l'île de Cézembre (Saint-Malo, Ille-et-Vilaine), *Bulletin de l'Association Manche Atlantique pour la Recherche Archéologique dans les Îles*, 9, p. 43-48.

LANGOUËT L., DAIRE M.-Y. (2009) - Ancient Maritime Fish-Traps of Brittany (France) : a reappraisal of the Relationship Between Human and Coastal Environment During the Holocene, *Journal of Maritime Archaeology, Springer*, vol. 4-2, p. 131-148.

LANGOUËT L., DAIRE M.-Y., QUESNEL L. (2008) - Les pêcheries maritimes et estuariennes du Morbihan ; première approche pluridisciplinaure, *in* M.-Y. Daire, L. Langouët (dir.), *Les Pêcheries de Bretagne ; archéologie et histoire des pêcheurs d'estran*, Coéd. CeRAA-AMARAI, Les Dossiers du Centre Régional d'Archéologie d'Alet, AE, p. 125-144.

LANGOUËT L., DAIRE M.-Y., LE PACHE M., LE PACHE J.-L. (2009) - Les anciennes pêcheries d'estran de l'archipel de Bréhat (1), *Bréhat Infos*, 54, p. 6-7.

LANGOUËT L., DAIRE M.-Y., LE PACHE M., LE PACHE J.-L. (2012) - Les anciennes pêcheries d'estran de l'archipel de Bréhat (2), *Bréhat Infos*, 55, p. 6-7.

LANGOUËT L., DAIRE M.-Y., MAHÉO M. (2011) - Trois anciens pièges à poissons à Trébeurden (Côtes-d'Armor), *Bulletin de l'Association Manche Atlantique pour la Recherche Archéologique dans les Îles*, 24, p. 25-43.

LANGOUËT L., LE QUÉLLEC J.-M., PRIGENT G. (2008) - Des pêcheries monastiques insulaires en Bretagne, *Bulletin de l'Association Manche Atlantique pour la Recherche Archéologique dans les Îles*, 21, p. 59-80.

LANGOUËT L., MERCIER A., HAMON G., DAIRE M.-Y. (2014) - Les barrages de pêcherie des îles Glénan (Fouesnant, Finistère) dans leur contexte archéologique, *Bulletin de l'Association Manche Atlantique pour la Recherche Archéologique dans les Îles*, 27, p. 17-34.

LEVASSEUR O. (2008) - Les pêcheries sur les côtes Septentrionales de Bretagne, d'après les Procès-verbaux de François LeMassn, du Parc, *in* M.-Y. Daire, L. Langouët (dir.), *Les Pêcheries de Bretagne ; archéologie et histoire des pêcheurs d'estran*, Coéd. CeRAA-AMARAI, Les Dossiers du Centre Régional d'Archéologie d'Alet, AE, p. 11-33.

STÉPHAN P., SUANEZ S., FICHAUT B. (2009) - Variations holocènes du niveau marin en Bretagne occidentale, *in* Y. Spaefel, Y. Pailler, *Les mégalithes de l'arrondissement de Brest*, Coll. Patrimoine Archéologique de Bretagne, Coéd. CeRAA-ICB, p. 10-11.

ANNEXE : LES PÊCHERIES INSULAIRES, DU MORBIHAN À CHAUSEY.

	Nom de la Pêcherie	Commune	N	Nb	δ(BMME)
MORBIHAN	*Le Grand Mulon 1*	Hoedic	1	(m/0 SHOM)	(m)
	Le Grand Mulon 2	Hoedic	1	-1,30	3,70
	Le Grand Mulon 3	Hoedic	1	-1,70	4,10
	Beudjeul	Hoedic	1	-1,60	4,00
	Men Gren	Hoedic	1	+0,60	1,60
	Port de la Croix-1	Hoedic	1	0	2,40
	Port de la Croix-2	Hoedic	1	0	2,40
	Port de la Croix-3	Hoedic	1	+2,5	-0,10
	Port Parnec	Hoedic	1	+1,6	0,80
	Roc'h Melen-est	Hoedic	1	+0,8	1,60
	Roc'h Melen-nord	Hoedic	1	+0,5	1,90
	Roc'h Melen-ouest	Hoedic	1	+2,5	0
	Men Du	Hoedic	1	+1,6	0,80
	Madavoar	Hoedic	1	-1,5	0,80
	Beg er Faut	Hoedic	1	-1,3	3,70
	Beg Lagad	Hoedic	1	0	2,40
	Port Ladron	Arz	1	+2,0	0,40
	Anse du Goret	Île aux Moines	1	+0,55	?
	Anse du Guip	Île aux Moines	1	+0,8	1,50
	Locmaria	Groix	1	+1,70	0,41
	Port Morvil	Groix	1	+1,40	0,90
	Belle-Île	Sauzon	2	+1,39	0,95
	Île de la Jument	Arzon	1	-0,30	1,15
	Île de Kerner	Riantec	1	+2,30	0,72
	Île de Boed	Séné	1	+3,72	?
TOTAL		**10**	**25**	+2,0	?
FINISTÈRE	*Île Saint-Nicola –W-1*	Fouesnant	1		
	Île Saint-Nicolas–NW–1	Fouesnant	1	0,70	1,80
	Île Saint-Nicolas–NW-2	Fouesnant	1	2,05	0,45
	Île Saint-Nicolas-E	Fouesnant	1	1,0	1,
	Île Saint-Nicolas-N	Fouesnant	1	1,0	2,5
	Île Cigogne	Fouesnant	1	0,20	2,30
	Île du Loch	Fouesnant	1	-0,60	3,10
	Île de Drénec	Fouesnant	1	-0,85	5,35
	Île Quignénec	Fouesnant	1	-1,85	4,36
	Île du Loch-NW	Fouesnant	1	-1,0	3,51
	Île Vieux Glénan	Fouesnant	1	-0,85	3,36
	Le Huic-1	Fouesnant	1	-1,05	3,56
	Le Huic-2	Fouesnant	1	-3,90	6,40
	Le Huic-3	Fouesnant	1	-3,55	5,90
	Le Huic-4	Fouesnant	1	-3,25	5,75
	Lédenez-1	Le Conquet	1	-2,15	4,70
	Lédenez-2	Le Conquet	1	-2,15	5,50
	Lédenez-3	Le Conquet	1	-1,75	5,80
	Lédenez-4	Le Conquet	1	0,3	3,0
	Île de Béniguet	Le Conquet	1	0,5	2,80

	Litiri-Morgol	Le Conquet	1	0,9	2,40
	Litiri	Le Conquet	1	1,10	4,40
	Lédenez Vraz-S	Molène	1	0,85	2,50
	Lédenez Vraz-N	Molène	1	1,60	1,70
	Run Oan	Batz	1	0,18	3,50
	Pors Goret	Batz	1	1,0	3,20
	Pointe de Bilvidic-1	Batz	1	?	?
	Pointe de Bilvidic-2	Batz	1	2,50	1,70
	Carrec Pêr-1	Batz	1	1,80	2,40
	Carrec Pêr-2	Batz	1	-0,25	3,95
	Kernock	Batz	1	0	4,20
	Pors Ilis-1	Batz	1	5,0	3,70
	Pors Ilis-2	Batz	1	2,75	1,45
	Pointe de Kefenn	Batz	1	2,75	1,45
	Pors Reter	Batz	1	-0,10	4,10
	Île Tariec	Landéda	1	0,80	3,40
	Île Guenioc	Landéda	1	-0,50	4,10
	Kern ar Guen	Landéda	1	-0,50	4,10
	Ile du Bec-1	Ploudalmézeau	1	0,70	2,90
	Ile du Bec-2	Ploudalmézeau	1	2,50	1,10
	île de Rosservo	Ploudalmézeau	1	0	3,60
	Karreg Velen	Plouguerneau	1	3,00	0,60
	Île Vrac'h	Plouguerneau	2	-0,60	4,20
	Morhavre	Plouguerneau	1	1,65-1,75	1,85 à 1,95
	Île Staladon	Plouguerneau	3	-0,90	4,50
	Ben Enet	Plouguerneau	1	1,30 – 1,50	2,10 à 2,30
	Ile Bannec	Le Conquet	1	1,10	2,50
	Ouessant	Ouessant	2	0,50	3,8
	Ile Melon	Porspoder	2	?	?
	Îl de Sein	Sein	1	0,80 – 1,00	2,50 à 2,70
	Ile Dolvez	Porspoder	1	2,8	0
	Île d'Yoc'h	Landunvez	2	1,20	2,30
	Enez Eog	Plouescat	2	1,60	2,20
	Ile Caillot	Carantec	1	1,0 – 1,50	2,40 à 2,90
	Ïle Noire	Plouézoc'h	1	4,0	3,30
TOTAL		**16**	**63**	0,90	3,30
CÔTES D'ARMOR	*La Nellière*	St-Jacut-Mer	1		
	Grande Piette	St-Jacut-Mer	1	+3,40	2,12
	Petite Piette	St-Jacut-Mer	1	+3,50	2,02
	Ile Grande	Pleumeur-Bodou	2	+4,0	1,52
	Ile Agaton	Pleumeur-Bodou	5	3,50	0,63
	Ile Morvil	Pleumeur-Bodou	1	2,30 à 5,0	0 à 1,83
	Ile Saint-Gildas	Penvénan	4	1,70	2,43
	Ile Modez	Lanmodez	1	2,90 à 5,0	0 à 1,83
	Archipel de Bréhat	Bréhat	18	2,0	0,69
	îles	Plougrescant	9	3,0 à 6,20	0 à 1,82
	Ile Saint-Riom	Ploubalzanec	2	3,50 à 6,0	0 à +1,21
	Iles Pte Guilben	Paimpol	5	3,60-3,70	1,21 à 1,31
	Ïlot du Verdelet	Pléneuf-Val-André	1	2,45-3,05	1,85 à 2,45

	La Roche-Martin	Plérin	1	3,50	1,78
TOTAL		**10**	**53**	0,45	4,78
Ille-et-Vilaine					
	Île de Saint-Malo	Saint-Malo	1		
	Plage de Bon Secours	Saint-Malo	1	+2,90	2,80
	Iles des Daviers	Saint-Malo	1	+0,60	4,92
TOTAL		**1**	**3**	-2,0	7,58

Manche					
	La Génétaie-Houillée-1	Granville	1	+3,5	1,90
	La Gde Île-Petit Epail	Granville	1	+3,5	1,90
	La Génétaie-Houillée-2	Granville	1	+3,0	2,40
	S de la Riche Roche	Granville	1	+3,5	1,90
	La Génétaie-Riche Roche-1	Granville	1	+3,5	1,90
	La Génétaie-Riche Roche-2	Granville	1	+3,5	1,90
	W La Génétaie-1	Granville	1	?	?
	W La Génétaie-2	Granville	1	?	?
TOTAL		**1**	**8**		

HOEDIC : INSULAIRE GÉOGRAPHIQUEMENT MAIS PAS CULTURELLEMENT

LARGE Jean-Marc[1] et BUTTIN Pierre [2]

1- Groupe Vendéen d'Etudes Préhistoriques, collaborateur UMR 6566 CReAAH
(Centre de Recherche en Archéologie, Archéosciences, Histoire),
email : jlarge2@wanadoo.fr
2 - Association MELVAN,
email : pierre.buttin@melvan.org

Résumé

Les îles sont-elles isolées culturellement ? Afin de tenter de répondre à cette question, nous avons pris le parti de présenter succinctement la période la plus ancienne qui nous a fourni des informations suffisamment fiables pour alimenter la discussion. Les nécropoles mésolithiques de Téviec et d'Hoedic, fouillées dans les années 1920-30 par les Péquart, livrent beaucoup de renseignements sur leur fonctionnement qui s'inscrit dans un grand mouvement culturel touchant l'arc atlantique.

Dans cet article il sera discuté de la notion d'insularité comme préalable à la démonstration. Cette dernière pose le problème de l'isolement insulaire qui a été largement battu en brèche depuis une trentaine d'années. Ensuite, plusieurs points saillants seront présentés afin de réfuter l'isolement des derniers chasseurs-cueilleurs. Les bras de mer séparant îles et continent, lorsque ces dernières ne sont pas trop éloignées, ne forment pas un obstacle mais un territoire qui assure le lien.

Mots-clés :

Insularité, insularisme, Hoedic, Téviec, particularismes culturels

Abstract:

Are islands culturally isolated? To try to answer this question, our approach is to present briefly the oldest period which provides sufficiently reliable data to inform the discussion. The Mesolithic necropolises of Téviec and Hoedic, excavated in the 1920s and 1930s by the Péquart family, have yielded much information on the functioning of such burial sites, which are part of a major cultural movement relating to the Atlantic Arc.

In this article, we discuss the concept of insularity, which raises the issue of whether islands are culturally isolated, an idea that has been largely under attack over the last thirty years. Then, several points are highlighted that rule out the isolation of the last hunter-gatherers. Provided that the arms of the sea are not too wide, they do not form an obstacle but rather represent a space which ensures the link between islands and the mainland.

Keywords:

Insularity, Hoedic, Téviec, cultural particularities

Introduction

Depuis le 7e millénaire, l'île d'Hoedic est séparée du continent, entourée d'une mer qui n'a cessé de grignoter les espaces territoriaux lors de la remontée marine de l'Holocène. Avec sa « sœur » Houat, Hoedic a perdu une grande partie de sa surface disponible. Paradoxalement, cet isolement géographique de plus en plus marqué n'a jamais reflété un isolement culturel. Depuis le Mésolithique jusqu'à la période actuelle, le lien entre l'île et le continent a été continu. Certes, il y eut des périodes dans l'histoire récente où une certaine originalité dans l'organisation politico-sociale a fait penser à une forme d'isolat mais ça n'a jamais été le cas réellement. L'île d'Hoedic reflète l'histoire commune plus élargie d'un continent qui plonge dans l'Atlantique...

La question de l'insularité (de Houat, d'Hoedic) est-elle pertinente ? Si elle se pose, en quels termes ? Quels sont les indicateurs ?

Ces questions ont déjà en partie été discutées. Le colloque de 1990 « Îles et Sociétés insulaires », publié par la revue Norois (n° 145) y a répondu. Peut-être n'est-il pas inutile de revenir sur les réponses apportées alors parce que le thème du SAO « Les îles bretonnes : perspectives archéologiques, géographiques et historiques » sous-tend à faire de ces îles un objet scientifique. Mais est-ce un objet scientifique ?

Lors du colloque en question, c'est par la notion d'insularité que le débat a été posé (Mercier 1990). L'auteur de la synthèse revient sur les interrogations que porte cette notion :

- L'île présente des visages variés. Certaines îles sont plus insulaires que d'autres et le critère pris en compte est l'éloignement par rapport au continent. Ce sont des ensembles très diversifiés : qui a-t-il de commun entre Hoedic et Manhattan ?
- L'éloignement des îles par rapport au continent serait le vecteur d'un « endémisme », un particularisme. Mais là encore, quels sont les critères objectifs que l'on peut retenir pour définir ce particularisme ? Une échelle d'insularité ? De plus, est-ce que l'isolement est un facteur discriminant ? Dans ce cas, n'y a-t-il pas plus de similitudes entre un insulaire et un paysan sahélien ?
- Or, il apparaît que l'insularité, en tant que question scientifique risque de conduire à des distinctions inutiles. Les phénomènes insulaires sont assimilables sur bien des points à d'autres phénomènes mécaniques et logiques que l'on rencontre sur les isolats terriens. L'insularité semble en apparence une réalité sociologique, avec des caractéristiques communes, l'isolement, l'endogamie, le renfermement sur la communauté, des organisations spécifiques, mais peut sans doute s'étudier de la même manière pour toute population isolée géographiquement ou socialement par des barrières mentales. Si l'on retourne le problème, on se rend très vite compte que l'isolat géographique ne correspond que sur peu de choses à l'isolat culturel : l'île fait partie d'un réseau d'influences présent sur d'autres espaces géographiques et ceci de tout temps, de toutes époques.

L'insularité n'est donc pas un objet scientifique spécifique, sauf peut-être dans un cadre naturaliste. Le concept d'insularité semble alors pertinent avec des caractéristiques transversales propres à leur statut d'île : climat océanique, territoire isolé et fini, sans transition, refuge d'espèces. Mais l'intérêt de la recherche se positionne tout de même sur les îles (bretonnes en l'occurrence) dans une dimension méthodologique : c'est un terrain d'études privilégié. L'île, espace clos, permet une observation scientifique des phénomènes humains (et naturels). Le scientifique s'en sert alors comme « toile de fond » qui permet de mettre en évidence les relations qu'il peut y avoir avec le continent. L'île fait partie d'un flux et de tensions interrégionaux. On peut y mesurer le degré de dépendance de l'île par rapport au continent, à l'extérieur. Il s'agit d'un processus géographique d'interactions interrégionales (Mercier 1990).

De fait, au lieu de parler d'insularité, ne vaudrait-il pas mieux de parler d'insularisme dans le cadre d'un jeu imaginaire : il s'agit d'une représentation, souvent utilisée en littérature et au cinéma (l'île d'Utopie de Thomas More ; l'île aux Sirènes - Circé d'Ulysse, tentation de beauté qui mène à la perte). Prenons l'exemple de l'Or des Mers, tourné par Jean Epstein à Hoedic en 1931. L'histoire, portée par des locaux (de Houat et d'Hoedic), montre une communauté humaine fermée sur elle-même, gouvernée par un curé qui fait ce qu'il peut parmi des pêcheurs pauvres voire misérables. Rien ne transparaît de l'extérieur, toute la vision cinématographique est centripète. L'île est montrée comme un territoire clôt où se déchaînent la convoitise mais aussi l'amour. « *L'île est transmutée en un monde fascinant où se jouent des scènes cruciales du drame humain* » (Mercier 1990).

Dans le domaine de la vie quotidienne actuelle, l'insularité semble être un sujet transversal. Des contraintes de même nature, emploi, transport, énergie, foncier, déchets... sont beaucoup plus lourdes avec le mode de vie actuelle qu'elles ne l'étaient au XIXe. À cette époque, le paysan du bocage vendéen était alors peut-être plus isolé que l'insulaire d'Hoedic ou de Houat, obligé dans un va-et-vient permanent (pêche et vente des bovins) d'assurer un lien commercial avec le continent. Ces questions sont le fonds de commerce de l'association des îles du Ponant (AIP). Culturellement et historiquement les îles du littoral atlantique n'ont en commun en raison de leur insularité que le fait d'être interprétées comme des « cultures littorales ». Au-delà, elles relèvent plus d'influences régionales avec les zones côtières proches du continent. Hoedic et Houat sont en relation avec Rhuys ; Hoedic a développé un tropisme sud vers La Turballe et Le Croisic et Houat vers Quiberon par le biais de la pêche notamment.

Avec le littéraire, l'artistique, la sociologie, l'archéologie, en tant que discipline des sciences humaines, participe à une approche de la vie insulaire en tentant de décoder l'ordre symbolique qui fait sens dans un territoire clos. Du coup, elle génère un jeu d'appartenance à une société où les individus se reconnaissent dans une identité construite[1]. C'était l'intention cachée dès le départ mais, depuis le début d'une archéologie spécifique dont Marie-Yvane Daire a été l'une des principales responsables, le mythe de l'isolement de cette construction symbolique tombe à chaque étude menée. Le colloque Homer, récemment effectué en 2012, en a été l'exemple le plus signifiant : toutes les études présentées montrent bien l'interaction entre un territoire limité géographiquement et un continent proche dans un cadre interrégional.

L'un des atouts concernant l'interaction régionale est l'économie car les circuits de l'économie insulaire traditionnelle sont limités. Certes, dans l'histoire, le désir de subvenir à ses besoins dans le cadre que l'on possède a été parfois prégnant mais jamais, jamais cela n'a suffi. Les réseaux économiques ont toujours dépassé le territoire de l'île. L'état de dépendance par rapport au continent n'a cessé de croître pendant la période récente, notamment avec l'arrivée des aides publiques qui ont permis l'abandon des activités vivrières traditionnelles, agricoles essentiellement. La pêche gardant une aura particulière non dénuée d'ailleurs de dimension symbolique. Actuellement, le tourisme finit d'achever l'idée même d'insularité et l'île n'est alors qu'un prolongement exotique du littoral continental.

L'île est un espace sensible qui permet de révéler les processus d'interactions régionales. L'archéologie des périodes anciennes témoigne aussi de cela. C'est ce qui est proposé lors de cette présentation.

Et, pour ce faire, nous avons choisi un exemple, le plus ancien possible mais aussi un des mieux documentés. Le plus ancien parce qu'il nous semble que les contraintes d'alors étaient en apparence bien plus importantes que lors des périodes suivantes. On verra que tel n'était pas le cas, l'étendue salée qui sépare les territoires ne représentait absolument pas un obstacle. L'exemple choisi concerne les nécropoles mésolithiques de Téviec et d'Hoedic (Port-Neuf), découvertes et fouillées à la fin des années 1920 et au début des années 1930 par les Péquart et leurs amis (Péquart et al. 1937 ; Péquart, Péquart 1954).

Hoedic–Téviec au Mésolithique final : une approche territoriale complémentaire

Les nécropoles de Téviec et d'Hoedic forment deux sites similaires dont la contemporanéité ne fait pas de doute (fig. 1). L'un est situé sur ce qui était une bordure littorale continentale (Téviec), l'autre dans un espace insulaire regroupant Houat et Hoedic. Plusieurs indicateurs culturels forts peuvent être choisis pour évaluer le lien

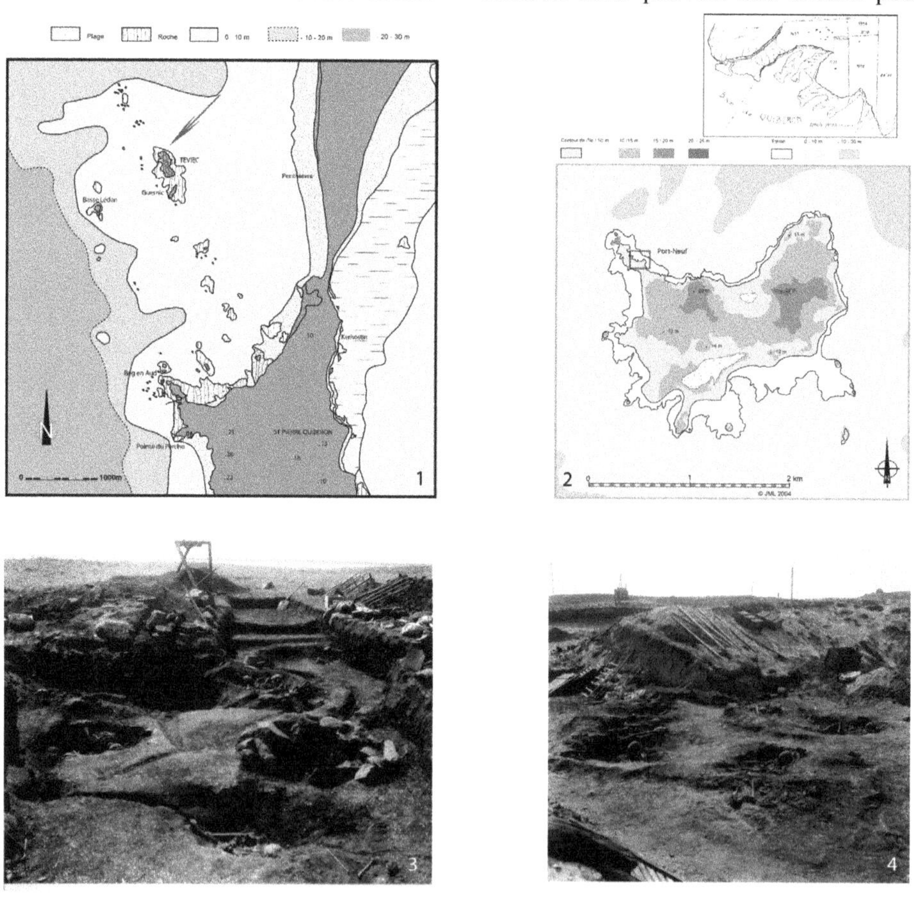

Figure 1 : Situation comparée entre les nécropoles de Téviec (1 et 3), dont le site était continental, et d'Hoedic (2 et 4), déjà insulaire. Les points de convergence structurels sont très nombreux pour les deux sites.

[1] Cette identité peut aussi s'accentuer par le regard de l'Autre, le continental, qui voit dans ces lieux une projection de lui-même avec une déclinaison voire une envie (« l'indolence des îles » : le mythe d'un éloge à la paresse...).

entre l'espace insulaire et le continent. Le premier concerne le rassemblement des défunts dans un lieu au contact des campements. On constatera que les rites funéraires étaient variés, les espaces funéraires étaient aménagés et que se côtoyaient sépultures individuelles et collectives. Pour accompagner les défunts, des dépôts funéraires leur étaient associés, ils sont variés. L'étude des objets d'accompagnement montre qu'ils appartiennent à des catégories technologiques que l'on retrouve sur un vaste territoire (industrie lithique, notamment). De plus, on se pose la question de l'exogamie de ces populations de chasseurs-pêcheurs-collecteurs par le biais des études isotopiques récentes effectuées sur les os des squelettes. Enfin, un lien possible avec le mégalithisme émergeant propose un contact avec des populations nouvelles, productrices de leurs biens (Néolithique).

1. La question de la chronologie

Les séries de datations disponibles, effectuées au radiocarbone à partir des ossements des squelettes découverts livrent à la fois des données convergentes entre les deux sites et des données divergentes, difficiles à interpréter en l'état. L'ensemble des dates effectuées dans la nécropole de Téviec sont cohérentes, une fois les corrections apportées par l'auteur de la première série (Schulting, Richards 2001, Schulting 2005). Elles se situent dans la deuxième moitié du 6e millénaire, ce qui est conforme avec la persistance des cultures mésolithiques dans la péninsule bretonne. Pour la nécropole de Port-Neuf à Hoedic, la situation est plus complexe. Si l'on prend en compte les données telles quelles, l'écart entre la plus ancienne date (sépulture A) et la plus récente (sépulture B) est d'un millénaire et demi. La nécropole aurait fonctionné du début du 6e millénaire jusqu'au milieu du 5e ! ... De plus, les sépultures B et K sont actuellement situées au milieu du 5e millénaire, complètement en synchronie avec les sites néolithiques voisins (500 m les séparent) de Groah Denn et du Douet (files de pierres dressées).

En tout état de cause, le fonctionnement des nécropoles de Téviec et d'Hoedic dans la deuxième moitié du 6e millénaire est attesté sur les deux sites. Ils sont donc contemporains pour cette époque.

2. La question du niveau marin

Est admis l'isobathe - 10 m comme repère moyen du niveau des plus hautes mers pour la seconde moitié du 6e millénaire (Marchand 2005). Cette donnée permet de se représenter l'isolement géographique du territoire insulaire de Houat-Hoedic par rapport au continent. Le passage entre l'extrémité de Quiberon et l'archipel actuel des Béniguets (qui formait probablement l'extrémité ouest du complexe insulaire) atteint des profondeurs pouvant dépasser les 40 m : il s'agit du passage de l'ancien lit de la Vilaine lors de la dernière glaciation (Menier 2003). La séparation était donc nette et sans doute tout aussi difficile à franchir qu'actuellement (fig. 2). La force des courants dans ce qui devait être un goulet représentait une difficulté de franchissement. Il était sans doute plus aisé de franchir l'espace maritime entre la presqu'île de Rhuys et le complexe insulaire de Houat-Hoedic comme c'est le cas actuellement.

Houat-Hoedic était une seule et même île formée de deux éminences rocheuses et d'un platier assez vaste qui permettait de faire un lien terrestre. L'ensemble représentait une unité insulaire dont la superficie est 6 fois supérieure à l'actuelle. Le site de Port-Neuf à Hoedic était donc positionné en bordure d'une baie marine bien protégée des vents d'orientation ouest et sud-ouest.

3. Rassembler les morts

Dès que les archéologues ont abordé la question du funéraire dans l'univers des derniers chasseurs-cueilleurs, une constante les a troublés : les morts étaient souvent regroupés dans une nécropole, elle-même installée au cœur des habitats, notamment dans des zones de déchets culinaires. C'est le cas à Téviec et à Hoedic où l'installation de l'ensemble des sépultures s'est effectuée sur le socle rocheux vraisemblablement creusées dans un niveau coquillier comprenant aussi des ossements animaux et des objets du quotidien. Cette situation est similaire dans la confluence de la Muge et du Tage, au Portugal où les études récentes sur le site de Cabeço de Amoreira a montré que l'aménagement sépulcral de certains individus s'était effectué dans la masse même du niveau coquillier, avec un choix sélectif des coquillages pour effectuer le fond de la fosse funéraire et le recouvrement du corps. Plus au nord de l'Europe, au Danemark, les célèbres nécropoles de Vedbaek sont du même ordre, situées à la périphérie des occupations domestiques (fig. 3). Le lien entre les sépultures danoises, bretonnes et portugaises a été effectué depuis longtemps par l'ensemble de la communauté scientifique s'intéressant à ces questions. Si des différences ont été attestées dans les endroits cités, ce qui les rapproche est considérable et permet d'envisager une certaine unité de pensée qui faisait le lien sur l'ensemble du littoral atlantique européen.

4. Technologie de l'outillage

Au Mésolithique final, si des adaptations techniques sont perceptibles dans les îles par le fait de débiter du quartz comme matière première de substitution du silex, rien ne donne à penser qu'il y ait eu une spécificité insulaire. Même si les sources d'approvisionnement en matière première semble montrer une césure entre le littoral et l'intérieur des terres, les types d'outils rencontrés sont les mêmes que ceux du continent (Marchand 2013). Le territoire d'emprise du Téviécien, culture matérielle dans laquelle sont incluses les nécropoles de Téviec et d'Hoedic, couvre une bonne partie de la péninsule bretonne, de l'embouchure de la Vilaine à la baie de Lannion (fig. 4). La technologie du silex du Téviécien, avec ses armatures asymétriques si spécifiques, s'oppose quelque peu avec la culture

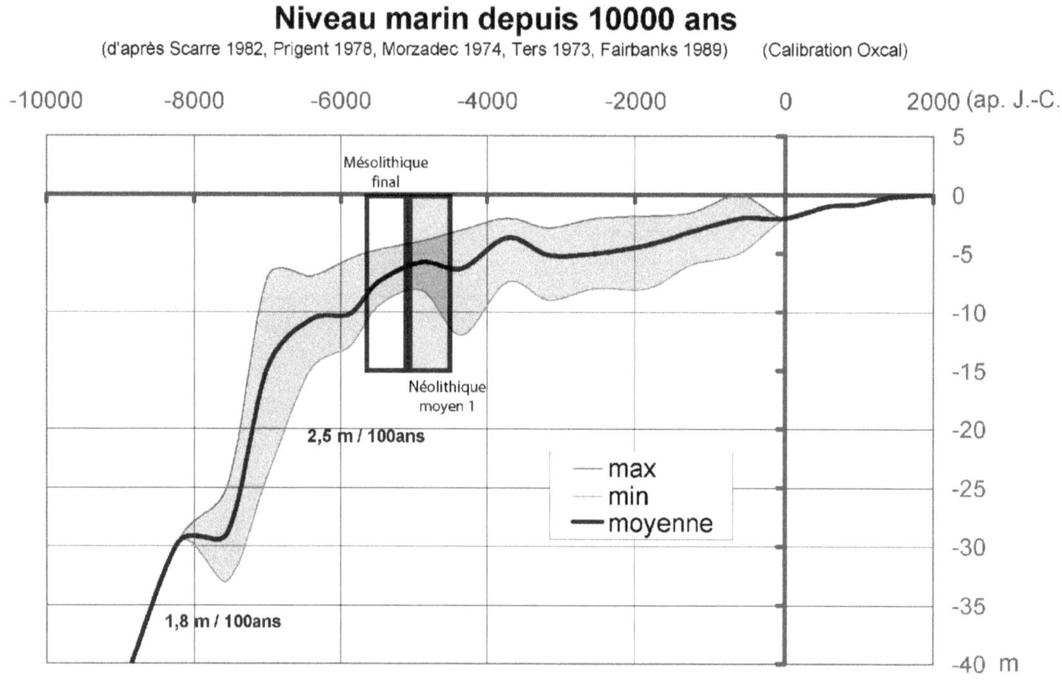

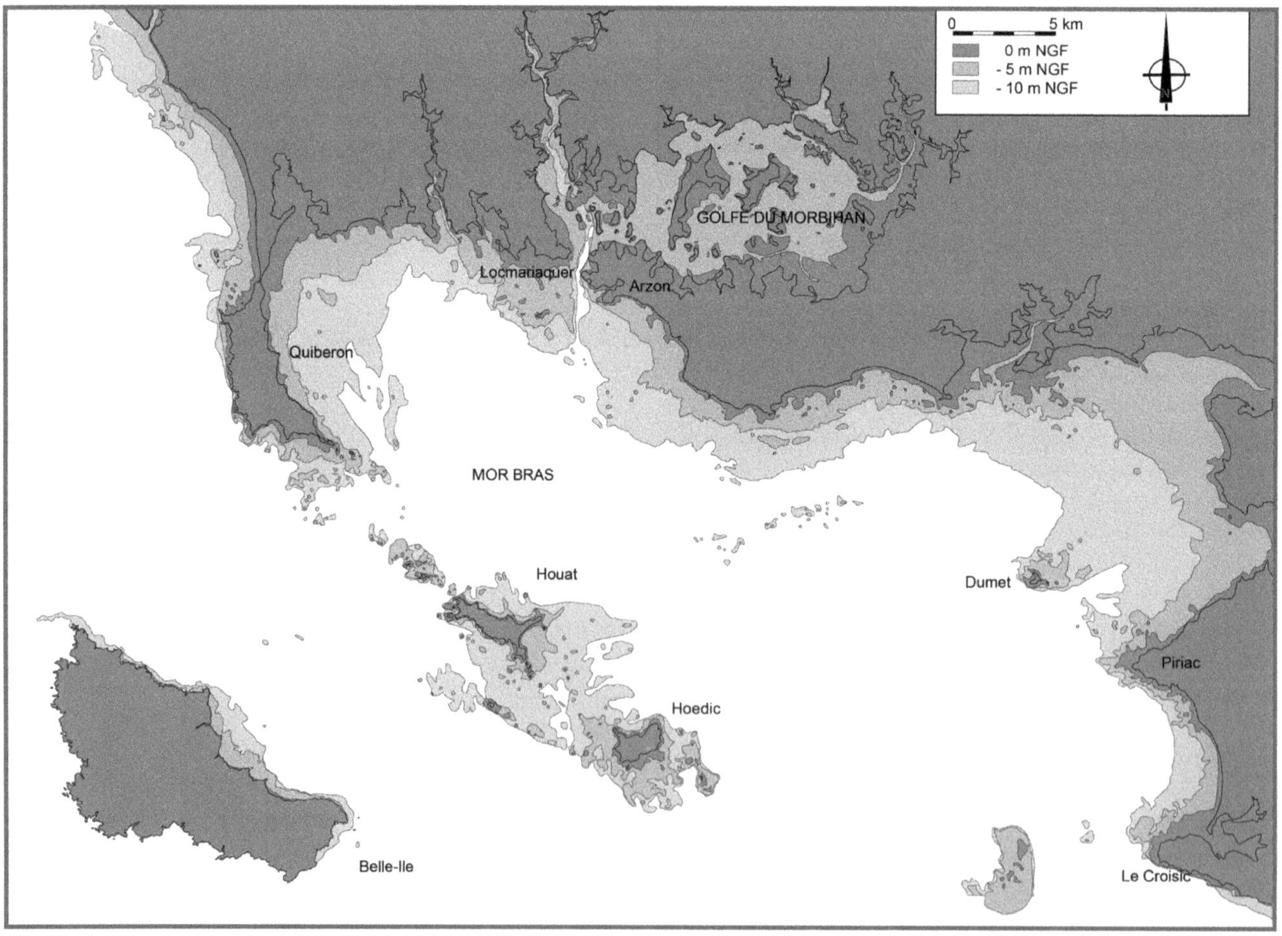

Figures 2 : On retient l'isobathe - 10 m comme repère pour la géographie ancienne des côtes pour la fin du 6e millénaire. Les îles de Houat et d'Hoedic formaient alors un vaste espace insulaire, séparé du continent par le couloir formé par l'ancienne vallée de la Vilaine.

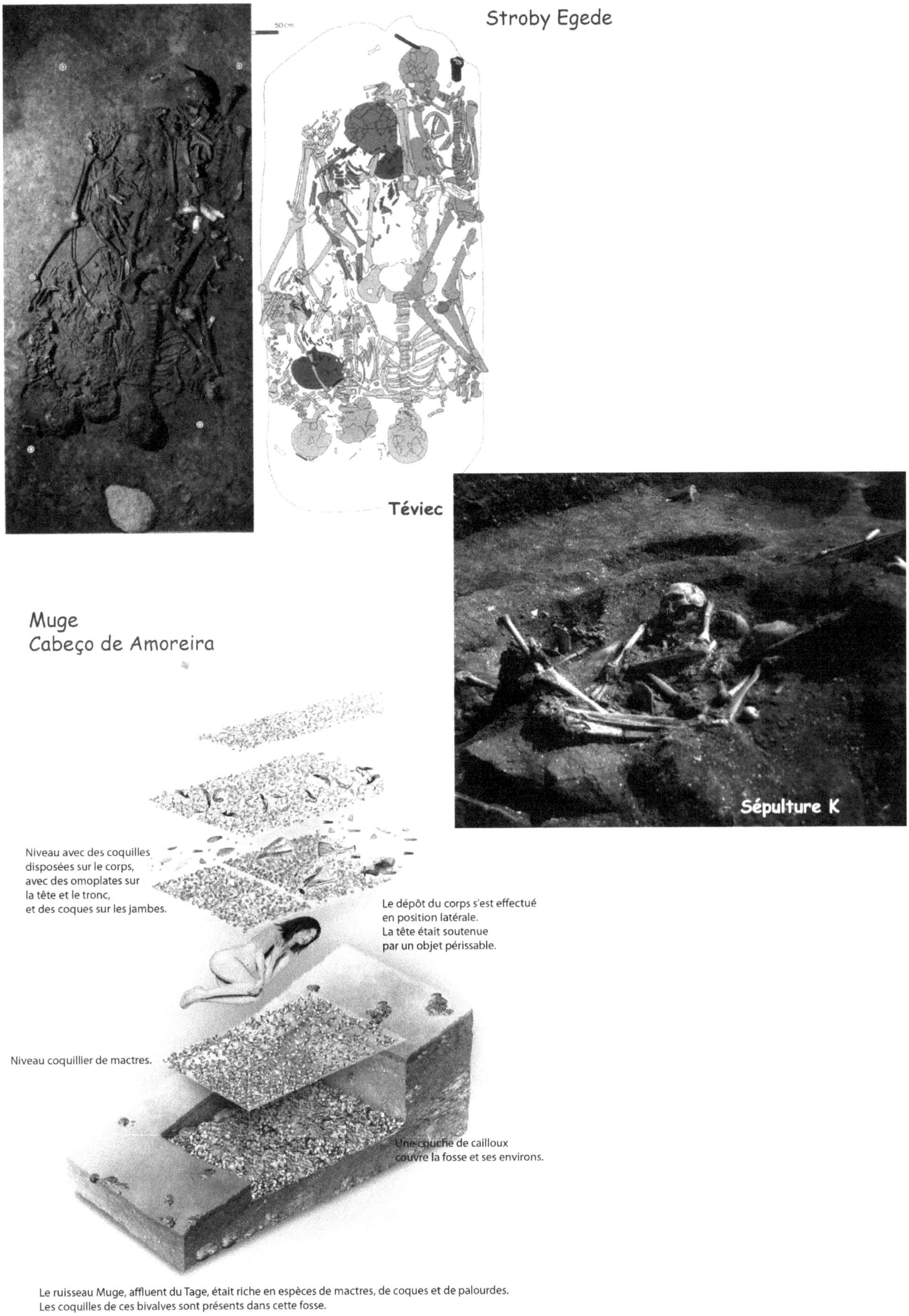

Figure 3 : Les nécropoles de Vedbaek (Stroby Egede), de Téviec et de Muge (Cabeço de Amoreira) présentent toutes des caractères similaires : dépôt multiple de corps, inclusion des sépultures à la périphérie des habitats dans des amas coquilliers...

contemporaine plus méridionale du Retzien, déjà engagée dans des armatures triangulaires à retouches bifaciales et à cran, caractéristiques de l'utilisation de flèches.

5. Circulation des individus

L'hypothèse émise par R. Schulting et M. Richards (2002) concerne la probabilité d'un échange des femmes dans le cadre d'une exogamie patrilocale (les femmes viennent d'ailleurs, les hommes restent chez eux, sur la côte). Cette hypothèse a été construite à partir de l'analyse isotopique des ossements conservés dans les nécropoles de Téviec et d'Hoedic. À Hoedic, les protéines d'origine marine composent 75 % des protéines consommées contre 50 % à Téviec. Mais des différences se font jour lorsque l'on considère les squelettes féminins ou masculins. Pour les premiers, l'analyse montre que la consommation de protéine d'origine marine est minoritaire ou faiblement majoritaire pour les jeunes inhumés du sexe féminin. Pour les inhumés féminins plus âgés, la présence de protéine d'origine marine s'accroît sans toutefois dépasser celle des hommes (fig. 5). On peut certes présenter ces résultats sous la forme d'un tabou alimentaire concernant les personnages féminins mais comment alors comprendre que les jeunes hommes seraient concernés par ce même tabou ? L'hypothèse d'une circulation des femmes semble plus probable.

Si l'on se rapporte à la technologie des outils et, notamment, à la circulation des matières premières, il semble que les groupes du Mésolithique final soient mobiles mais à une échelle réduite et, on l'a noté, pour les sites insulaires, il semble que l'obtention des matières premières se faisaient essentiellement sur place, le quartz très présent dans le substrat granitique se substitue souvent au silex et aux autres roches siliceuses. Le temps d'occupation de la nécropole de Téviec mais surtout de celle d'Hoedic, l'amoncellement de rejets alimentaires sur une épaisseur importante posent la question de la sédentarité ou, du moins, la semi-sédentarité de ces populations qui, pour fixées qu'elles soient, n'en étaient pas moins dans un dispositif d'échange culturel sur l'ensemble de la façade atlantique. Isolées à certains moments, les populations étaient malgré tout dans un contact permanent avec les communautés du continent, la mobilité était le moteur de leur survie.

Conclusion

Si l'insularisme semble n'être qu'une construction mentale destinée à la rêverie, l'île est une réalité qui se perçoit maintenant de plus en plus en terme de gestion des populations qui y habitent. Personne ne nie la nécessité d'avoir un regard spécifique pour prendre en compte la gestion des déchets, par exemple, qui est un vrai casse-tête actuel dans ces territoires où la question du désenclavement est en perpétuelle réflexion. Mais tout se fait, actuellement comme hier, comme avant-hier, dans une relation forte, continue, entre l'île et le continent. Si nous avons choisi l'exemple des populations les plus anciennes connues dans l'espace insulaire de Houat-Hoedic, c'est pour bien insister sur l'absence de particularismes culturels par rapport aux populations contemporaines continentales. Il est décidément dit, comme J.-N. Guyodo le précisait récemment

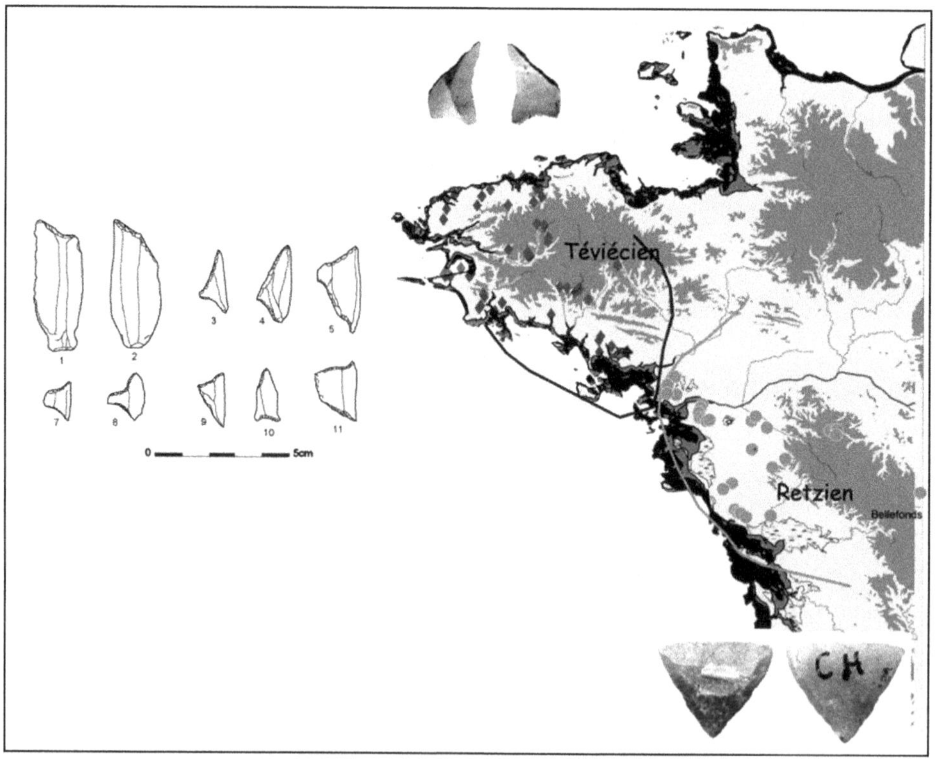

Figure 4 : Les objets manufacturés en silex sont communs à toute la péninsule bretonne de l'estuaire de la Vilaine à la Baie de Lannion, îles comprises. Ils forment le techno-complexe mésolithique du Téviécien qui s'oppose quelque peu au techno-complexe Retzien, plus méridional.

à propos des îles anglo-normandes au Néolithique (2013) : *« les contacts sont suffisamment fréquents (entre îles et continent) pour que les particularismes deviennent intangibles. Les points de convergence sont tels que l'on pourrait presque se demander si l'étendue d'eau salée n'aurait pas purement et simplement disparu... »*. La Baie de Quiberon est un espace de communication qui rompt l'isolement géographique des îles de Houat et d'Hoedic. Ceci est valable aujourd'hui, comme ceci était valable hier et avant-hier...

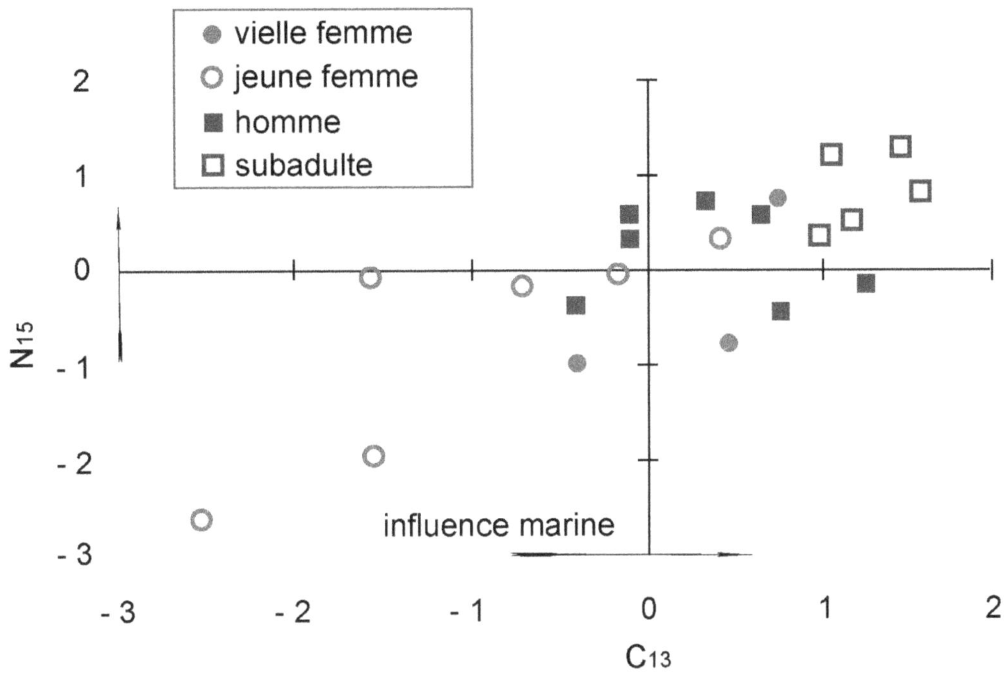

Figure 5 : Les études des isotopes C13/N15 permettent de se rendre compte des tendances alimentaires des populations anciennes, notamment concernant l'influence marine dans la consommation. Il apparaît qu'à Téviec et Hoedic le caractère sexué joue un rôle important : les hommes auraient tendance à rester sur place alors que les femmes se déplaceraient pour des raisons matrimoniales.

BIBLIOGRAPHIE

DAIRE M.-Y., DUPONT C., BAUDRY A., BILLARD C., LARGE J.-M., LESPEZ L., NORMAND E., SCARRE C. (2013) - Actes du colloque HOMER 2011, *« Anciens peuplements littoraux et relation homme/milieu sur les côtes de l'Europe atlantique »*, Oxford, British Archaeological Reports, BAR Publishing, International Series 2570, 672 p.

GUYODO J.-N. (2013) - Iliens : mythe ou réalité ? Les « presque » îles anglo-normandes (5e-3e millénaires BC), *in* M.-Y. Daire, C. Dupont, A. Baudry, C. Billard, J.-M. Large, L. Lespez, E. Normand et C. Scarre (dir.), Actes du colloque HOMER 2011, *« Anciens peuplements littoraux et relations homme/milieu sur les côtes de l'Europe atlantique »*, Oxford, British Archaeological Reports, BAR Publishing, International Series 2570, p. 307-318.

MARCHAND G. (2013) - Le Mésolithique insulaire atlantique : systèmes techniques et mobilité humaine à l'épreuve des bras de mer. *in* M.-Y. Daire, C. Dupont, A. Baudry, C. Billard, J.-M. Large, L. Lespez, E. Normand et C. Scarre (dir.), Actes du colloque HOMER 2011, *« Anciens peuplements littoraux et relations homme/milieu sur les côtes de l'Europe atlantique »,* Oxford, British Archaeological Reports, BAR Publishing, International Series 2570, p. 359-369.

MENIER D. (2003) - *Morphologie et remplissage des vallées fossiles sud-armoricaines : Apports de la stratigraphie sismique,* thèse de Doctorat, Université de Bretagne Sud, 212 p.

MERCIER G. (1990) - Étude de l'insularité. Iles et sociétés insulaires, *Norois*, 145, p. 9-14.

PÉQUART M., PÉQUART S.-J. (1954) - *Hoëdic, deuxième station-nécropole du Mésolithique côtier armoricain,* De Sikkel, Anvers, 93 p.

PÉQUART M., PÉQUART S.-J., BOULE M., VALLOIS H. (1937) - *Téviec, station-nécropole du Mésolithique du Morbihan*, Archives de l'Institut de Paléontologie humaine, XVIII, 227 p.

SCHULTING R.J., RICHARDS M.P. (2002) - Finding the Coastal Mesolithic in Southwest Britain : AMS Dates and Stable Isotope Results on Human Remains from Caldey Island, *Antiquity*, 76, p. 1011 - 1025.

LES EXPÉRIENCES DE L'ARCHIPEL DANS LES ÎLES SHETLAND AU XVIIIE SIÈCLE

BEAUDOUIN Audrey
CERHIO UMR6258, Université Rennes 2, France et Département des Etudes Historiques, NTNU, Norvège,
email : audrey-beaudouin@wanadoo.fr

Résumé :
Les îles Shetland, archipel du nord de l'Écosse appartenant jusqu'en 1469 au royaume du Danemark et de la Norvège, furent, comme leurs consœurs du Pacifique ou de l'Océan Indien, étudiées dans un premier temps par les anthropologues et les ethnologues. De ces premières études, l'idée que l'île peut être un « laboratoire » des sociétés humaines émergea. Cette idée est aujourd'hui largement abandonnée et dans cette contribution, j'explique comment il est préférable de travailler sur « le continuum formé par les îliens, la terre et la mer » (Dawson, 2012, p. 17). Ce changement de perspective nous amène à réfléchir sur les différentes expériences au sein même de l'île. L'île n'est pas habitée par une société homogène : le genre, la catégorie sociale, l'âge, etc. peuvent influencer les expériences des habitants. De même, l'île n'est pas un objet inerte au cours du temps. La signification de l'île change. Parallèlement, le contexte géopolitique dans lequel s'inscrit l'île évolue lui aussi. Ainsi au XVIIIe *siècle, l'archipel shetlandais est inséré dans un réseau complexe d'archipels : archipel shetlandais, archipel britannique mais aussi archipel impérial. Pour finir, il faut revenir sur les situations dans lesquelles la forme insulaire peut jouer un rôle. Les nouvelles du centre (Londres ou Edimbourg) arrivent-elles plus tardivement dans les îles Shetland parce que c'est un archipel ? Le développement des fishing tenures est-il un insularisme ? De même, le pâturage libre des moutons est-il rendu possible uniquement par la forme insulaire ? La connaissance de langues étrangères et la présence presque quotidienne de la mort contribuent-elles à développer une culture particulière à l'archipel ? Les réponses à ces questions sont complexes mais pour répondre à toutes il est important de constater que l'identification du contexte est primordiale pour saisir la place jouée par l'île.*

Mots-clés :
Archipel, iléité, historiographie, Shetland, XVIIIe *siècle*

Abstract :
The Shetland Islands is an archipelago off the northern coast of Scotland, which belonged to the kingdom of Denmark and Norway up until 1469. As with certain other islands in the Pacific or Indian Ocean, the Shetlands were initially studied by anthropologists and ethnologists. From these early studies, the idea emerged that islands could be used as a "laboratory" to study human societies. This idea is now largely abandoned and, in this paper, I explain why it is more appropriate to work on "the continuum formed by islanders, land and sea" (Dawson, 2012, p. 17). This change in perspective leads us to reflect on different experiences from a viewpoint within the island. Islands are not inhabited by homogeneous societies: gender, social categories, age groups, etc. can influence the experiences of the population. Similarly, an island is not an inert object over time, and the significance of a given island can vary through time. Meanwhile, the island can be situated within a geopolitical context that is also changing. Thus, during the 18th *century, the Shetlands formed part of a complex network of archipelagos made up of the Shetland Islands themselves and the British Isles, which was also included in the British Empire. Finally, we should bear in mind the ways in which the setting of the islands could play a role. Does news from the centre (London or Edinburgh) arrive later in Shetland because of the position of the archipelago? Does the development of fishing tenures encourage insularity? Similarly, has the shape of the islands favored the free grazing of sheep? Does the knowledge of foreign languages and the almost daily acquaintance with death contribute to the development of a particular island culture? While the answers to these questions are complex, it is important to note that, in all cases, it is essential to identify the historical context to understand the role played by the island setting.*

Keywords :
Archipelago, islandness, historiography, Shetland, 18th *century*

OA : Orkney Archives
NAS : National Archives of Scotland
SA : Shetland Archives

Une version en anglais de cette contribution a été présentée à la 2nd St Magnus Conference, à Lerwick (Shetland, Royaume-Uni), le 10 avril 2014.

Introduction

Que se cache-t-il derrière les termes d'expérience, et *a fortiori* d'expériences, et d'archipel ? Pour l'historien, ces deux mots peuvent être définis de nombreuses manières. Dans le cadre de cette étude sur les îles Shetland, nous considérerons l'expérience comme le « [f]ait d'acquérir, volontairement ou non, ou de développer la connaissance des êtres et des choses par leur pratique et par une confrontation plus ou moins longue de soi avec le monde » (Centre National de Ressources Textuelles et Littéraires, 2012). Cette acception s'applique, dans notre cas, aux Shetlandais du XVIIIe siècle mais aussi aux chercheurs du XXIe siècle qui s'emploient à mettre en récit l'histoire shetlandaise et qui, comme les Shetlandais du XVIIIe siècle, peuvent avoir une expérience différente de l'archipel d'un chercheur à l'autre, c'est pourquoi l'utilisation du pluriel « expériences » est privilégiée. L'espace de ces expériences est celui de l'archipel, un archipel géo-historique et non pas métaphorique, qui sera compris ici comme un ensemble d'îles géographiquement proches, liées de manière sociale, culturelle, économique ou environnementale les unes aux autres.

Cette étude des expériences de l'archipel prend place dans l'archipel des Shetland au XVIIIe siècle. Ces îles, ayant appartenu à la couronne du Danemark et de la Norvège sont sous contrôle écossais depuis 1469 mais leurs institutions judiciaires et légales ne sont mises en conformité avec leurs équivalents écossais qu'en 1611. Ce décalage contribue au maintien de spécificités norvégiennes et à la mise en place de caractères shetlandais pendant l'époque moderne : au XVIIIe siècle, certaines de ces particularités existent toujours et sont en constante évolution. L'archipel shetlandais se situent à 60°09' N and 1°09' W. La façade ouest de l'archipel est bordée par l'océan atlantique nord et à l'est, c'est la mer du Nord qui borde la côte. L'archipel se situe à 360 km des côtes norvégiennes à l'est et à 150 km au nord des côtes écossaises, néanmoins, le plus grand port écossais au XVIIIe siècle, Leith, se situe à 477 km plus au sud (Anonyme, 2011, p. 3). Au début du XVIIIe siècle, 33 îles (sur environ cent îles) sont habitées (Gifford, 1976, p. 1). La superficie totale de l'archipel est de 1 468 km^2, ce qui signifie qu'en 1755, la densité est de 9,7 habitants/km^2 et de 16,7 habitants/km^2 en 1821 (Anonyme, 2011, p. 4 ; Gray Kyd (dir.), 1952 ; Anonyme, 1821). La longueur de la côte est de 2 702 km et, à cause de la forme de la masse terrestre, un village ne peut pas être à plus d'une petite dizaine de kilomètres de la mer (Anonyme, 2011, p. 4 ; Maitland et Britton, 1985, p. 151). L'archipel ne compte à la fin de la période d'études qu'environ 4 % de terres arables, le reste du territoire shetlandais étant principalement composé de tourbières ombrotrophes et de vastes lochs (Sinclair (dir.), 1814, p. 2 ; Spence, 1979).

Comment, dans ce contexte, rendre compte de la manière dont ont été étudiées les îles – et plus particulièrement, les îles Shetland – par les spécialistes de sciences humaines et sociales ? Comment pouvons-nous faire entrer les perspectives historiques et sociales dans l'étude des îles ? Et enfin, comment les Shetlandais du XVIIIe siècle font l'expérience de l'archipel et vivent dans les îles ? Ce triple questionnement repose sur des interrogations mises en avant par l'archéologue Robert E. Dewar dans un article qui se demandait en 1997 : « Does it matter that Madagascar is an island ? » (Dewar, 1997). Cependant, cette contribution ne peut-être considérée que comme un essai d'analyse, ne propose que des hypothèses de travail et ne prétend en aucun cas être une réponse ferme et définitive aux questions posées.

1. Écrire l'histoire des îles au XXIe siècle

1.1. De l'étude des îles à l'étude des marges

Les historiens, les géographes, les archéologues, etc. parlant français ou anglais utilisent des mots différents pour exprimer différentes idées quand ils étudient les îles. Dans cette contribution, j'ai choisi d'utiliser ces mots dans le sens des définitions proposées par Anne Meistersheim dans un article publié en 1997 et intitulé : « Figures de l'iléité, image de la complexité… » (Meistersheim, 1997). À la différence des dictionnaires de langue française ou anglaise qui donne pour les termes « insularité » et « insularisme » des définitions similaires, Anne Meistersheim fait la différence entre l'insularité, l'insularisme et l'iléité. L'insularité forme un ensemble de réalités mesurables à partir de données chiffrées (géographie et économie). L'insularisme est défini par l'ensemble des phénomènes sociopolitiques et géopolitiques et institutions particulières de l'île. Tandis que l'iléité signifie le vécu des insulaires, leur culture, leur imaginaire, leurs comportements particuliers induits par l'espace insulaire, c'est la « qualité de la perception et du comportement influencés par la forme spécifique de l'espace insulaire » (Meistersheim, 1997, p. 110) – mieux comprendre ce qu'est l'iléité est l'un des objectifs affichés par Godfrey Baldacchino, éditeur de la revue *Island Studies* (Baldacchino, 2006).

Ceux qui étudient les îles, comme Godfrey Baldacchino, qu'on appelle *island studies' scholars* ou nissologistes, viennent d'une variété de disciplines académiques (McCall, 1994 ; Baldacchino, 2006 ; Moles, 1982). Ils sont anthropologues, ethnologues, écrivains, artistes, géographes, historiens, archéologues et psychologues. Lorsqu'on observe les articles publiés dans les deux revues internationales d'études des îles, *Island Studies* et *Shima*, on constate l'importance des travaux des historiens et des archéologues sur les questions de pouvoir, de gouvernance, de la distance et des représentations. Malgré le fait que ces deux revues publient de nombreux articles d'archéologues et d'historiens, les articles qui y sont publiés sont souvent anhistoriques et se concentrent sur les représentations des îles sans pour autant préciser que ces représentations évoluent au cours du temps comme en témoignent les travaux de Karine Salomé sur les îles bretonnes (Salomé, 2003).

Un des problèmes pour les historiens réside dans le fait que comparer l'expérience des îliens, comme le propose Godfrey Baldacchino, peut être pertinent pour les XXes et XXIes siècles mais ne l'est pas nécessairement pour les époques antérieures. Pour les historiens du socioculturel, la singularité de l'île ne vient pas nécessairement de la forme de l'île mais bien des discours et des pratiques construits à partir de sa forme à une époque donnée. Des discours et des pratiques similaires existent pour d'autres espaces comme les littoraux, les montagnes, mais aussi les marais, les déserts, etc. (Charpentier, 2009, p. 33). Ainsi, il est intéressant de constater comment à l'époque moderne mer et montagnes apparaissent comme des « réservoirs tératologiques » – une expression d'Alain Cabantous (Ferretti, 2009). Cette similitude nous force donc, non pas à comparer les îles Shetland avec d'autres îles, mais bien à comparer les discours et les pratiques des Shetlandais avec ceux des montagnards, des habitants de zones humides, mais aussi avec ceux des ruraux, qui peuvent, comme l'écrit l'historien suédois Janken Myrdal, vivre dans des « petits hameaux qui sont comme des îles dans un océan d'arbres » (Myrdal, 2011, p. 87).

1.2. Du laboratoire à l'histoire localisée

Comparer les populations insulaires non-pas uniquement avec d'autres populations insulaires mais aussi avec des populations d'autres espaces de marge permet aussi de dépasser les apories de l'île-laboratoire. Aujourd'hui, les spécialistes des sciences humaines et sociales qui étudient les îles sont d'accord sur le fait que « l'isolement culturel est un phénomène qui s'est rarement produit sur les îles et les voir comme des laboratoires peut être trompeur et inexact » (Barrowclough, 2010, p. 27-28).

Ce qui intéresse aujourd'hui les scientifiques, c'est bien « le continuum formé par les îliens, la terre et la mer » (Dawson, 2012, p. 17) et particulièrement la place de la bordure, de la marge, l'*edge*, de l'île. La vision binaire qui entourait les îles : d'un côté la mer, de l'autre la terre, a été profondément critiqué par les *island studies* et particulièrement par Epeli Hau'ofa (McMahon, 2013, p. 56). Dans ces écrits, Epeli Hau'ofa explique qu'il n'y a pas de « marge forte », *hard-edgeness*, dans le monde des habitants de l'Océanie (Hay, 2006, p. 22 ; Hau'ofa, 2008, p. 31). Très souvent, l'estran devient l'endroit des possibles. Finalement, écrit Pete Hay, c'est la « connectivité qui décrit la condition de l'île bien mieux que l'isolement » (Hay, 2006, p. 23). Au XVIIIe siècle déjà, Adam Smith explique qu'« au moyen du transport maritime et fluvial un marché plus extensif est ouvert pour toutes les sortes d'industries que par le transport terrestre, ainsi c'est le long de la côte que l'industrie de toute sorte commence à se subdiviser et à s'améliorer » (Smith, 2005, p. 22 ; cité dans : Fielding, 2008, p. 147).

C'est donc l'entièreté de l'espace insulaire qu'il faut considérer – la terre, l'estran et la mer, ainsi que la manière dont les îliens habitent cet espace. Cette manière d'aborder l'histoire d'une région dans sa complexité géographique et environnementale diffère très peu de certaines approches dites d'histoire localisée, *lokalisert historie*, qui considèrent « les données empiriques des communautés locales dans le but de faire la lumière sur des structures et processus généraux » (Winge, 1995, p. 256).

1.3. L'histoire shetlandaise, la mer, la terre et les communautés

Cette position est plutôt nouvelle dans l'historiographie shetlandaise. Les îles Shetland ont d'abord été, comme leurs homologues du Pacifique, le terrain de jeu d'ethnologues et d'anthropologues : Erving Goffman, Anthony P. Cohen, Alexander Fenton et Rigmor Frimannslund pour n'en citer que quelques uns (Goffman, 1953 ; Winkin, 1988 ; Cohen, 1987 ; Fenton, 1997a ; Horgen *et al.* (dir.), 2011). Elles sont aussi perçues par certains comme un laboratoire où les évolutions de la société seraient « plus explicites, plus visibles » qu'ailleurs (Morrison, 1996, p. 89). Pour d'autres, « malgré sa situation apparemment isolée, le développement des îles Shetland dans toute son histoire a été influencé par des contacts répétés avec l'extérieur » (Coull, 1996, p. 76).

L'idée que la mer est l'espace et le moyen qui connecte les Shetlandais avec le monde extérieur a été plutôt largement étudiée. La mer tient une place particulière dans l'historiographie shetlandaise, celle-ci illustre l'hétérogénéité des contacts mais aussi des moyens de contact ainsi de nombreuses études sur les bateaux, les moyens de transport, la pêche, le commerce, les voyages, les naufrages, ont été réalisées (par exemple : Fenton, 1997b ; Coull, 2007 ; Smith, 2003 ; Flinn, 1989 ; O'Dell, 1933).

Les liens entre terre, mer et communauté insulaire ont aussi été étudiés mais souvent inconsciemment ou en mettant plus en avant l'une des parties de l'équation sans pour autant en expliquer les raisons. C'est le cas dans les travaux sur les communs, sur la place des femmes, sur le travail des produits de la mer (par exemple : Smith, 1984 ; Knox, 2003 ; Wills, 1975 ; Jones, 2012 ; Coull, 1996 ; Abrams, 2010).

2. Écrire une histoire sociale des îles

Mais ces travaux se font la plupart du temps sans une analyse de la signification de l'île pour les habitants à l'époque étudiée. Ainsi, il serait faux d'établir une ligne continue entre la Thulé de Tacite et Strabon et les îles Shetland du XVIIIe siècle (Tacite, 2003 ; Strabon, 1969). Pas uniquement parce que nous ne sommes pas sûrs que l'île de Thulé soit les Shetland mais surtout parce que les îles en tant qu'objets qui transportent et transmettent des idées (scientifiques, écologiques, sociales, etc.) changent dans le temps dans l'esprit des hommes. Leur image est construite.

2.1. Les îles Shetland : « une image en construction » (Salomé, 2003)

Le XIXe siècle est la grande époque de la construction de l'image de l'île en Europe occidentale. C'est dans ce contexte post-révolution agricole, de révolution industrielle et du romantisme littéraire que les élites terriennes, les voyageurs et les observateurs comme Sir Walter Scott ont contribué à construire l'image de l'archipel des Shetland tel que nous le connaissons aujourd'hui (Scott, 1822 ; Grydehøj, 2009).

Connaître l'image que les îliens ont de leur propre île est très difficile. Il y a cependant quelques faibles traces qui peuvent nous laisser penser que cette image est bien plus complexe que celle offerte dès le début du XIXe siècle dans le discours des élites locales ou extérieures. Par exemple, comme les habitants de Sein qui n'utilisent qu'à partir de 1914 le vocable « îlien », les Shetlandais ne s'appellent pas « *islanders* » (Salomé, 2003, p. 294).

2.2. Ré-historiciser et resocialiser l'archipel : l'archipel pour les communautés shetlandaises au XVIIIe siècle

Ainsi, lorsque l'on dépasse la vision du XIXe siècle des Shetland, le besoin de complexifier la définition de l'île et de l'archipel pour les populations apparaît. L'île et l'archipel ne sont pas uniquement des espaces physiques donnés, mais ils sont aussi tous les éléments (humains ou non-humains) qui vont vers eux et en sortent.

La manière d'aller vers l'île n'est pas la même au XVIIIe et au XIXe siècle. Au XIXe siècle, les bateaux à vapeur apparaissent. Avant cela, tous les trajets sont faits à voile, mais aussi à rames pour la navigation le long des côtes. De même au cours du XVIIIe siècle, la situation change : au début du XVIIIe siècle, il n'y a pas de liaison régulière entre les îles Shetland et la métropole. Le *packet boat* est mis en place à la fin du XVIIIe siècle (Flinn, 1989, p. 1).

Vivre dans l'île n'est pas la même chose pour des catégories sociales et genrées différentes. Ainsi, les femmes explorent l'île le long des côtes dans des bateaux à rames lorsqu'elles se déplacent pour voir leur famille ou aller au marché. Elles sont aussi celles qui restent sur terre quand leurs maris et leurs fils périssent en mer. De même, les marchands et les grands propriétaires terriens connaissant ce que la métropole a à offrir en terme, par exemple, d'éducation pour leurs enfants et ils ont aussi vu des milieux différents : des forêts, de vastes villes, etc. Les communautés insulaires peuvent avoir entendu parler de tout cela mais elles n'ont pas pu les confronter avec leurs propres réalités.

Ces différences, néanmoins, ne sont pas propres aux îles. On les retrouve dans de nombreuses communautés rurales, littorales et montagnardes du reste de l'Europe à l'époque moderne, avant les changements majeurs du XIXe siècle, avant le développement de la pêche industrielle, l'accélération des transports sur mer comme sur terre et avant le développement des politiques de développement dites locales.

2.3. Un enchevêtrement d'archipels

La particularité shetlandaise, s'il fallait en trouver une, réside peut-être dans le fait qu'au XVIIIe siècle – comme aujourd'hui ? – les communautés shetlandaises vivent dans un enchevêtrement d'archipels : les îles Shetland forment un archipel, le royaume britannique est un archipel et l'empire britannique peut aussi être défini comme un archipel.

Cette multiplication d'échelles archipélagiques est intéressante car elle permet de reconsidérer les notions de centre-périphérie et les rapports de force entre les communautés dites éloignées et celles résidant à proximité des centres de pouvoirs – mais je n'insisterai pas plus sur ces questions dans cette contribution.

Ce qui m'intéresse ici, c'est qu'à la fois à l'échelle shetlandaise et à l'échelle impériale, on peut observer des communautés littorales et insulaires, de tailles différentes et d'origines variées, sur lesquelles des discours sont créés et correspondent le plus souvent à une volonté de domination par le pouvoir impérial. Cette domination ou cette redécouverte des populations est visible dans les nombreuses descriptions des îles Shetland, depuis la seconde moitié du XVIIIe siècle jusqu'aux premières décennies du XIXe siècle, dans lesquelles les Shetlandais sont comparés avec de nombreuses populations récemment colonisées (par exemple : Edmondston, 1809, p. v ; Hibbert, 1822, p. 96-97, 466 et 541). Ce type de descriptions se retrouve dans l'ensemble de l'empire et ne touche pas uniquement l'empire britannique mais aussi la France, en témoigne la description des Bretons faites par Honoré de Balzac dans les Chouans qu'il compare aux Mohicans et aux « Peaux Rouges de l'Amérique septentrionale » (Little, 1999, p. 1 ; Balzac, 1835, p. 42).

3. ECRIRE L'HISTOIRE DES EXPÉRIENCES DE L'ARCHIPEL SHETLANDAIS AU XVIIIE SIÈCLE

Comment les communautés shetlandaises vivent-elles dans l'archipel au XVIIIe siècle ? Quelques éléments de réponse peuvent être apportés ici mais ils ne constituent qu'un début de réponse à cette question. Dans un souci de praticité, ces éléments de réponse sont présentés en suivant les trois catégories du vécu insulaire : insularité, insularisme et iléité.

3.1. Insularité

Quelles sont les réalités mesurables qui permettent de saisir l'insularité shetlandaise ? Il serait bien entendu possible de chercher le taux d'insularité des îles Shetland en se fondant sur les calculs proposés par François Doumenge, en calculant par exemple, le rapport de la longueur de côte sur la superficie de l'île (Doumenge, 1985). Mais ces calculs ne prennent pas en compte l'évolution des sociétés humaines. Ils ne considèrent que la couche supérieure de l'île, celle de sa forme. Certaines choses, néanmoins, peuvent être mesurées et l'on peut voir si l'insularité géoéconomique des îles Shetland est plus ou moins élevée au XVIIIe siècle. Concentrons-nous dans cette contribution sur deux exemples : 1) les dates d'arrivée des informations du centre vers la périphérie écossaise ; 2) l'accès au reste du monde.

En étudiant l'arrivée d'une information envoyée du centre – Londres ou Edimbourg – vers ses périphéries, il est possible de discriminer les raisons qui font qu'un espace reçoit des informations plus tôt ou plus tard qu'un autre et ainsi, de replacer dans le contexte historique le champ de l'insularité. Pour se faire, il nous faut déterminer une information précise et saisir sa date d'arrivée dans plusieurs endroits différents. Ainsi, il est possible de comparer les dates d'arrivée de la demande de jeûne pour la couronne britannique dans les paroisses écossaises du royaume pendant la révolution américaine. Ainsi, le ministre shetlandais de la paroisse de Dunrossness ordonne le jeûne le 15 décembre 1776 alors qu'à Birsay dans les Orcades, le jeune est ordonné le 8 décembre 1776, soit une semaine avant (SA, CH2/112/1, 1776, fol. 35 ; OA, CH2/1083/1, 1776, fol. 206). Pour aller plus loin, il est possible de comparer deux paroisses shetlandaises : Northmavine au nord-ouest de l'archipel et Dunrossness au sud, ainsi que cette même paroisse de Dunrossness avec une paroisse des Midlothians, la région d'Edimbourg. À Crichton, dans les Midlothians, le jeûne apparaît dans les archives de l'assemblée paroissiale le 8 décembre et est observé, comme dans les Orcades le jeudi 12 décembre, tandis qu'à Dunrossness, il arrive le 15 et est observé le jeudi 19 décembre (NAS, CH2/75/2, 1776, fol. 473). À Northmavine, au nord-ouest de l'archipel des Shetland, le jeûne est ordonné le 8 décembre et observé le jeudi 12 (SA, CH2/286/2, 1776, fol. 39). Le jeûne est bien ordonné dans au moins une paroisse des Shetland au même moment que dans une paroisse à quelques kilomètres d'Edimbourg, quelque 500 km plus au sud. Mais pourquoi le jeûne est-il ordonné plus tard à Dunrossness ? Il semble que le pasteur, le révérend John Mill, soit responsable de ce décalage. En effet, il prêche dans deux paroisses, un dimanche sur l'autre : Dunrossness et Sandwick et Cunningsburgh, la paroisse limitrophe. Alors qu'il est supposé prêcher à Sandwick le 8 décembre comme l'indique les minutes de l'assemblée paroissiale de Dunrossness et dans le même temps leur annoncer la date et les raisons du jeûne, aucune entrée ne fait mention de cette annonce dans les minutes de l'assemblée paroissiale de Sandwick (SA, CH2/112/1, 1776, fol. 35 ; SA, CH2/325/1, 1776, fol. 44). Bien au contraire, le jeûne est observé dans cette paroisse non pas le jeudi 12 comme à Northmavine ou à Crichton, non pas le jeudi 19 comme à Dunrossness, mais le jeudi 26, une semaine plus tard (SA, CH2/325/1, 1776, p. 44). Pourquoi John Mill n'a-t-il pas annoncé en heure et en temps le jeûne royal ? Il est difficile de répondre à cette question mais cette démonstration met en évidence le fait que le caractère insulaire des Shetland ne lui empêchait pas de recevoir des informations venant de Grande-Bretagne bien que la fin du XVIIIe siècle soit une époque de tempêtes plus importantes, où les naufrages sont nombreux (Lamb, 2005 ; SA, D1/400, 1890). La raison est peut-être néanmoins climatique : le 1er décembre 1776, John Mill ne peut pas prêcher à Dunrossness à cause du mauvais temps (SA, CH2/112/1, fol. 35). Peut-être est-ce à cause du mauvais temps qu'il ne peut se rendre à Sandwick le 8 décembre 1776 ? Dans son journal intime, il mentionne uniquement le fait que « comme la paroisse ne pouvait pas être avertie à temps pour ce dis jour [le 12 décembre], le jeûne fut observé le jeudi suivant dans la paroisse » (Mill, 1889, p. 48). Il continue en expliquant que bien que le temps soit mauvais, de nombreuses personnes participent au jeûne le 19 décembre (Mill, 1889, p. 48). L'insularité shetlandaise semble relative dans la seconde moitié du XVIIIe siècle : les informations royales arrivent auprès des populations locales au même moment que pour celles qui vivent plus au sud. Une analyse systématique de l'arrivée d'informations « nationales » ou « internationales » dans les îles Shetland pourrait permettre de dresser un portrait nuancé et évolutif du niveau d'insularité géopolitique des îles Shetland pendant toute l'époque moderne. Une telle entreprise nécessite de croiser un grand nombre de données.

Ce procédé pourrait aussi permettre de calculer l'accès par les Shetlandais au reste du monde. Ainsi, il serait possible de mettre en place un modèle qui permettrait de calculer les entrées du monde extérieur dans les sociétés dites rurales ou marginales. Il faudrait répertorier les données matérielles (les monnaies en circulation, les biens échangés, les objets naufragés, etc.) et les données immatérielles (le nombre de marins partant et revenant dans l'île, les informations connues sur les évènements et découvertes dans le reste du monde, les connaissances linguistiques, etc.). D'un point de vue qualitatif uniquement, il semble que dans les Shetland du XVIIIe siècle, l'accès au reste du monde soit, finalement, assez grand : les Shetlandais peuvent échanger dans plusieurs langues, ils échangent tricot et poisson contre thé, tissus, etc., ce qui entraîne la circulation de monnaies allemandes et néerlandaises (par exemple : Brand, 1809, p. 797-798 ; Gifford, 1976, p. 6, 31-32 ; Hibbert, 1822, p. 500 ; Fielding, 2008, p. 145). Ils sont aux premières loges lors des incursions de vaisseaux armés pendant la Révolution américaine (Mill, 1889, p. 51, 57, 62-63, 64). Mais comment savoir si ces éléments sont spécifiques aux îles Shetland parce qu'elles sont îles ? Et ainsi, si les communautés shetlandaises sont en comparaison avec d'autres communautés, mieux ou moins bien intégrées dans les réseaux d'échanges ? Il faudrait comparer ces données avec celles de communautés vivant dans d'autres types d'environnement pour pouvoir répondre à ces questions.

3.2. Insularisme

Il faut ensuite se demander si des phénomènes sociopolitiques et géopolitiques et institutions particulières à l'île ce sont développés. Sur cette question, je vais prendre deux exemples : 1) les *fishing tenures* ; 2) la garde des moutons.

À partir des années 1720, l'ensemble des propriétaires terriens shetlandais est entré dans des contrats de tenure à poissons, *fishing tenures*, avec leurs tenanciers. Ainsi, les tenanciers sont tenus de revendre l'ensemble de leur pêche d'été, à un prix fixé à l'avance, à leur propriétaire terrien en guise de rente (Smith, 2000). Ce système qui fait augmenter grandement la pêche dans les îles Shetland au XVIIIe siècle est-il un insularisme ? Est-ce parce que nous sommes sur une île qui possède des accès excellents à la mer et aux eaux poissonneuses que les propriétaires terriens ont mis en place ce système ? Il me semble que ce système, bien que s'appuyant grandement sur la situation géographique shetlandaise, se met en place à un moment historique donné : celui du développement des pêcheries en Grande-Bretagne, des renégociations des possibilités de pêche pour les Néerlandais et les Allemands dans les eaux shetlandaises, et surtout du développement de la pensée capitaliste, parallèlement à la révolution agricole et à la révolution industrieuse (Smith, 2003 ; Hobsbawm, 1980 ; Demélas et Vivier, 2003 ; De Vries, 2008). Comme le rappelle Edward P. Thompson, « l'histoire est avant tout la discipline du contexte » (Thompson, 1972, p. 45 ; cité dans : Houston, 2011, p. 75). C'est ce contexte qui nous aide à comprendre le développement des *fishing tenures*. Ce n'est pas l'île qui est le moteur de ce système, elle n'en est que le support. L'île offre un régime d'opportunités particulier mais ne fait pas ce changement. Pareillement, Emmanuelle Charpentier montre comment sur le littoral nord de la Bretagne, certains seigneurs s'approprient le littoral en mettant en place des droits de pêche exclusive et ainsi, profitent des opportunités offertes par le littoral (Charpentier, 2009, p. 348-354).

Ce régime d'opportunités est bien visible en ce qui concerne la garde du cheptel de moutons. Les Shetlandais ne gardent pas leurs moutons : ils paissent libres sur la lande, été comme hiver (Gifford, 1976, p. 25). Cette situation est plutôt unique dans les sociétés agropastorales du nord-ouest de l'Europe à l'époque moderne. Est-ce pour autant un insularisme ? Peut-être. Il est vrai que dans ce cas précis la circonscription du territoire shetlandais par la mer, l'absence de prédateurs, et enfin les nombreux îlots qui entourent les îles Shetland et servent d'enclos pour les moutons sans que les hommes n'aient à y construire des structures particulières, sont autant de raisons qui expliquent cette pratique particulière. Cette même pratique se retrouve d'ailleurs sur l'île d'Ouessant, à l'extrémité ouest de la Bretagne. Françoise Péron, sans pour autant donner de datation précise pour cette pratique – elle évoque principalement le XIXe siècle, explique comment le cheptel « demande moins de travail dans la mesure où il est à courir dans toute l'île durant une bonne partie de l'année » (Péron, 1997, p. 154, 157). Les Ouessantins et les Shetlandais font la meilleure utilisation possible de la géographie insulaire et archipélagique.

3.3. Iléité

S'est-il développer une culture propre à l'île induite par l'espace insulaire ? Pour tenter de répondre à cette question, deux exemples seront donnés : 1) les langues parlées ; 2) l'expérience de la mort en mer.

Les linguistes et les observateurs du XVIIIe siècle insistent sur le fait que la langue shetlandaise, le norne, qui n'est plus pratiquée après le milieu du XVIIIe siècle, peut varier d'une île à l'autre, sans pour autant que cela soit lié au contexte archipélagique mais plutôt à des phénomènes sociaux (Low, 1978, p. 105, 142-143 ; Barnes, 1998 ; Smith, 1996 ; Melchers, 1996, p. 44-46). Cependant, la lecture des sources nous informe que les Shetlandais peuvent aussi échanger en danois (proche du norne), en anglais et en allemand – le degré de maîtrise de ces langues nous est évidemment inconnu (par exemple : Gifford, 1976, p. 31-32 ; Hibbert, 1822, p. 500). Cette connaissance et pratique de la langue forme probablement un caractère culturel propre aux îles Shetland qui renforce l'espace insulaire car ce ne sont pas uniquement les habitants de Lerwick qui ont des contacts avec le reste du monde mais bien l'ensemble des Shetlandais qui entre en contact avec des marchands. Dans d'autres régions côtières ou frontalières, ces compétences linguistiques peuvent aussi exister mais il se peut que la forme archipélagique augmente le nombre de points de contact avec l'extérieur (Smith, 2003, p. 13). Mais peut-on pour autant parler d'iléité ?

Le taux de mortalité des insulaires hommes est très élevé au XVIIIe siècle : les pauvres sont des femmes veuves et les descriptions regorgent de détails sur les naufrages de pêcheurs mais aussi sur les naufrages de bateaux étrangers navigants à proximité des Shetland (nombreuses occurrences dans : Mill, 1889 ; Sinclair (dir.), 1978). La vue de cadavres sur l'estran est quelque chose de fréquent mais à la différence du système de levée de cadavre bien décrit pour le littoral nord de la Bretagne par Emmanuelle Charpentier, il n'y a pas dans les îles Shetland de processus similaire (Charpentier, 2009, p. 37-38). Les morts sont enterrés rapidement en haut de la dune. La mort fait partie de la vie shetlandaise mais elle n'est pas institutionnalisée : il n'y a pas de procession, d'enquête spéciale, d'évènement culturel particulier ou d'ex voto maritimes – pourtant présents dans d'autres régions protestantes, comme au Danemark (Carbou, 2003, p. 7). L'expérience si présente de la mort en mer n'a pas conduit les Shetlandais à construire une mythologie particulière autour de cette question, à l'époque moderne. Les îliens ne sont pas les seules à voir la mort presque quotidiennement : elle est aussi très présente dans les zones humides, sur le continent, où sévissent de nombreuses maladies, en montagne où le froid et les animaux sauvages tuent, mais aussi sur le littoral où cette même mer peut ravager des villes et des ports (Charpentier, 2009, p. 58-65, 67-91 ; Moriceau, 2007). Cette absence d'une culture particulière de la mort en mer, est semble-t-il, un argument en faveur d'une quasi-absence d'iléité shetlandaise à l'époque moderne particulièrement pour les catégories sociales inférieures – petites propriétaires terriens et sans terres.

Conclusion

L'étude des contes et légendes shetlandais est à mener. Pour le moment, il est difficile de dire si dans ces textes, une certaine iléité, *islandness*, se dégage, si l'on perçoit que les Shetlandais accordaient à l'archipel une place particulière, constitutive de leur identité. Mais cette idée, me semble-t-il, est plus tardive. Comme évoqué plus tôt dans cette contribution, les Shetlandais ne semblent pas se reconnaître dans l'île avant que le XIXe siècle n'amène les discours de l'élite et des voyageurs, le romantisme, les échanges accélérés, etc. Bien au contraire, le processus d'identification ne se fait pas à partir du contexte insulaire mais à partir de la communauté de ressources, représentée par le commun shetlandais, le *scattald*, les habitants sont des frères de *scattald, scattald brethren*, avant d'être des îliens (NAS, RH4/102, 1772, fol. 2 ; Smith, 1984, p. 104). Pour finir, je paraphraserai Emmanuelle Charpentier et remplacerai son littoral par l'archipel : « En filigrane se pose donc la question du rapport qu'entretiennent les habitants *de l'archipel* avec la mer, et corrélativement avec la terre : cette situation d'interface – et de frontière – peut induire des spécificités liées à la fréquentation du rivage et à la pratique d'activités découlant plus ou moins de la proximité de la mer, combinées ou non avec des activités tournées vers l'horizon terrestre. Ces populations sont-elles pour autant si différentes de celles de *l'intérieur des terres* ? » (Charpentier, 2009, p. 12-13).

Bibliographie

ABRAMS L. (2010) - *Myth and Materiality in a Woman's World : Shetland 1800-2000*, Manchester, Manchester University Press, 252 p.

Anonyme (1821) - Abstract of Answers and Returns under The Population Act, 1 Geo. IV. C. 94 : Shire of Orkney and Shetland, *in Abstract of Answers and Returns under The Population Act*, 1 Geo. IV. C. 94, p. 524-526.

Anonyme (2011) - *Shetland in Statistics*, Lerwick, Shetland Islands Council, 64 p.

BALDACCHINO G. (2006) - Islands, Island Studies, Island Studies Journal, *Island Studies Journal*, 1, 1, p. 3-18.

BALZAC H. DE (1835) - *Les Chouans*, Bruxelles, L. Hauman, 356 p.

BARNES M.P. (1998) - *The Norn Language of Orkney and Shetland*, Lerwick, The Shetland Times Ltd., 72 p.

BARROWCLOUGH D.A. (2010) - Expanding the horizons of island archaeology. Islandscapes Imaginary and Real, Ely : the case of the Dry Island, *Shima : The International Journal of Research into Island Cultures*, 4, 1, p. 27-46.

BRAND J. (1809) - A Brief Description of Orkney, Zetland, Pightland-firth, and Caithness, 1701, *in* J. Pinkerton (dir.), *A General Collection of the Best and Most Interesting Voyages and Travels in all Parts of the World*, Londres, Printed for Longman, Hurst, Rees and Orme, Paternoster-Row and Cadell and Davies, in the Strand, p. 731-810.

CARBOU E. (2003) - Les ex-voto marins en Europe. Origine, histoire et aspects actuels de cette pratique dévotionnelle, *Les Cahiers de l'ATAN*, La dévotion populaire et la mer, 1, p. 1-12.

CHARPENTIER E. (2009) - *Le littoral et les hommes : espaces et sociétés des côtes nord de la Bretagne au XVIIIe siècle*, thèse de Doctorat, Université Rennes 2, 1089 p.

CNRTL (2012) - Expérience, subst. fém., *Centre National de Ressources Textuelles et Lexicales*. Consultable à http://www.cnrtl.fr/definition/experience [Accédé le 17 juin 2014].

COHEN A.P. (1987) - *Whalsay : symbol, segment and boundary in a Shetland island community*, Manchester, Manchester University Press, 236 p.

COULL J.R. (2007) - *Fishing, Fishermen, Fish Merchants and Curers in Shetland : Episodes in Fishing and Curing Herring and Whitefish*, Lerwick, Shetland Amenity Trust, 243 p.

COULL J.R. (1996) - Shetland : the land, sea and human environments, *in* D. J. Waugh et B. Smith (dir.), *Shetland's Northern Links : Language and History*, Edimbourg, Scottish Society for Northern Studies, p. 66-77.

DAWSON H. (2012) - Archaeology, aquapelagos and islands studies, *Shima : The International Journal of Research into Island Cultures*, 6, 1, p. 17-21.

DEMÉLAS M.-D., VIVIER N. (2003) - *Les propriétés collectives face aux attaques libérales (1750-1914). Europe occidentale et Amérique latine*, Rennes, Presses Universitaires de Rennes, 328 p.

DEWAR R.E. (1997) - Does It Matter That Madagascar Is an Island ?, *Human Ecology*, 25, 3, p. 481-489.

DOUMENGE F. (1985) - Les îles et les micro-Etats insulaires, *Hérodote*, 37-38, p. 297-327.

EDMONDSTON A. (1809) - *A View of the Ancient and Present State of the Zetland Islands ; Including their Civil, Political, and Natural History ; Antiquities and an Account of their Agriculture, Fisheries, Commerce, and the State of Society and Manners*, vol. 1, Edimbourg, John Ballantyne and Co., 384 p.

FENTON A. (1997a) - *The Northern Isles : Orkney and Shetland*, East Linton, Tuckwell Press Ltd, 736 p.

FENTON A. (1997b) - The Shore and the Sea, *in The Northern Isles : Orkney and Shetland*, East Linton, Tuckwell Press Ltd, p. 510-624.

FERRETTI F. (2009) - Le colloque international « Mer et montagne dans la culture européenne (XVIe-XIXe siècle) », *Projets de paysage*, 3. Consultable à http://www.projetsdepaysage.fr/fr/le_colloque_international_mer_et_montagne_dans_la_culture_europeenne_xvie_xixe_siecle_ [Accédé le 5 juillet 2013].

FIELDING P. (2008) - Ultima Thule : The limits of the north, *in Scotland and the Fictions of Geography*, Cambridge, Cambridge University Press, 248 p.

FLINN D. (1989) - *Travellers in a bygone Shetland : an anthology*, Edimbourg, Scottish Academic Press, 278 p.

GIFFORD T. (1976) - *An Historical description of the Zetland Islands in the year 1733. With an appendix of illustrative documents, Sandwick*, Thule Print Ltd., 104 p.

GOFFMAN E. (1953) - *Communication Conduct in an Island Community*, thèse de doctorat, Université de Chicago, 736 p.

GRAY KYD J. (dir.) (1952) - *Scottish Population Statistics including Webster's analysis of population 1755*, Edimbourg, T. and A. Constable Ltd., 107 p.

GRYDEHØJ A. (2009) - *Historiography of Picts, Vikings, Scots, and Fairies and its influence on Shetland's twenty-first century economic development*, thèse de doctorat, Université d'Aberdeen, 261 p.

HAU'OFA E. (2008) - Our Sea of Islands, *in We Are the Ocean : Selected works*, Honolulu, University of Hawaii Press, p. 27-40.

HAY P. (2006) - A Phenomenology of Islands, *Island Studies Journal*, 1, 1, p. 19-42.

HIBBERT S. (1822) - *A Description of the Shetland Islands, Comprising an Account of their Geology, Scenery, Antiquities, and Superstitions*, Edimbourg, Archibald Constable and Co., 616 p.

HOBSBAWM E. (1980) - Scottish Reformers of the Eighteenth Century and Capitalist Agriculture, *in* E. Hobsbawm (dir.), *Peasants in History : Essays in Honour of Daniel Thorner, Bombay*, Oxford University Press, p. 3-29.

HORGEN J.E., JONES M., OLSEN V.Å. (dir.) (2011) - *« Studenten som kom før faget » : etnolog Rigmor Frimannslund (1911-2006) : et minneskrift*, Oslo, Novus, 348 p.

HOUSTON R.A. (2011) - Custom in context : medieval and early modern Scotland and England, *Past & Present*, 211, p. 35-76.

JONES M. (2012) - Udal Law, *in* M. A. Mulhern (dir.), *The Law, Scottish Life and Society : Compendium of Scottish Ethnology*, Edimbourg, John Donald Publishers Ltd., p. 389-417.

KNOX S. (2003) - *The Making of the Shetland Landscape*, Edimbourg, John Donald Publishers Ltd., 255 p.

LAMB H.H. (2005) - *Historic Storms of the North Sea, British Isles and Northwest Europe*, Cambridge, Cambridge University Press, 228 p.

LITTLE J.I. (1999) - Agricultural Improvement and Highland Clearance : The Isle of Arran, 1766-1829, *Scottish Economic & Social History*, 19, 2, p. 132-154.

LOW G. (1978) - Voyage to Schetland, *in A Tour Through the Islands of Orkney and Schetland : Containing Hints Relative to Their Ancient Modern and Natural History Collected in 1774*, Inverness, Melven Press, p. 64-196.

MAITLAND P.S., BRITTON R.H. (1985) - The fresh waters of Shetland : I. The strategy of a synoptic resource analysis, *Scottish Geographical Magazine*, 101, 3, p. 150-156.

MCCALL G. (1994) - Nissology : the study of Islands, *Journal of the Pacific Society*, 17, 2-3, p. 1-14.

MCMAHON E. (2013) - Reading the Planetary Archipelago of the Torres Strait, *Island Studies Journal*, 8, 1, p. 55-66.

MEISTERSHEIM A. (1997) - Figures de l'iléité, image de la complexité…, *in Île des merveilles, Mirage, miroir, mythe*, Actes du Colloque de Cerisy du 2 au 12 août 1993, Paris, L'Harmattan, p. 109-122.

MELCHERS G. (1996) - "We're aa da same here – but different, too" some notes on regional linguistic variation in Shetland, *in* D. J. Waugh et B. Smith (dir.), *Shetland's Northern Links : Language and History*, Edimbourg, Scottish Society for Northern Studies, p. 44-51.

MILL J. (1889) - *The Diary of the Reverend John Mill, Minister of the Parishes of Dunrossness Sandwick and*

Cunningsburgh in Shetland, 1740-1803. With Selections from Local Records and Original Documents Relating to the District, Edimbourg, Edinburgh University Press, 227 p.

MOLES A.A. (1982) - Nissonologie ou science des îles, *L'Espace Géographique*, 4, p. 281-289.

MORICEAU J.-M. (2007) - *Histoire du méchant loup. 3000 attaques sur l'homme en France*, Paris, Fayard, 623 p.

MORRISON I.A. (1996) - The Auld Rock : the physical environment as an element in the interplay of continuity and change in Shetland's history, *in* D. J. Waugh et B. Smith (dir.), *Shetland's Northern Links : Language and History, Edimbourg, Scottish Society for Northern Studies*, p. 78-90.

MYRDAL J. (2011) - Farming and feudalism, 1000-1700, *in* J. Myrdal et M. Morell (dir.), *The Agrarian History of Sweden, 4000 BC to AD 2000*, Lund, Nordic Academic Press, p. 72-117.

NAS, RH4/102 (1772) - Rental of lordship of Shetland.

NAS, CH2/75/2 (1713-1829) - Crichton Kirk Session minutes.

O'DELL A.C. (1933) - The Shetland Islands wreck-rose, *Mariner's Mirror*, 19, 2, p. 137-145.

OA, CH2/1083/1 (1747-1784) - Birsay Kirk Session minutes.

PÉRON F. (1997) - *Ouessant, l'île sentinelle. Vie et traditions d'une île bretonne*, Douarnenez, Le Chasse Marée/ArMen, 377 p.

SA, CH2/112/1 (1764-1841) - Dunrossness Kirk Session minutes.

SA, CH2/286/2 (1729-1834) - Northmavine Kirk Session minutes.

SA, CH2/325/1 (1755-1842) - Sandwick and Cunningsburgh Kirk Session minutes.

SA, D1/400 (1890) - « Wreck registers » of Robert Stuart Bruce.

SALOMÉ K. (2003) - *Les îles bretonnes : une image en construction (1750-1914)*, Rennes, Presses Universitaires de Rennes, 2003, 461 p.

SCOTT W. (1822) - *The Pirate*, vol. 1, Edimbourg, Archibald Constable and Co., 1822, 322 p.

SINCLAIR J. (dir.) (1978) - *Statistical Account 1791-1799. Orkney and Shetland*, vol. 19, Wakefield, EP Publishing, 700 p.

SINCLAIR J. (dir.) (1814) - *Appendix to the General report of the Agricultural State, and Political Circumstances, of Scotland, drawn up for the consideration of the board of agriculture and internal improvement*, vol. 2, Edimbourg, Archibald Constable and Co., 440 p.

SMITH A. (2005) - *An Inquiry into the Nature and Causes of the Wealth of Nations*, Hazleton, PSU-Hazledton, 785 p.

SMITH B. (2000) - Rents from the sea, *in Toons and Tenants, Settlement and society in Shetland 1299-1899*, Lerwick, Shetland Times Ltd., p. 65-80.

SMITH B. (1996) - The development of the spoken and written Shetland dialect : a historian's view, in D. J. Waugh (dir.), *Shetland's Northern Links : Language and History*, Edimbourg, Scottish Society for Northern Studies, p. 30-43.

SMITH B. (1984) - What is a Scattald ? Rural Communities in Shetland, 1400-1900, in B. E. Crawford (dir.), *Essays in Shetland history : Heidursrit to T.M.Y. Manson*, Lerwick, Shetland Times Ltd., p. 99-124.

SMITH H.D. (2003) - *Shetland Life and Trade 1550-1914*, Edimbourg, John Donald Publishers Ltd., 2003, 369 p.

SPENCE D. (1979) - *Shetland's living landscape : a study in island plant ecology*, Sandwick, Thule Press, 1979, 176 p.

STRABON (1969) - I, 4, 5. Longueur du monde habité, *in Géographie*, Paris, Les Belles Lettres, p. 169-170.

TACITE (2003) - X. Géographie physique, *in Vie d'Agricola*, Paris, Les Belles Lettres, p. 8-9.

THOMPSON E.P. (1972) - Anthropology and the discipline of historical context, *Midland History*, 1, 3, p. 41-55.

DE VRIES J. (2008) - *The Industrious Revolution : Consumer Behavior and the Household Economy, 1650 to the Present*, Cambridge, Cambridge University Press, 340 p.

WILLS J. (1975) - *Of laird and tenant : A study of the social and economic geography of Shetland in the eighteenth and early nineteenth centuries, based on the Garth and Gardie estate manuscripts*, thèse de doctorat, Université d'Edimbourg, 535 p.

WINGE H. (1995) - Local History, in W. H. Hubbard (dir.), *Making a historical culture : historiography in Norway*, Oslo, Scandinavian University Press, p. 240-260.

WINKIN Y. (1988) - Goffman à Baltasound, *Politix*, 1, 3, p. 66-70.

THE ISLANDS OF BRITTANY FROM THE NEOLITHIC TO THE BEGINNING OF THE BRONZE AGE (5000-1600 BC) : AN ASSESSMENT OF OCCUPATION DYNAMICS

AUDOUARD Lorena[1]

1-Université de Rennes 1, UMR 6566 CReAAH « Centre de Recherche en Archéologie, Archéosciences et Histoire », email : lorena-aud@wanadoo.fr

Résumé :
L'objet de cet article est de dresser un bilan des caractéristiques de l'occupation des îles bretonnes du début du Néolithique au début de l'âge du Bronze, en s'interrogeant sur l'existence ou non de particularismes au regard de ce que l'on observe sur le proche continent.

Cet article s'appuie sur différent supports, notamment une recherche doctorale menée sur l'économie des premières sociétés insulaires par le biais de l'industrie lithique, avec comme problématique principale les échanges îles/continent (Audouard, 2014a). Quelques particularismes, notamment sur Belle-Île-en-Mer, seront ici mis en valeur.

Mots-clés :
Insularité, dynamique d'occupation, culture matérielle, industrie lithique, Belle-Île-en-Mer

Abstract:
The aim of this article is to take stock of the characteristics of occupation of the islands of Brittany by questioning the existence of particularities in terms of what is observed on the nearby mainland, from the early Neolithic to the early Bronze Age. This article is based on the results of different approaches, including doctoral research on the economics of the first agro-pastoral societies on the Brittany islands, through studies of the lithic industry, with an emphasis on exchanges between islands and the continent (Audouard, 2014a). We highlight some specificities, especially on Belle-Île-en-Mer.

Keywords:
Insularity, occupation dynamics, material culture, lithic industry, Belle-Île-en-Mer

Introduction

Many inventories and field campaigns have been carried out over the past five years on islands off the Brittany coast (Daire, 2009; Daire and Hamon, 2013; Gandois and Pailler, 2011; Bihan *et al.*, 2010; Large, 2014, etc.). The quality and the quantity of the data are variable according to the islands concerned (recent or old inventories, presence/absence of surveys or excavations), highlighting our ignorance of the archaeology of certain islands (such as Belle-Île). Nevertheless, these archaeological studies have led to a preliminary synthesis of the dynamics of occupation of these island spaces. This approach has made it possible to address questions about the degree of insularity of these territories, the existence or absence of particularities, as well as the links maintained between the islanders and their continental neighbours, over a rather broad time span extending from approximately 5000 to 1600 BC.

1. The occupation of islands off Brittany from the Neolithic to the beginning of the Bronze Age : overview of the state of the art

1.1. The beginning of the Neolithic

In the current state of knowledge, the beginning of the Neolithic is documented by a number of excavated occupations and some patchy indications (fig. 1).

On Ushant, a shard dating from the Middle Neolithic 1 was discovered during the excavations of Mez Notariou (Bihan *et al.*, 2010). On Molène, several 14C dates from the Beg ar Loued site can be attributed to the early Neolithic and Middle Neolithic, providing evidence for an occupation prior to the Bell-Beaker habitation structure. (Pailler *et al.*, 2011). In this same archipelago of Molène, a Middle Neolithic 1 burial mound has been excavated on Ledenez Vihan lying off Quéménes Island (Pailler and Gandois, 2011). Moreover, we can also note the presence of two fish traps (Gored ar Mildiz 1 and 2) to the north-east of Ledenez Vihan off Quéménès (Pailler and Gandois, 2011). These two fish traps are under the zero datum of sea charts (ca. – 1.7 m), which has led P. Stephan to estimate that their operation predates 4300 BC (Pailler and Gandois, 2011), at the boundary between Neolithic 1 and Middle Neolithic 2.

On the island of Groix, in the weathered layers of the Butten er Hah necropolis (Pontois, 1928), several stone rings in various stages of completion seem to indicate the presence of a workshop for manufacturing these items. Stone rings are often interpreted as markers of a Villeneuve-Saint-Germain cultural influence (Pailler *et al.*, 2008), although it cannot be ruled out that these ornaments persisted until the beginning of the Middle Neolithic (Fromont, 2013). Farther south on the island of Hoëdic, excavations carried out by J.-M. Large on the alignments of Groah Denn and Douet indicate that the phase of emplacement of the rows of standing stones can be attributed to the Middle Neolithic 1 (Large *et al.*, 2013).

Finally, on Belle-Île, some artefacts may be dated as early Neolithic : a jadeite axe found at the site of Tibain and several flint pieces derived from the Bajocian-Bathonian of the plain of Caen, including an arrowhead with low-angle inverse retouch removals (Audouard and Large, 2013).

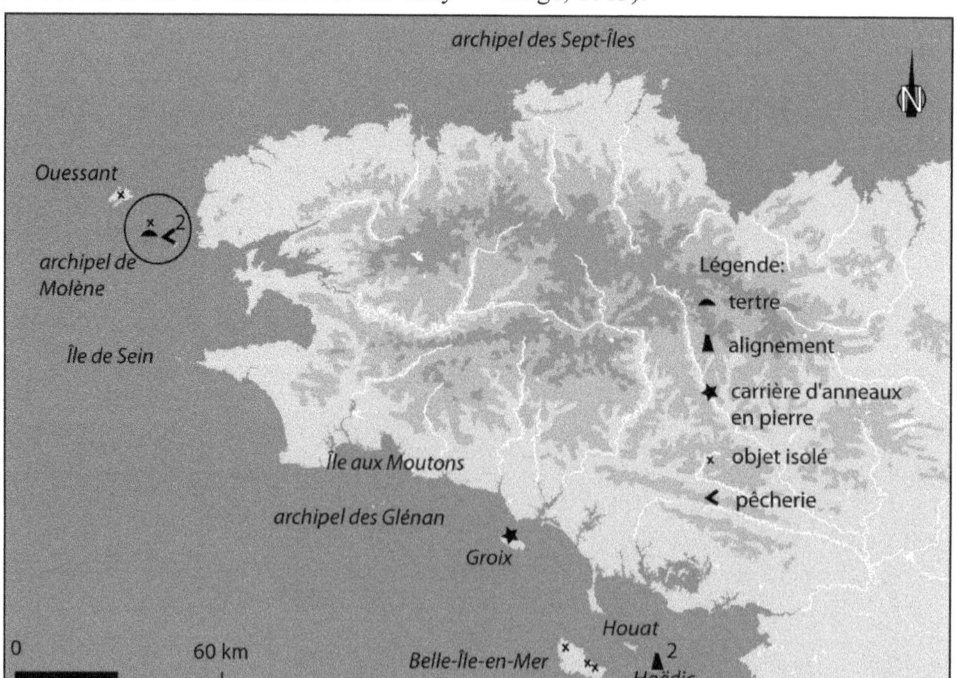

Figure 1 : Sites and artefacts of the early Neolithic (references : Pailler et Gandois, 2011 ; Pailler et al., 2011 ; Le Bihan et Villard, 2010 ; Pailler et al., 2008 ; Large et al., 2012 ; Large, 2014 ; Ihuel, 2009) (base map Géoatlas, DAO L. Audouard).

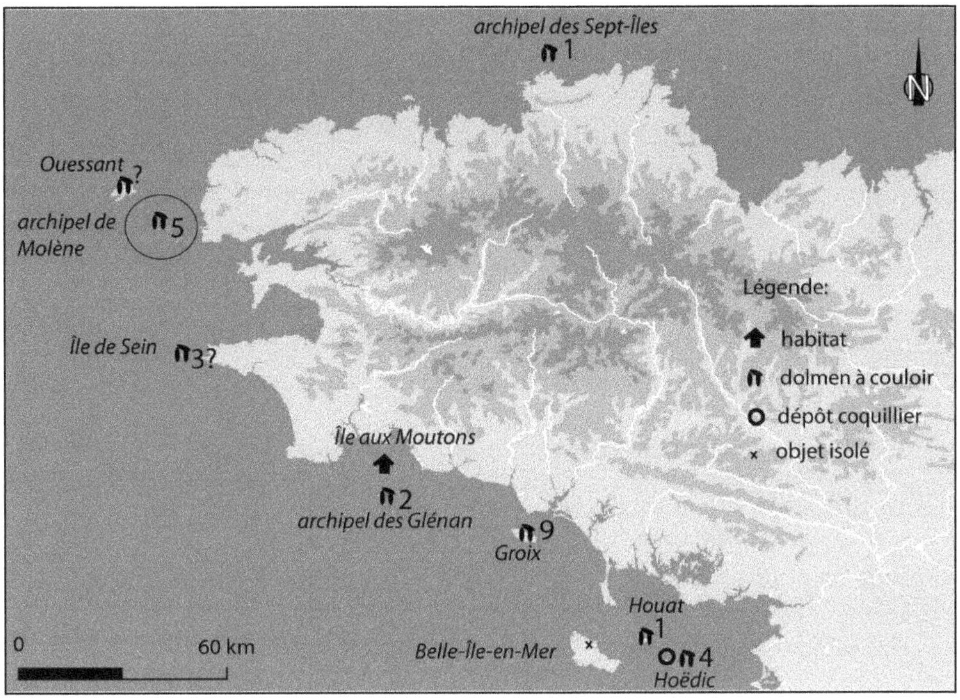

Figure 2: Sites of the Middle Neolithic 2 (references : Daire et Hamon, 2013 ; Hamon, 2005 ; Giot, 1960 ; Robic, 1992 ; Pailler et Sparfel, 2009 ; Le Carguet, 1897 ; Péquart et Péquart, 1927 ; Hamon, 2006 ; Le Pontois, 1928 ; Langouët, 2007 ; Gouezin, 2007 ; Ihuel, 2009 ; Large et al., 2006 ; Large et al., 2002 ; Large, 2004 ; Large et al., 2012) (base map Géoatlas, DAO L. Audouard).

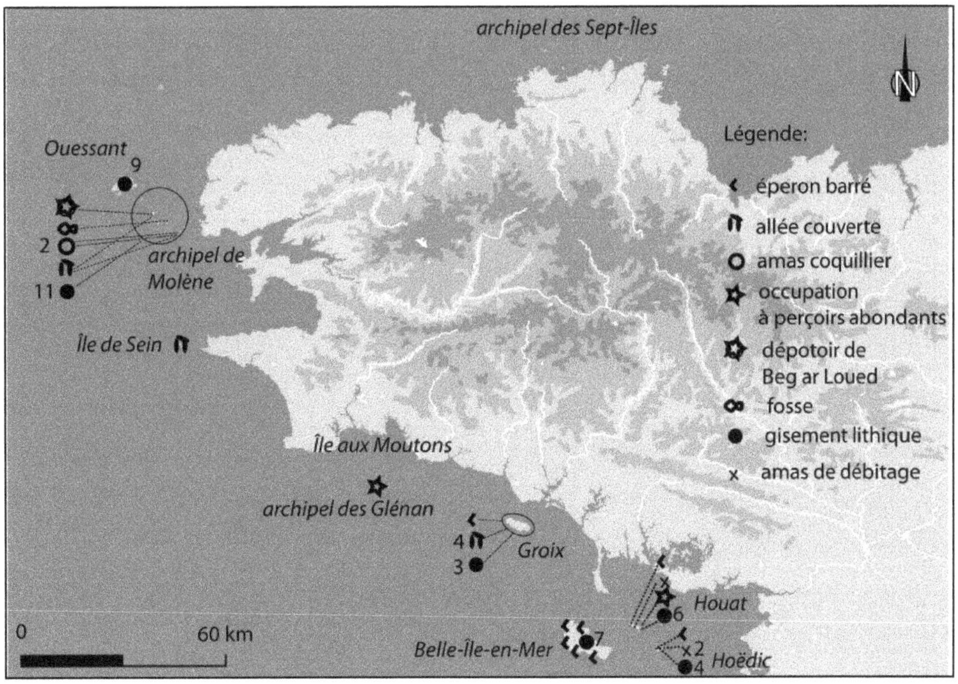

Figure 3 : Sites of the Late and final Neolithic (references : Pailler et al., 2003 ; Pailler et al., 2005 ; Pailler et al. 2008 ; Pailler et al., 2011 ; Pailler et Sparfel, 2009 ; Pailler et Gandois, 2011 ; Pailler et Kergolay, 2011 ; Hamon, 2006 ; Le Carguet, 1897 ; Gouezin, 2007 ; Batt et Kayser, 1989 ; Large et al., 2014 ; Large et al., 2012 ; Robic, 1992 ; Molines et al., 2003 ; Daire et al., 2004 ; Guyodo, 1997 ; Blanchard, 2012 ; Large et al., 2006 ; Large et al., 2002) (base map Géoatlas, DAO L. Audouard).

1.2. Middle Neolithic 2

This period is especially well documented by the presence of many passage graves (dolmens à couloir), which are traditional funerary architectures of this phase of the Neolithic (fig. 2).

We note the presence of a habitation on the Île aux Moutons, excavated by G. Hamon and M.Y. Daire (Daire and Hamon, 2013; Daire and Hamon, this volume). We should mention here the four flint blades derived from the Lower Turonian of the Cher valley, which were collected in the passage graves of the Butten er Hah necropolis on Groix (excavation of L. Pontois, 1928). These four blades were the subject of a study by E. Ihuel in the framework of his thesis (Ihuel, 2009). The localization of these pieces in the necropolis is not specified. These blades are interpreted as coming from lithic production workshops in the Cher valley, whose period of activity is still poorly constrained (Ihuel, 2009). However, E. Ihuel stresses that flint blades coming from the Cher valley are mainly identified in passage graves and are lacking from gallery graves (allées couvertes) and chambers with side entrances. This information leads us to attribute the blades discovered on Groix to the Middle Neolithic 2, but without being definitive. On Belle-Île, the lithic assemblage discovered in the Potager peat bog and studied by E. Ihuel in the framework of his thesis yielded three blades of Bajocian-Bathonian flint from the plain of Caen, which this specialist attributed to typical productions of the Middle Neolithic 2 (Ihuel, 2009) (Daire *et al.*, this volume). Finally, on the site of Groah Denn on Hoëdic, two shell middens were discovered at the foot the blocks of the alignment, which have been dated as Middle Neolithic 2 and studied by C. Dupont (Large *et al.*, 2012).

1.3. End of the Neolithic era

Regarding the end of the Neolithic (the Late and final Neolithic are considered together here), there is a noteworthy increase in the number of sites with vestiges of this period on the islands of Brittany (fig. 3).

Many promontory fort are observed, primarily concentrated on the islands of Morbihan. Shell middens are known in the archipelago of Molène, including the important midden of Beg ar Loued (Pailler *et al.*, 2011), which is associated with a lithic industry oriented towards obtaining borers. Occupations with a predominance of borers in the lithic industry are also known on the small island of Saint Nicolas in the Glénan archipelago (Hamon, 2006) and at Er Yoh on the island of Houat (Guyodo, 2007). At the same period, several knapping workshops appear in the occupation levels of the sites of Douet and Groah Denn on the island of Hoëdic (Blanchard, 2012; Audouard, 2014b). Moreover, the numerous lithic deposits also present on the Brittany islands are attributed by default to the end of the Neolithic, in particular owing to the identification of bipolar percussion on anvil. Finally, the majority of these islands show vestiges of passage graves, traditional monuments of the end of the Neolithic.

1.4. Bell-Beaker and the beginning of the Bronze Age

Traces of Bell-Beaker culture are rather scarce on the Brittany islands (fig. 4). However, some indications are given by the major habitation site of Beg ar Loued on the island of Molène (Pailler *et al.*, 2011) as well as by the shards and vases dispersed on various islands, in particular, a fragment from Belle-Île, some shards from Houat (Large, 2006) and fragments of vases from Groah Denn on the island of Hoëdic (Large *et al.*, 2012).

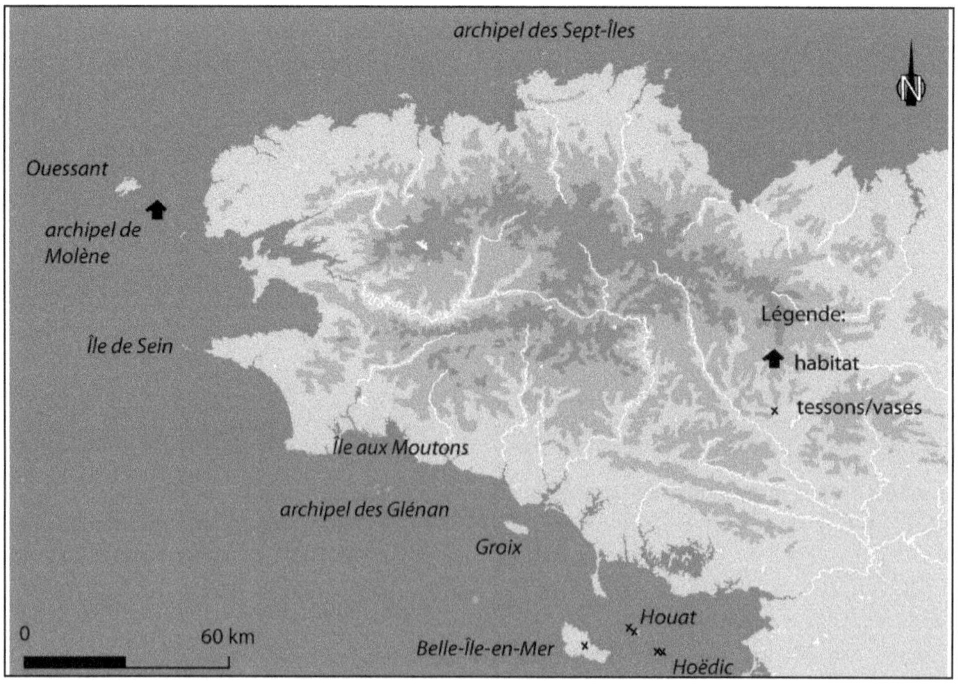

Figure 4 : Sites and artefacts of the Bell-Beaker period (references: Pailler et al., 2010 ; com.pers. G. Musch ; Large et al., 2002 ; Large et al., 2006) (base map Géoatlas, DAO L. Audouard).

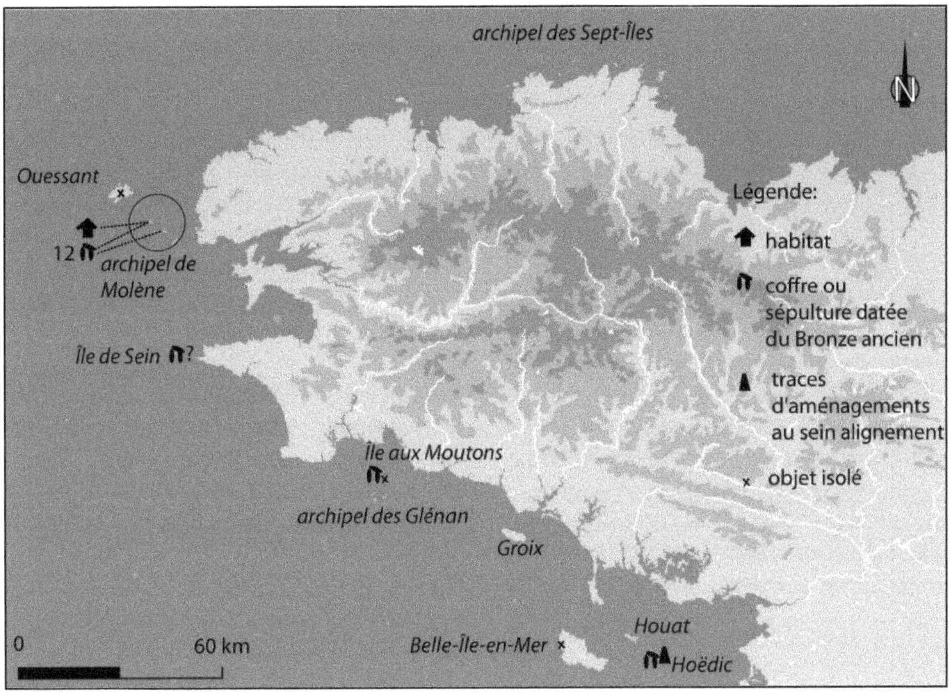

Figure 5 : Sites of the early Bronze age (references: Pailler et Sparfel, 2009 ; Pailler et al., 2011 ; Le Carguet, 1897 ; Daire et Hamon, 2013 ; Daire, 1996 ; Large et Gilbert, 1989 ; Large et al., 2013 ; Audouard et al., 2010) (base map Géoatlas, DAO L. Audouard).

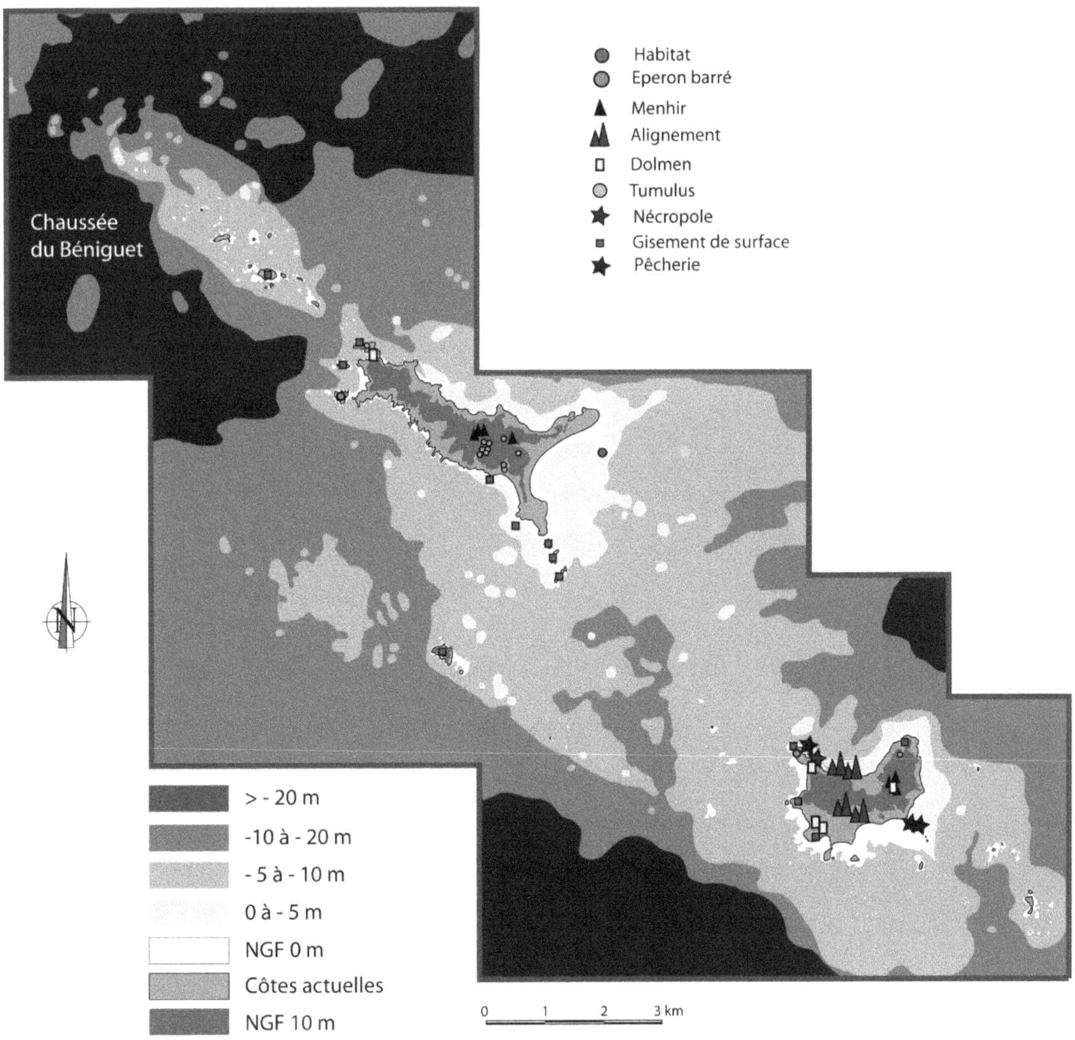

Figure 6 : Distribution map of the sites on Houat-Hoëdic of the Mesolithic/Neolithic period (DAO J.-M. Large and L. Audouard).

These sparse indications appear to be more the result of the state of research that a real decline in occupation of the islands during Bell-Beaker times.

With the early Bronze Age, a new phase of the habitation at Beg ar Loued on Molène are know, which partly reproduces the plans of the preceding Bell-Beaker occupation. Funerary stone cist type architectures, typologically related to the early Bronze Age, are reported on several islands off Brittany (fig. 5). On the island of Hoëdic, reorganization attributed to the beginning of the Bronze Age are located within the alignment of Groah Denn (Large *et al.*, 2013). Some isolated objects are also know : a bronze axe with light flanges from the site of Mez Notariou on Ushant (Bihan *et al.*, 2010), a flat copper axe from the Ile aux Moutons, whose chemical composition suggests an attribution to the early Bronze Age (Large and Gilbert, 1989), and a fragment of vase with digital impressions discovered in the Ster Vraz peat bog on Belle-Île (Audouard *et al.*, 2010).

1.5. General remarks

This review of island occupations from the early Neolithic to the beginning of the Bronze Age provides evidence for the presence of a population without discontinuity (established in a seasonal or permanent way) over the whole of the period considered.

The types of occupations observed (habitation, funerary, symbolic, various structures and vestiges of the exploitation of resources) are broadly very similar to those present on the close continent. The habitation of Beg ar Loued is currently a unique example of circular house in the west of France, and parallels point to a relation with the British Isles (Pailler *et al.*, 2010).

The majority of vestiges found on the islands are dated as belonging to the end of the Neolithic (Late and Final Neolithic).

2. Some observations on the distribution of megaliths

In the synthesis presented above, we give little or no mention of menhirs, alignments, tumuli and other megalithic structures. This is because the overriding majority of them are undated and are consequently difficult to integrate into our view of the evolution of the occupation of islands off the Brittany coast during the

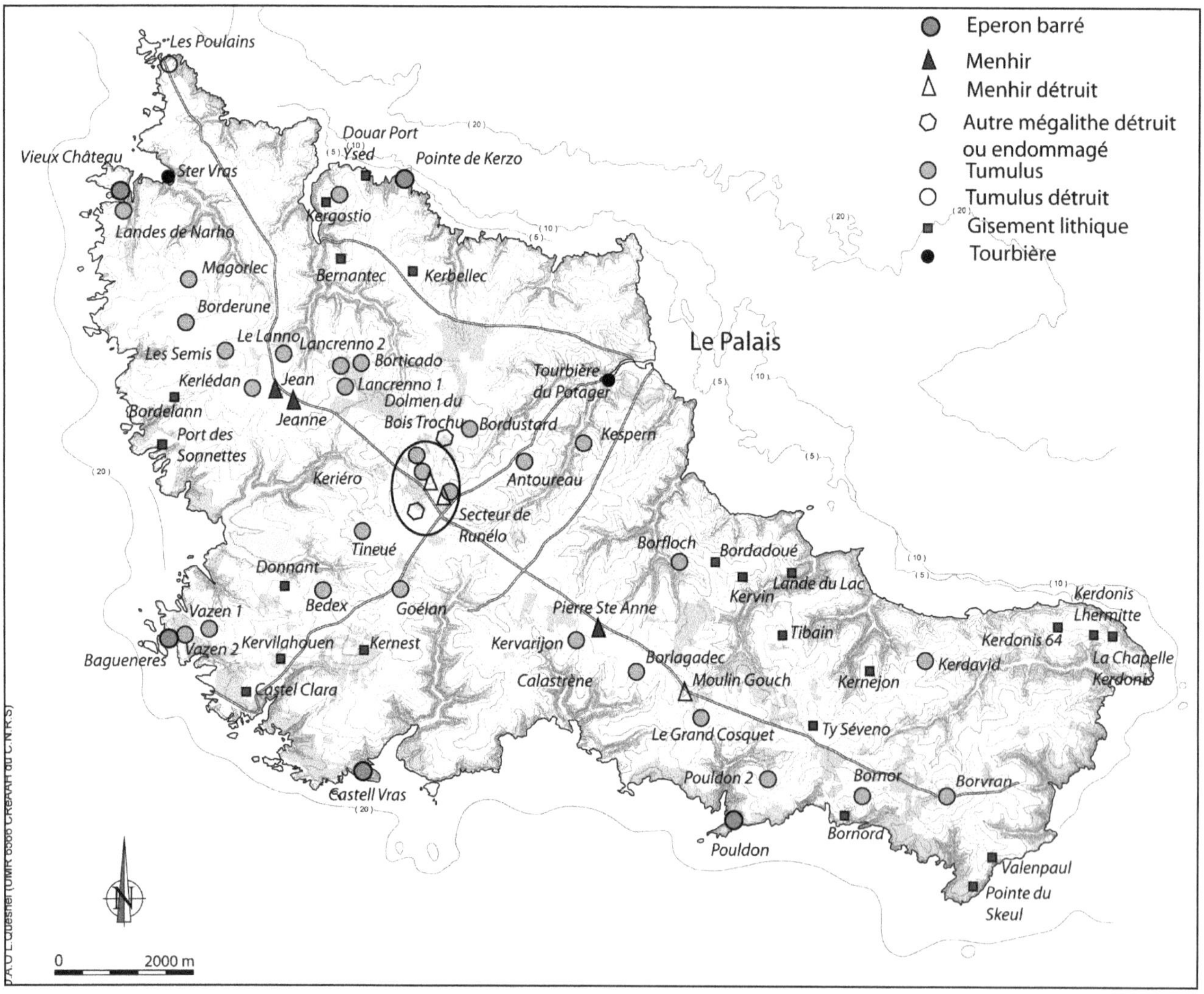

Figure 7 : Distribution map of the sites on Belle-Île-en-Mer of the Mesolithic/Neolithic period. (DAO L. Quesnel and L. Audouard).

Neolithic up until the Bronze Age. The excavations of the alignments of Douet (Large, 2014) and Groah Denn (Large *et al.*, 2012) highlight the complex history of these structures, showing that it is no use trying to attribute their construction/use to a single phase of the Neolithic. Nevertheless, these vestiges are inescapable elements of the landscape, so much so that several of them are still used today as land-marks and/or are indicated as reference points on IGN maps. We examine here a few particularities which could be emphasized in the specific framework of the Brittany islands.

A first glance at the distribution of the megaliths leads us to make some remarks. All the islands comprise some megaliths, although they are not necessarily all of the same nature. The most important bias is evidently due to the destruction which these monuments have undergone. Hence, the current differences in the distribution of megaliths between certain islands may not have existed in the past. Nevertheless, we should stress that the island of Hoëdic has a relatively high number of alignments (Large, 2014) compared to the nearby island of Houat, where only some standing stones are listed (fig. 6). The high concentration of tumuli on the central plateau of Houat contrasts strongly with the single mound occurring on Hoëdic (fig. 6). Belle-Île also represents an entirely special case for study, since no passage grave or even gallery grave type structures have so far been listed there (Batt and Kayser, 1989; Audouard *et al.*, 2010) (figs. 2 and 3). However, the island has a large number of tumuli, which are particularly concentrated towards the north of the territory and on the watershed (fig. 7). It is impossible to place these monuments in a chronological series because of the lack of information. A single excavation was carried out by G. De Closmadeuc on the tumulus of Bruté, which has since been destroyed. Nowadays, only a few blocks remain, and this site is referred to as the Bois Trochu dolmen. The excavation at this site led to the discovery of two stone cists, one empty and the other containing Roman coins (De Closmadeuc, 1902). This excavation therefore does not allow us to characterize the Bois Trochu dolmen as belonging to the passage grave type. The absence of this type of structure has sometimes been attributed to an insular particularity (Batt and Kayser, 1989). Nevertheless, we remain prudent, and consider that only archaeological investigations on one or more mounds of the island would be able to clarify the mystery of megalithism on Belle-Île. There is a strong contrast with Groix, which is also among the largest islands of Brittany, where there is a plethora of megalithic monuments such as passage graves and gallery graves (figs. 2 and 3).

3. Material culture: high degree of homogeneity with the continent, but some particularities are to be highlighted

3.1. A material culture similar to that of the close continent

The data based on lithic assemblages, as well as on pottery items, do not reveal any insular particularity (Audouard, 2014a). This fact can be established from observations throughout the sequence from the beginning of the Neolithic to the early Bronze Age. The choices of methods, the objectives of debitage and the tools that were shaped show the same characteristics as those observed on the close continent. A single exception is observed in the assemblage found at the site of Douet (Audouard, 2014b), represented by the preference given to bipolar percussion on anvil in the Middle Neolithic level 1. All the contemporary sites of the Middle Neolithic show

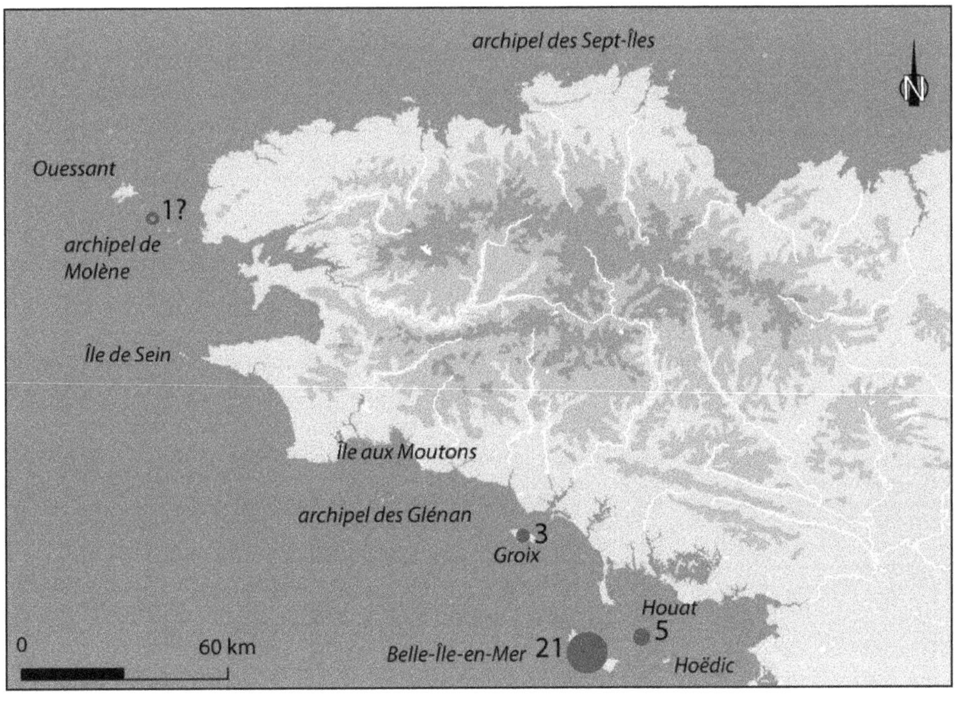

Figure 8 : Distribution of the lithics artefacts of Grand Pressigny flint (base map Géoatlas, DAO L. Audouard).

a recurrent and clear prevalence of hard-stone direct percussion. It is difficult to elucidate the reason for this difference; it could reflect an adaptation of the islanders to the small size of coastal pebbles, or a deliberate and cultural choice not determined by the raw material.

3.2. Concerning imports: the case of Belle-Île

Although in existing in limited proportions, imports are noted at all periods on the islands of Brittany (Audouard, 2014a). However, we must stress that, at the end of the Neolithic, the islands of Morbihan seem to have been more attractive than their counterparts off the coast of Finistere (fig. 8). Taking as an example the flint of Grand Pressigny, which was a major lithic material used in exchanges during the Late Neolithic (Ihuel, 2009), no specimen has been found on Ushant, and only a single potential fragment is recorded from Beg ar Loued in the archipelago of Molène (Pailler *et al.*, 2009). Farther south, fragments of the Grand Pressigny flint reappear on Groix at two sites on the island (making a total of three pieces) (Ihuel, 2009). The site of Er Yoh on Houat is remarkable in yielding five pieces (Guyodo, 2007), whereas this flint type is absent on sites of the nearby island of Hoëdic. Belle-Île unquestionably stands out due to the discovery of 21 flint artefacts made of Grand Pressigny flint (7 from Donnant and 14 from Tibain). This clearly marked distribution in favour of the islands of Morbihan takes us back to the work of E. Ihuel on the diffusion of Grand Pressigny productions across the Armorican Massif (Ihuel, 2004). The Loire estuary, the Gulf of Morbihan and, to a lesser extent, the Bay of Audierne, would seem to represent zones of concentration for these imported pieces. However, this state of research may be affected by a bias related to the extent of prospections/excavations carried out in these sectors. Nevertheless, Grand Pressigny flint products are abundantly observed around the Gulf of Morbihan, and this phenomenon is directly reflected on Belle-Île, which represents an offshore continuation of the mainland concentration zone. E. Ihuel proposed an interpretative approach based on C. Renfrew's model of long-distance redistribution of goods from central points towards peripheral secondary points (Renfrew, 1984). The flint products of Grand Pressigny would arrive via the southern coast of Brittany (first the Loire estuary, and then the Gulf of Morbihan and the Bay of Audierne), being subsequently redistributed away from these three coastal centres. In view of the abundance of the pieces found on Belle-Île, this island seems to have benefited from its close proximity to the centre of redistribution (and was perhaps also involved in the redistribution of these objects with high added value). The quantitative importance of Grand Pressigny objects decreases as we move away from the south Morbihan area, and disappears completely on Ushant. The geographical distance separating the islands of the Iroise Sea from the sedimentary basins bordering the Armorican Massif may possibly provide an initial explanation of this situation.

Conclusion: island populations in regular contact with their continental neighbours

From the early Neolithic to the beginning of the Bronze Age, there appears to have been a high degree of cultural homogeneity between the islands off the Brittany coast and the close continent.

Very strong interactions were maintained throughout this period between the inhabitants of the coast and the islanders, who consequently regarded themselves as belonging to the same community of "seafarers". Therefore, the connecting link between these populations would be the expanse of sea, whose islands would be mentally understood as part of the same territory as the continental coastal strip.

By observing the available data on the occupation of the islands of Brittany, we can note some disparities between these island territories:

- The islands off the south coast of Morbihan appear to be more fully integrated into the networks of long-distance exchange of raw materials compared to the islands of the Iroise Sea
- In contrast to all the other islands of Brittany, Belle-Île has yielded no evidence of monuments of the passage grave and/or gallery grave type, or at least no vestiges are currently preserved.

References

AUDOUARD L. (2014a) - *Les économies préhistoriques dans les domaines insulaires de la façade Manche/ Atlantique de la France, de la fin du Mésolithique au début de l'âge du Bronze*, thèse de Doctorat, inédit, Université de Rennes 1, 404p.

AUDOUARD L. (2014b) - L'industrie lithique du site du Douet, *in* Large J.-M. (dir.) : *La file de pierres dressées du Douet (Hoedic, Morbihan)*, Revue Melvan, Ile d'Hoedic, p.153-187.

AUDOUARD L., LARGE J.-M. (2013) - Les îles de Belle-Île, Houat et Hoëdic en sud Bretagne (France) : quel(s) particularisme(s) insulaire(s) peut-on déceler dans les sites, de la fin du Mésolithique à la fin du Néolithique (5500-3500 av. J.-C.) ? *in* M.-Y. Daire, C. Dupont, A. Baudry, C. Billard, J.-M. Large, L. Lespez, E. Normand et C. Scarre (dir.), Actes du colloque HOMER 2011, *« Anciens peuplements littoraux et relations homme/milieu sur les côtes de l'Europe atlantique »*, Oxford, British Archaeological Reports, BAR Publishing, International Series 2570, p. 309-325.

AUDOUARD L., BARRACAND G., TARAUD T., MUSCH G. (2010) - Belle-Île-en-Mer du Mésolithique à l'âge du Bronze : émergence d'une nouvelle dynamique de recherche, *Bulletin de l'Association Manche Atlantique pour la Recherche Archéologique dans les Îles*, 23, p. 17-26.

BATT M., KAYSER O. (1989) - Prospection archéologique de Belle-Île en Mer (Morbihan), *Bulletin de l'Association Manche Atlantique pour la Recherche Archéologique dans les Îles*, 2, p. 21-26

BLANCHARD A. (2012) - *Le Néolithique récent de l'Ouest de la France (IVe-IIIe millénaires av. J.-C.) : productions et dynamiques culturelles,* thèse de Doctorat, Université de Rennes 1, 398p.

BRIARD J., GUEGUEN M., LE ROUX C.-.T. (1989) - L'âge du Bronze aux Iles Glenan, Fouesnant, Finistère. *Bulletin de l'Association Manche Atlantique pour la Recherche Archéologique dans les Îles*, 2, p. 47-53.

DAIRE M.-Y. (2009) - Islands and archaeological research in Western France, Summary of a very long story of romance... *Shima, The International Journal of Research into Island Cultures*, Vol. 3, 2, p. 52-69.

DAIRE M.-Y., HAMON G. (dir.) (2013) - *L'île aux Moutons (Fouesnant, Finistère) : Etude pluridisciplinaire d'un établissement insulaire de l'Age du fer*, Dossiers du Centre Régional d'Archéologie d'Alet, suppl. AJ., Saint-Malo. 234 p.

FROMONT N. (2013) - *Anneaux et cultures du Néolithique ancien. Production, circulation et utilisation entre massifs ardennais et armoricain*, Oxford, British Archaeological Reports, BAR Publishing International Series 2499, 682p.

GUYODO J.-N. (2001) - *Les assemblages lithiques des groupes néolithiques sur le Massif armoricain et ses marges*, thèse de Doctorat, Université de Rennes 1, 465p.

GUYODO J.-N. (2007) - Installations néolithiques et gauloises à Er Yoc'h (Houat, Morbihan) : état de la question, *in* Collectif : *Marthe et Saint-Just Péquart, archéologues des îles*. Melvan, Ile de Hoedic, vol. 4, p. 229-250.

HAMON G., BAUDRY A., DAIRE M.-Y., DEFAIX J., DUPONT C., GUYODO J.-N. (2004) - L'île aux Moutons, Fouesnant (Finistère), *Rapport de fouille programmée,* Rennes, Service Régional d'Achéologie de Bretagne, 35p.

HAMON G., DAIRE M.-Y., GUYODO J.-N., MENS E. (2006) - *Sondages sur l'île Saint-Nicolas (Fouesnant, Finistère) du 26 au 30 juin 2006,* Rennes, Service Régional d'Achéologie de Bretagne, 33p.

IHUEL E. (2004) - *La diffusion du silex du Grand-Pressigny dans le Massif Armoricain au Néolithique*, Bulletin de l'Association des Amis du Musée du Grand-Pressigny, Suppl. n°2, Coll. Documents Préhistoriques, 18, 202p.

IHUEL E. (2009) - *De la circulation des lames à la circulation des poignards. Mutation des productions lithiques spécialisées dans l'Ouest de la France du Ve au IIIe millénaire*, thèse de Doctorat, Université de Paris X-Nanterre, 601p.

LARGE J.-M., GILBERT J.-M. (1989) - Le Néolithique de l'île aux Moutons (Fouesnant, Finistère), *Bulletin de l'Association Manche Atlantique pour la Recherche Archéologique dans les Îles*, 2, p. 39-46.

LARGE J.-M. (2004) - Deux dolmens de l'île d'Hoëdic (Morbihan) : redécouvertes et surprises, *Revue archéologique de l'Ouest*, 21, p. 35-54.

LARGE J.-M. (2006) - Une archéologie de l'Île de Houat (Morbihan) : Inventaire des sites pré et protohistoriques, *Bulletin de l'Association Manche Atlantique pour la Recherche Archéologique dans les Îles*, 19, p. 5-40.

LARGE J.-M., MENS E., BLANCHARD A., CROS J.-P., DUPONT C., DELOZE V., GUYODO J.-N., HAMON G., MORIN A. et PATARD J.-M. (2011) - *Hoedic, Groah Denn. Rapport de synthèse 2009-2011, rapport de fouille inédit*, Rennes, Service Régional d'Achéologie de Bretagne, 280p.

LARGE J.-M., MENS E., DELOZE V., HAMON G., LEROUX V.-E., MARCOUX N. (2012) - *Hoedic, Groah Denn. Fouille programme annuelle n°2012/217. Rapport d'activité 2012, rapport de fouille inédit*, Rennes, Service Régional d'Achéologie de Bretagne, 280p.

LARGE J.-M., MENS E., BAILIFF I., BOUVIER A., CROS J.-P., MARCOUX N., MORIN A., PATARD J.-M. (2013) - *Hoedic, Groah Denn, Opération archéologique annuelle, Rapport d'activités 2013*, Rennes, Service Régional d'Achéologie de Bretagne, 124p.

LARGE J.-M. (dir.) (2014) - *La file de pierres dressées du Douet (Morbihan)*, Revue Melvan. 240p.

LE BIHAN J.-P., ROUSSOT-LAROQUE J., VILLARD J.-F. (2010) - *Ouessant, archéologie d'une île à la pointe de l'Europe, Tome 2,* Quimper, Centre de Recherche Archéologique du Finistère, 588p.

LE PONTOIS L. (1928) - Fouille du tumulus dit de Butten-Er-Hah, dans l'île de Groix (Morbihan), *Bulletin de la Société Polymathique du Morbihan*, 67, p. 26-103.

LE ROUZIC Z. (1930) - *Carnac : fouilles faites dans la région : îlot de Er Yoc'h Le Mulon, commune de Houat, 1924-1925*, Vannes, Lafolye et de Lamarzelle, 15p.

MARCHAND G. (1999) - *La néolithisation de l'ouest de la France : caractérisation des industries lithiques*, British Archaeological Reports, International Series 748, 487 p.

PAILLER Y., GIOVANNACCI S., IHUEL E., TRESSET A. avec les contributions de BOUGIO Y., DIETCH-SELLAMI M.-F., DONNART K., DRÉANO Y., HOGUIN R., LE CLÉZIO L., PAULET Y.-M. et SELLAMI F. (2005) - *Programme Archéologique Molénais, rapport n° 7, Sondage du site de Béniguet - 3 (Le Conquet), et fouille programmée du site de Beg ar Loued (Île Molène)*, Rennes, Service Régional d'Achéologie de Bretagne, 135p.

PAILLER Y. (2009) - Le matériel poli de la Table des Marchand, *in* Cassen S. (dir.) : *Autour de la Table. Explorations archéologiques et discours savants sur des architectures néolithiques à Locmariaquer, Morbihan (Table des Marchands et Grand Menhir)*, Nantes, Laboratoire de recherches archéologiques, Université de Nantes, p. 616-631.

PAILLER Y., SPARFEL Y., TRESSET A., LEROY A., PACAUD S., MARCHAND G., DUPONT C., IHUEL E. avec les contributions de ALLIOS D., GRUET Y., TANGUY B. et YVEN E. (2003) - *Prospection archéologique de l'archipel de Molène, Quatrième rapport*, Rennes, Service Régional d'Achéologie de Bretagne, 197p.

PAILLER Y., SPARFEL Y., TRESSET A., DUPONT C., GIOVANNACCI S., HALLEGOUËT B., JOSSELIN J., BALASSE M., MARCHAND G. (2004) - Fouille d'un dépotoir à Beg ar Loued (Ile Molène, Finistère) : premiers résultats, *Bulletin de la Société Préhistorique Française*, Actualités scientifiques, t. 101, 4, p. 881-886.

PAILLER Y., GIOVANNACCI S., IHUEL E., TRESSET A. avec les contributions deBOUGIO Y., DIETCH-SELLAMI M.-F., DONNART K., DRÉANO Y., HOGUIN R., LE CLÉZIO L., PAULET Y.-M. et SELLAMI F. (2005) - *Programme Archéologique Molénais, rapport n° 7, Sondage du site de Béniguet - 3 (Le Conquet), et fouille programmée du site de Beg ar Loued (Île Molène)*, Rennes, Service Régional d'Achéologie de Bretagne, 135p.

PAILLER Y., GIOVANNACCI S., IHUEL E., TRESSET A. (dir.), avec les contributions de BOUGIO Y., DONNART K., DREANO Y., HOGUIN R., LE CLEZIO L., PAULET Y.-M., SELLAMI et M.-F., SELLAMI F. (2006a) - *Programme Archéologique Molénais, rapport n°7. Sondage du site de Béniguet–3 (Le Conquet), Opération n° 2005–202 et fouille programmée du site de Beg ar Loued (Ile Molène), Opération n° 2005-218*, Service Régional d'Achéologie de Bretagne, 2 vol.

PAILLER Y., GIOVANNACCI S., IHUEL E., TRESSET A. (dir.), avec les contributions de BOUGIO Y., DARBOUX J.-R., DEBUE FRAVEL K., DIETCH-SELLAMI M.-F., DONNART K., DREANO Y., DUPONT C., GANDOIS H., JEAN F., LE CLEZIO L., LE GALL B., LOURDEAU A., PAULET Y.-M., QUERNE J., ROUSSELET O., SELLAMI F. et TROALEN L. (2006b) - *Programme Archéologique Molénais, Rapport n° 8. Beg ar Loued : un habitat en pierres sèches de la fin du Néolithique / Age du Bronze ancien, fouille programmée du site de Beg ar Loued (île Molène ; Finistère), Opération n° 2005-230*, Rennes, Service Régional d'Achéologie de Bretagne, 170p.

PAILLER Y., IHUEL E., TRESSET A. (dir.), avec les contributions de DIETCHSELLAMI M.-F., DONNART K., DREANO Y., GANDOIS H., GIOVANNACCI S., LE CLEZIO L. et PINEAU A. (2007) - *Programme Archéologique Molénais, Rapport n° 9. Beg ar Loued : un habitat en pierres sèches de la fin du Néolithique / Age du Bronze ancien, fouille programmée triannuelle du site de Beg ar Loued (Ile Molène ; Finistère), 1ère année, Opération n° 2007-212*, Rennes, Service Régional d'Achéologie de Bretagne, 87p.

PAILLER Y., GANDOIS H. (dir.), ASSOUS-PLUNIAN M., NICOLAS C., DONNART K., DUPONT C., DREANO Y., TRESSET A., DEBUE K. et la collaboration de BERNARD F., LAFOND J.-P., NISSER J., CLAIZE M., DIXNEUF S., LE GALL J.-Y., BOURLES D., CUISNIER D. et S. (2008b) - *Programme archéologique molénais, Rapport n° 10 : prospections dans l'archipel de Molène (Finistère), juin-juillet*, Rennes, Service Régional d'Achéologie de Bretagne,120p.

PAILLER Y., GANDOIS H., TRESSET A. (dir.) avec les contributions de BAILON S., BOURGARIT D., BOURY L., CALLOU C., CARIOLET J.-M., CARRION Y., CHAMBON P., DARBOUX J.-R., DAVID L., DEBUE K., DONNART K., DREANO Y., FICHAUT B., GOSLIN J., GUERET C., GONIDEC J.-P., LE CLEZIO L., LE GALL B., MARCOUX N., MARGUERIE D., MAYER A., NICOLAS C., PINEAU A., SALANOVA L., SELLAMI F., STAUB A., STEPHAN P., SUANEZ S. et TROALEN L. (2009) - *Programme Archéologique Molénais, rapport n° 14, Beg ar Loued : un habitat en pierres sèches campaniforme / Age du bronze ancien, fouille programmée triannuelle (île Molène ; Finistère), 3ème année - 2009, Opération n° 2007-212,* Rennes, Service Régional d'Achéologie de Bretagne, 246p.

PAILLER Y., GANDOIS H., IHUEL E., NICOLAS C., SPARFELL Y. (2010) - Le bâtiment en pierres sèches de Beg ar Loued, Île Molène (Finistère), Évolution d'une construction du Campaniforme à l'âge du Bronze ancien *in* Billard C. et Legris M. (dir.) : *Premiers néolithiques de l'Ouest : Cultures, réseaux, échanges des premières sociétés néolithiques à leur expansion,* Actes du 28e Colloque interrégional sur le Néolithique, Le Havre, 9-10 novembre 2007, Rennes, Presses Universitaires de Rennes, Archéologie et Cultures, p. 415-439.

PAILLER Y., GANDOIS H. (dir.), DREANO Y., DUIGOU L., JOSSELIN J., NICOLAS C., STEPHAN P. (2011) - *Programme Archéologique Molénais (rapport n° 16), sondage sur un tertre funéraire du Néolithique moyen à la pointe nord du Ledenez Vihan de Kemenez (Le Conquet, Finistère), sites nouvellement découverts dans l'archipel (Kemenez, Béniguet)*, Rennes, Service Régional d'Achéologie de Bretagne, 193p

PAILLER Y., STEPHAN P., GANDOIS H., NICOLAS C., SPARFEL Y., TRESSET A., DONNART K., FICHAUT B., SUANEZ S., DUPONT C., LE CLEZIO L., MARCOUX N., PINEAU A., SALANOVA L., SELLAMI F., DEBUE K., JOSSELIN J., DIETSCHSELLAMI M.-F. (2011) - Évolution des paysages et occupation humaine en mer d'Iroise (Finistère, Bretagne) du Néolithique à l'Âge du Bronze, *Norois*, 220-3, p. 39-68.

RENFREW C. (1984) - *Approaches to social Archaeology*, Edinburgh, Edinburgh University Press, 430p.

www.ingramcontent.com/pod-product-compliance
Lightning Source LLC
LaVergne TN
LVHW072257300926
849160LV00018B/1691
* 9 7 8 1 4 0 7 3 1 3 5 6 6 *